里斯本1755
改變人類歷史的大地震

Le Tremblement de Terre de Lisbonne

讓-保羅・波瓦希耶 / 著
Jean-Paul Poirier

翁德明 / 譯

無境文化—人文批判系列
【多聞】叢書 002

目　錄

contents

世界在搖晃─出版者的一些說明

地震是我們整個世界的搖晃，地震宛如從虛無中來，無可預料，不知其終，令人失措。在搖晃下，踏實虛空了，人無家可歸，無處可逃，世界頓成災難現場。地震以其無窮威力瞬間劃分了安與危、有序與無序、生與死。

地震來時有如天崩地裂，這麼一場驚天動地之事，在有神論的想像下，自然讓人理解成是天降意旨或是神意的彰顯。長久的時間裡，地震被視為天意神語。

如論因果，那麼一定是極大之過、極惡之因才能導致如此毀天滅地之果，因此地震很容易與集體的善惡及罪懲扯上關係。個別的過錯只需要天打雷劈就夠了。

回到現實，一場地震造成地表變形或斷裂，在扭曲空間的同時，地震可能也改變了歷史，而成為一個時代座標。有時地震也像一面鏡子，事物在此經受檢驗，人心在此顯像。一七五五年的里斯本大地震就有如一扇歷史心鏡。

這場大地震發生在當時天主教信仰最熱衷的地方之一，這天恰巧是諸聖節（Toussaint），地震不僅摧毀了無數的民宅，許多教堂也坍如瓦礫，傷亡慘重，這座歐洲當年最繁華的都城幾成一片廢墟。

里斯本遭逢如此嚴厲的劫難，何故？對信仰廣眾而言，這場地震無疑地是上帝意旨，但懲罰的對象及原因卻眾說紛紜。這是啟蒙哲學的世紀，對於這些秉持理性思維的哲學家而言，如何在一個理性之光普照的世界中說明惡之存在，則成為不同陣營及思想家間爭駁論辯的問題。

一個事件可以引發無窮的詮釋可能，每個歷史社會在其特定條件下產生出自認合理的詮釋。里斯本地震以其世紀大災難及扣人心弦的情節，促使其當代人無可迴避而加以回應，從他們對事件所提出的種種詮釋中，我們看到了一個特定時空的心靈寫照，彰顯出歐洲一元思想的特性，無論是表現在宗教上的一神信仰，或是哲學體系上貫徹到底的理性思辨。

世界從來就像是一本無字天書。在漫長歲月中，人們對於腳下土地為何劇烈翻動提出了種種解讀。有些從地下找原因（如地牛翻身、神靈作怪），有些則從地上找靈感（如神降懲罰、天人失調），有些試圖提出因果律則的說明，有些則直接訴諸超自然因素來加以解釋。

一直到十九世紀末，隨著地震儀器更精良及使用上更普及，人類對於地震現象才能夠開始有效的觀察。一九六〇年代板塊構造說提出，人類對於地震之發生及原理才真正建立起一套相當具有說明效力的見解。按照板塊構造說，地球的地殼主要由十餘塊板塊構成，在下層地函對流的引動下，板塊間幾十億年來不斷地分分合合，而絕大多數的地震都是發生在板塊的分合處。

在地震學者的研究下，里斯本大地震的肇因正是非洲板塊及歐洲板塊間的碰撞。台灣位處歐亞板塊及菲律賓海板塊交界處，台灣島的形成其實也就是板塊擠壓下的產物，而這樣的擠壓碰撞從未停歇。在持續的板塊運動下，台灣島上至少形成數十條活動斷層，在強震發生時，地表隨時都可能在這些舊傷口上再次斷裂。

相較於浩瀚宇宙，人的生命既短促又微小，無怪乎人的目光總是聚焦在現前及四周，地上人間的紛亂也總讓地下潛在的現象受到掩蓋，直到大地再次搖晃，我們才驚覺世間的安定其實只是短暫現象。

在里斯本大地震發生的兩個半世紀後，人類對於地震的認識有了極大的進展，但是人們對於地震何時發生仍然不具預知能力，地底下潛藏的一股力量隨時可能釋出，以力拔山河的氣勢震撼我們的世界。

面對里斯本地震帶來的慘痛傷亡，盧梭曾經略帶反諷地說，「不是大自然在這裡聚集兩萬棟六七層樓高的房子，假如這個大城市的居民能住得更分散一些、樓房蓋低些，損害或許會減輕許多、甚至沒有造成任何損害。」

在九二一大地震二十週年的2019年出版這本書，也許我們仍能從中找出我們面對地震、乃至於面對自然之道。

引言：
深入思辨地震歷史，是身處地震國度的人生必修課

文｜潘昌志（科普作家／《震識：那些你想知道的震事》副總編輯）

開始看《里斯本大地震》這本書之前，希望讀者能先思考一個問題：

「如果現在突然來了一個大地震，你會怎麼應對？」不過，這問題先不急著要各位回答，可以等到看完本文或者是本書之後，再來回答這個問題。

如果大地震來襲，該怎麼辦？

不只是里斯本大地震，幾乎所有大地震最嚴重的災區，都是毫無防備的突然搖晃起來，即使現在的技術能提前數秒預警，我們能運用的時間也是極其短暫。所以，如果沒有先在平時思考過「地震來了該怎麼辦」這件事，我們的應對情況，並不會比十八世紀的人好到哪去……

那麼該怎麼做才會「比較好」？抱歉，這本書不會告訴你，我也不會告訴你。因為這本書它所呈現的是葡萄牙和歐洲社會文化受里斯本地震的影響，而我之所以不談，是因為實際上對於地震來襲時的應對，並不存在一個可被奉為圭臬的「標準答案」。喔……不對，真要說的話，像是「保護頭頸部」確實是最重要的基本原則了，但除此之外，幾乎都是「因地制宜」，自然就沒有什麼標準答案或是SOP。

正因為地震防災做法多半沒有標準答案，所以我會建議大家把它當作一個「open book」的開放問答，沒有時間限制、也沒有唯一解答，因為我的目的是，隨著我們對地震知識深入瞭解並思辨後，將地震的防災觀念內化，進而能在當下做出最好的選擇。這裡所談的「知識」，並非僅限於「科學的知識」，還包括了心理、社會、文化等不同層面，因此，當我們回頭翻閱關於地震的歷史書籍，或許就能理解地震對於人類文明與社會的影響。

里斯本地震發生之前，地震科學進展停滯了很久

科學上，人們對於地震研究的突飛猛進，多半與大地震有關。不過，地震是一個相對難以觀測的現象，更不用說發展成理論，因此自亞里斯多德提出氣動說之後，或許是歐洲文化賦予了理論的權威性，一直普遍認為地震的成因是來自地底下的氣流所致。這個在現在看來錯誤的理論，

主宰了人們對地震的看法長達兩千年。到了里斯本大地震（1755）後，即使是著名哲學家康德，也站在亞里斯多德的論點上進一步發展，從來自地下的風，變成來自地下的岩漿或其他可燃物爆炸所致。確實這樣的說法較先前合理，但從現在觀點來看還不夠精確。此外，有些學者將理論拉到星體運動，認為可能是地球自身的運動，或是與太陽有關的引力作用造成地震。

即使里斯本大地震時期的地震成因論述，與目前所知的科學仍相差甚遠，但里斯本大地震影響地震科學發展的主要關鍵之一，就是「開始去思考、嘗試不同的可能性」。這很重要，如果後來的人繼續把地震氣動說當成神主牌一樣供奉，那麼地震學發展鐵定會再慢上許多。因此我們也可以說，里斯本地震對科學的影響並不只發生於當時，還延續了一世紀以上。

宗教與哲學的論戰

哲學和科學的啟蒙運動讓人類對地震的知識慢慢進展，但一般人用宗教來解釋自然現象仍十分普遍，比起科學觀點，更多的是認為里斯本大地震是種天譴、天罰。尤其里斯本大地震發生的時間和地點實在太剛好了，在對天主教非常虔誠的葡萄牙首都、在萬聖節的隔天（11月1日），照理說是人們慶祝宗教盛會的時候，卻發生了幾乎毀滅首都的地震與海嘯，加上有些教堂也無法保護人們，因為被震垮而造成傷亡，當時許多的手稿書信甚至會特別強調被「十字架壓死」的情況。這樣的情況，難免就會讓人們反思一件事：到底為什麼地震會侵襲我們的家園？本來該保護我們的教堂與十字架為什麼沒有辦法保護人們？

彼時人們分別從宗教和哲學的層面開啟了不同方向的論述。可以想像，將地震用比較危言聳聽的方式來渲染，絕對比用科學的方式討論地震還受歡迎，這個道理到現在還是一樣（不知道是該哭還該笑），所以我們也不難理解，在里斯本大地震後甚囂塵上的地震謠言，遠比探討地震實際成因還吸引人們注意，像是說什麼末日要來啦、人們過得太放縱所以神看不下去之類的言論。這並不代表神職人員或虔誠的文學家都在造謠，而是從他們的認知與信仰上，受到的衝擊太大了！不過當時仍有一群虔誠的天主教徒，選擇用不同的哲學角度或科學角度來尋求解答，試圖將天災和神論分離。但是，當人們將相信一件事情作為一種信念時，就很難去改變其想法，這點也和現在常常有人寧願選擇相信「坊間地震預測達人」的各種偽科學觀點，也不願加以應用自身在教科書上學習到的知識一樣。

當時宗教觀點的主要論述，來自主張「天譴說」最不遺餘力、同時勢力也最大的組織「耶穌會」，但對哲學家和葡萄牙政府來說，他們算是「來亂的」（當然，除了地震之外還有許多複雜脈絡，很多政治角力在裡面）。哲學家並非不相信神、不虔誠，但伏爾泰從邏輯的觀點提出：如果地震是神的旨意，那麼神職人員、無辜嬰孩的受害就變得無法解釋；雖然地震後大家都盡可能用最虔誠的儀式或心意祈求上天，餘震卻還是不停發生，這也凸顯出天譴說的不合理處。在政治上真正動手打壓耶穌會的，則是來自葡萄牙的首相（王國事務官）蓬巴勒（Sebastião José de Carvalho e Melo, 1st Marquis of Pombal, 1699-1782），宗教的說法一方面與政府對立，另一方面是重建社會秩序最大的阻礙，進而影響重建進度，當然要盡力排除。而因為這把火不只在葡萄牙點燃，還蔓延到其他歐洲國家，自此耶穌會在歐洲各國的勢力也大受影響。

同時，伏爾泰也將人們看待地震的矛盾觀點，歸因於地震發生之前，普遍流行的「樂觀主義」，認為「一切都很好」、「世界大致朝向好的方向發展」的思想，是造成災後人心混亂的主因。但盧梭則持另一種意見，他認為伏爾泰太過偏激，應該思考的是天災的本質，以及人們如何從災後站起來等更有建設性的觀點，簡單來說就是著眼點不同。在哲學領域中，筆者可能不夠專業，但就個人所知淺見，兩人對於神、人類與天災關係的哲學論戰，是讓哲學思考能更深入發展並逐漸改變世界觀的關鍵。

科學史觀點的里斯本地震

前文已經提過，近代的大地震常是科學大躍進的關鍵，而里斯本大地震某種程度上也算是最早觸發地震科學急速發展的事件，或許可以說，其影響力直到現在。除了前面提到各種挑戰過去典範的嘗試發展理論之外，更重要的是「蒐集資料」。蓬巴勒首相為了穩定當時內政，在地震過後啟用了大量修士調查各地災情（包括震災導致的火災）、房屋受損程度與當時地震的情況等等，目的是為了儘快重整里斯本、重建房舍。但比起重建里斯本，科學家更看重當初蒐集的資料，除了前述資訊，還包括「地震搖了多久」、海嘯來臨前的海水變化等情況，這些資訊十分有助於重建古地震的規模與地點。因為大地震通常數百年才發生一次，如果能把古地震資料蒐集得越完整，無論是對該次的地震事件或整個地震學，都會有莫大幫助。

里斯本大地震和前述的地震調查資料，更啟發了另一位英國科學家米契爾（John Michell, 1724-1793）的研究。他在1760年的論文提出了對於地震成因的看法，他的看法更接近現在的科學知識，但當時並未引起太大關注。米契爾注意到地球可能有分層、地震的本質是在岩層中傳遞的波動、地震可以穿過地球內部，甚至地震波有不同波相（他觀察到P波、S波的特性，但並未對此命名），這些研究也間接催生了後來地震儀的發明與地震定位的基本概念，因此對許多地震學家來說，他是「地震學研究之父」。

現今的地震學仍有許多還難以解答的問題，但對地震學者而言，「累積關於地震的知識」是件兩難的事。以現在國人熟知的九二一地震來說，在地震發生前數年推動大量設置地震儀的計畫，在九二一地震時得到了許多當時最接近震源且解析度最高的資料，而使得國內的地震研究在數年間有長足進展，但地震學家設置儀器的初衷，絕不是「希望地震發生」。換句話說，最理想化的情況是「地震發生在人少處，但卻能收到相對有幫助的資料」。但事情總是不會如我們所願，目前也只能在人類所能做的最大努力之下，防範地震伴隨而來的災禍。

地震本來就是生活的一部分

如何與天災共存？凡事總有個先來後到，地震和大多自然現象在地球存在的時間，遠遠比人類出現還早，所以自古以來，即使是少見的大地震，也本就是人類文明與生活的一部分，光是從1755年至今，各種與地震相關的多項歷史或近代事件也可見端倪。里斯本大地震嚴重影響了葡萄牙的國力，也改變了葡萄牙的政治結構，甚至影響全歐洲；在東亞，日本從戰國時期一直到江戶之前（約1477-1600），每隔數年就發生一次的強震（例如天正地震、慶長地震、慶長伏見地震），也間接影響了豐臣秀吉和德川家康的勢力變化；1906年的臺灣正處於日治時期，梅山地震後，基於防災逃生的理由，女生纏足（裹小腳）文化也隨著當局推廣天然足而消失。又過了一個世紀，2009年發生在義大利拉奎拉的地震，除了造成重大傷亡，由於震前政府急於應付當時密集發生的小地震後地震預測人士的言論，在記者會上過度的安撫說「不會有更大的地震」，輕忽了科學的不確定性與防災宣導的重要性，結果就是讓政府官員與科學家被起訴，這樣的科學與社會的對話誤解，加深了民眾對當局與地震科學家的不信任感。

上述只是在不同的時空下，地震與人類社會互動的一小部分，但光是這些就足以告訴我們，生活與地震實為密不可分，即使久久才發生一次大地震，造成的影響卻有可能十分廣泛，然而平常我們對地震的關心卻有點不成比例的少。當國內外有災情嚴重的地震發生時，大眾和新聞對地震關心的熱度會提高，許多地震防災專家會大量曝光，但熱度退的也快，一般來說國外地震約莫一週，國內的關注則是二週到一個月。這樣一想，各位讀者能讀到此篇文章，對地震的關心程度猜想早已超過大眾的平均。

即使如此，我想除了少數熟悉地球科學的讀者之外，相信面對地震，我們該做些什麼，還是有很多疑問。而本文開宗明義所說「經常沒有標準答案」的原則，並不是消極的讓大家不做準備，而是期待人們可以藉由「思考」，來找到自己經過演繹與歸納後的最佳選擇。地震工程有句名言：「殺人的不是地震，而是建築物」，而「許多受災都市幾乎是在原地，或是在鄰近地區重新建造」則是另一項重點，因此不管身在何處，若當地歷史上曾有過強震或海嘯，那麼未來鐵定也會有。

或許有人會想「人類怎麼這麼笨，把房子蓋在不會有地震的地方就好啦！」事情真有那麼簡單也就不用煩惱了，實際上，人們對居住的選擇，不太會受地震左右。由於桃園地區的地震危害潛勢稍低，似乎有建議就防災角度而言，桃園是個不錯的選擇……但是，假如將全臺灣的人口全部聚集在桃園，人口密度會大到無法想像，現代也幾乎沒有見過為了地震而遷移整個大都市的情況，地震在都市計畫選址的考量只占一小部分。放眼世界，不管是里斯本、東京、墨西哥城還是西雅圖，這些同時是大都市又是強震好發之處的地方，至今仍然人口密集，因此我們就得換個想法：「如果大地震哪天來了，這個城市是否耐受得住？是否可以很快恢復？」因而落實在各種人類所能及的科技上，舉凡結構物的耐震設計、防災演練、強震即時警報（地震預警）都是嘗試解決地震災害問題的方向。

所以，我們到底如何與地震共存呢？

關於如何與地震共存，建議考量的方向取決於自己「關心的方向」，每一個議題的處理方式當然都不同，就必須依序對症下藥。如果擔心的是建築結構耐震，就會建議尋求建築公會或土木公會等專家；如果是居家防震準備，我想官方的建議已經很多，像固定家具或是防災用品等等，在此不贅述；如果是想到自己在地震來臨的那一刻能否平安，至少也要先瞭解強震即時警報的用途、瞭解防災演練的真正意義。

但在此更需另外強調一項，也是最常被忽略的事，那就是「科學研究有賴於民眾對於科學研究相關政策的支持」，並不是要大家毫無保留的支持地震學研究，而是希望每個人都能先透過深入理解科學對防災的功用，評估是否該支持各項研究。這麼說好了，土壤液化潛勢圖、地震危害勢圖，並不是憑空冒出來科研成果，補強建築物的科技與經費也不會平白無故從天而降。有了適切的經費、充分的研究與基礎調查、好的政策規畫，才有可能讓科學成果進入我們生活中。

只是，「我們要如何知道某某地震研究對人類的幫助」呢？身為科普作家，我一直嘗試將地震相關的科學知識、科研成果簡化分享給大眾，目的就是希望能讓地震知識更普及。雖然所有的地震學家同樣無法預測地震何時到來，但也不會以偽科學成果來徒增大眾恐慌，而是期待上至決策者，下至一般平民的所有人，都能得到有幫助的地震與防災知識，並各司其職，在真正遇上不可避免的地震時，將災禍減至最低。老實說，期待臺灣政客能在理解天災風險下提出實際可行的防災政見，好像是個遙不可及的夢想，但如果有更多政治家能擁有如同當初蓬巴勒面對災害時的應對能力，相信會是全民之福。

最後再來談談《里斯本大地震》這本書，裡面涵蓋了不少較為厚重的人文和歷史知識，一下子讀完確實會有點吃力，但不要被它嚇到，就如同閱讀科普文章一般，先從自己有興趣的、覺得重要的開始著手。就算不知道地震何時會來，但當我們看了這本書、看了地震的知識後，可以再次嘗試問自己：「如果現在突然來了一個世紀大地震，我會怎麼應對？」

地表振動強度機率分布圖

地表震度達到五級以上
(PGA>0.23g)

地表震度達到六級以上
(PGA>0.33g)

發生機率(%)
0 20 40 60 80 100

本圖表示地表振動強度PGA達0.23g以上及PGA達0.33g以上之機率分布圖。

* PGA(peak ground acceleration)：最大地表加速度值

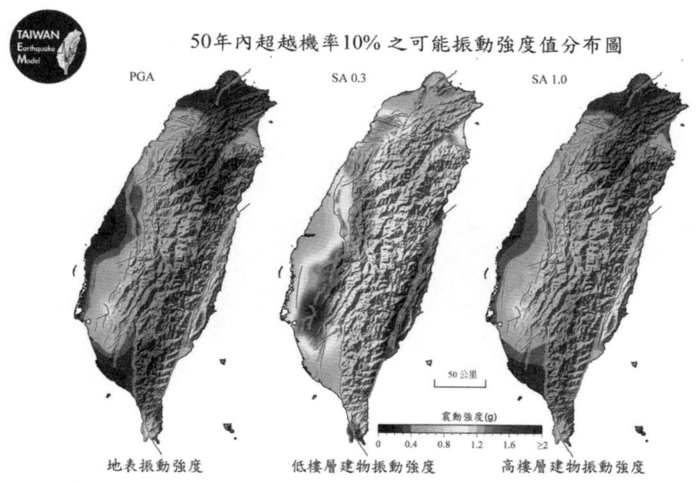

以台灣地震模型之斷層參數，評估台灣地區地表振動強度、低樓層建物振動強度，以及高樓層建物振動強度，在未來50年以內，發生的機會大於10%的可能振動強度值分佈圖，SA 0.3秒對應樓層高度為3樓之建築物，SA 1.0秒對應樓曾高度為10樓之建築物。

【臺灣地震科普網站推薦閱讀】
臺灣地震科學中心：http://tec.earth.sinica.edu.tw/new_web/index.php
震識：那些你想知道的震事
Blog：https://quakeledge.blogspot.com/
臉書粉絲頁：https://www.facebook.com/quakeledge/
阿樹的地球故事書：https://www.facebook.com/panearth/

本圖為2015年由台灣地震科學中心（TEC）所公布的「未來五十年內地表振動強度（意義與震度相同）機率圖」，主要的活動斷層或發生的構造以紅線表示。學者將目前科學上所能評估的地震發生的頻率，藉由一系列的統計分析後，計算出未來五十年全台發生震度大於五級或六級事系的發生機率。發生機率較高的地方需要更加落實耐震設計與補強，並且需要經常檢視地震防災應變的規畫，以防範未然。

導論

如果你提起一七五五年的里斯本大地震，聽者十之八九幾乎不假思索會回答道：「對呀！《憨第德》嘛！」這種反應不得不歸功於伏爾泰的天份，因為透過這本中篇小說裡的幾頁文字[i]，該場世紀災難得以烙印在西方世界的群體記憶之中，並持續幾個世紀不輟。大家都說，那場大地震撼動了整個世界。然而二百五十年流逝之後，如今它僅僅和小說中戇第德（Candide）、古內貢德（Cunégonde）和潘格羅斯（Pangloss）等人物的「冒險傳奇式」（picaresque）插曲連在一起，這不也是耐人尋味的事？

「為什麼世人依然記得此一事件？在它之前或是以後另有其他那麼多場的大地震…伏爾泰是主要的因素（此外還有許多其他的作家，如果沒有他們，我們對於該場大地震的了解恐怕無法完善）。伏爾泰為此建構論述，對於觀點的丕變提出有力的證據，同時動搖了當代龐大哲學體系的根基。[1]」

當然，里斯本的這場災難並非歐洲人首度見識到毀滅性的大地震。遠古時代和中世紀也都經歷過多次的天搖地動，其中較著名的是：西元三六五年東地中海那場被文獻誇大為「世界級的」大地震[2]；安提阿（Antioche）城先後於西元一一五年、四五八年、五二六年及一一七〇年被地震徹底摧毀；一三五六年瑞士巴塞爾（Bâle）的地震連巴黎都感受到威力。然而，上述災難畢竟只降臨在比較小型的城市或是帝國的邊陲地區。在十八世紀

[i] 佔該小說三十章中的兩章，大約百分之四的篇幅。

歐洲的主權國家中，里斯本是排名在巴黎和那不勒斯後的第三大首都。此外，由於報業的發達，新聞可以散播到相當遠的地方，這是比較近代的現象。

我們和古人不同，不再誤認為那場地震強烈到全歐洲甚至大西洋彼岸的美洲都感受得到，不過它對同時代的哲學家、科學家、神學家甚至文學家的影響力確實不容小覷。因此，從象徵的意義上講，我們實在可以把里斯本大地震稱為震撼整個啟蒙時代的事件。

持此觀點的理由不止一項。首先，地震發生在十一月一日的萬聖節（Toussaint），「四大元素串連起來」將歐洲一個繁榮的京城震成一片廢墟，顯然公眾不會對此無動於衷，尤其是那些見識廣博的讀報人口（儘管當時七年戰爭開打的消息也引起很大的矚目）。

當時的學者和哲學家尚未擺脫阿里士多德「地震氣動論」（la théorie pneumatique des séismes）[ii]的強勢學說。不過，這項理論稍早已有修正：那種地底的騷動不再被認定由風的逸散所引發，而是肇因於發酵所產生的沼氣、礦物燃料的爆炸或燃燒、或是某種放電現象（一如物理學家在實驗室所獲致的結果）。所謂大地震前兆現象的分析或是餘震、以及災區範圍的分析，當年都已成為論文及專書的主題，其中包括哲學家康德年輕時的著作。

十八世紀是在「樂觀主義」（optimisme）的不休爭論中渡過的。如果世界就像英國詩人亞歷山大．波普（Alexander Pope）說的那樣「天下一切皆已盡善盡美」，那麼上帝為何允許人間有惡？我們可以附和數學家萊布尼茲（Leibniz）的說法而同意「我們這世界已是盡可能最好的世界」嗎？我們也許可說，里斯本的大災難降臨得正是時候，因為它恰巧可為兩個針鋒

---

ii 阿里士多德在其《氣象》（Météorologiques）一書中認為，地震是由封閉在地下的蒸汽或風（pneumata）外逸時所引發。

相對的陣營提供論述的依據。後世經常將這番理念的衝突歸結到伏爾泰和盧梭的辯論，然而這樣就遺忘了其他數量可觀的著作以及宣傳小冊，也就是歐洲各國因大地震有感而發而寫出的文字。

大致上講，宗教界和神學家對這事件的看法比較簡單：上帝藉由大地震來宣告祂的憤怒。不過，上帝究竟生誰的氣則無定論。葡萄牙的宗教界將大地震歸咎於里斯本市民的罪行以及後者對宗教異端份子（也就是里斯本眾多的英國僑民）的過度寬容。然而對於新教徒而言，觀點正好相反，宗教裁判所（l'Inquisition）種種令人髮指的迫害足以導致上帝降下懲罰。英國開始流行起所謂的「地震佈道」（earthquake sermons），大聲疾呼罪人們趁早懺悔，以免後悔莫及。

最後，對於形形色色的各方詩人而言，里斯本毀滅的悲劇主題可以脫胎為各式各樣的作品，其中充塞著神話的暗示以及對遠古時代的指涉。這些作品當然有以葡萄牙文寫成的，但法文的也不在少數，此外還有德文的、義大利文的、荷蘭文的、丹麥文的、瑞典文的…甚至有拉丁文的。同時代的文學雜誌出版了不少這類作品，並且提供相關的書評。

總而言之，里斯本大地震是個極特殊的事件，對於它的描述或詮釋聚攏了（或分裂了）啟蒙時代的智識份子。在很長的一段時間裡，該場搞亂整個歐洲的大災難儼然成為論述時必需提及的事。到了一八〇五年（也就是地震過後五十年），里涅公爵（le prince de Ligne, 1735-1814）依舊寫道：「拿破崙受到地震惡魔的驅使，將世界的每個角落翻攪一遍，危害的程度遠超過里斯本的大災難[3]。」

十八世紀留存下來的第一手資料以及當今的二手資料（專業期刊上的文章及論文）多得不勝枚舉。專門針對里斯本大地震而寫的德文資料特別多。洛夫勒（Ulrich Löffler）的博士論文允稱近年所寫出的劃時代巨著[4]，主要探討十八世紀德語世界的新教徒對於里斯本大地震的闡釋。不過，就我所知，僅有三本著作處理的範圍涵蓋了事件的整體（但還是各有偏重的部份）：大英博物館館長肯德利克（Thomas Kendrick）為紀念里斯本大地震發生二百週年所出版的**《里斯本大地震》**（The Earthquake of Lisbon）（一九五五年）[5]以及其他兩本最近出版的葡萄牙文專論：**《大地震（一七五五年）》**（O grande terramoto (1755)）[iii]，作者為巴雷拉·得·坎普斯（Maria Barreira de Campos）[6]，以及巴西女史學家戴勒·普里歐雷（Mary del Priore）的**《世間之惡》**（O mal sobre a terra）[7]。最後，二〇〇五年六月在里斯本出版了一本內容豐富的集體創作**《里斯本大地震：不同視界》**（O grande terramoto de Lisboa: ficar diferente）[iv]，策劃人卡拉瓦約·布埃斯古（Helena Caravalhão Buescu）與考爾戴勒（Gonçalo Cordeiro）[8]。

本書是迄今為止唯一一本涵蓋整個里斯本大地震的法文專論，旨在儘可能大量利用並引述原始資料，並於啟蒙時代歐洲科學、神學、哲學、文學及新聞報刊的架構中重現此一理念史上的重要時刻。

在本書的第一部份中，我們將會引用目擊者的第一手資料來描述這場災難的始末。這批資料包括倖存者的家書或是商業信件、外交函件以及歐洲各報刊通訊記者的文稿。此外，我們還參酌了後人的綜合性 述。接著，我們會從現代地震學的觀點來審視那場大災難，並且站在批判的立場檢驗歐洲和非洲不同地方的災情報導以及當時所提出的科學解釋。

在第一部份最後，我們更要研究救援行動的組織以及所採取的緊急措施，還有里斯本的重建計劃如何擬定、如何施行，兼及大地震在葡萄牙所引起的政治遺患。

[iii] 此書出版於一九九八年，雖然為時未遠，但目前已經絕版，法國的圖書館又未加收藏。本人感謝葡萄牙魁英布拉（Coimbra）大學的巴伊斯（Alexandra Pais）教授將該書借給我。

[iv] 感謝布埃斯古（Helena Buescu）教授在此書尚未正式出版之前便先寄給我看。

第二部份首先要對受到大地震啟發而寫出的文學作品進行概括性的介紹，涵蓋的文類包括：頌歌（ode）、各類詩作、寓言、小說、劇本等等，然後我們再對歐洲宗教界的反應進行探討，例如以基督教衛理會（méthodisme）創辦人衛斯禮（Wesley）為代表的英國新教徒。

接著，我們將闢專章處理里斯本大地震對於樂觀主義（l'optimisme）及「世間之惡」（mal sur la Terre）問題之論戰的影響。參與這場論戰的除了赫赫有名的伏爾泰和盧梭外，還包括其他許多次要的人物。

最後，我們會比較「里斯本大災難」和數年之後發生在義大利卡拉布里亞（Calabria）的大地震（一七八三年），探討兩者在前述領域中所引起的反應。此外，我們也將比較該地震和現代嚴重程度相當的地震，解讀古今面對災變時的態度。

chapter 1

第一章

同時代人眼中的里斯本大災難

繁榮的京城里斯本，虔誠的天主教都市

里斯本的地理位置和地形特徵使其成為獨一無二的歐洲首都。它位於開闊的太加斯河（Tage）河口，開闊的程度足以使其冠上海洋之名。它的歷史城心基本上位於河岸低平的帶狀地段，也就是由南向北、與太加斯河垂直的區域，從商貿廣場（Place du Commerce）—即昔日的王宮廣場（Terreiro do Paço），一直到羅西烏（Rossio）廣場一帶，亦即彼時市場與宗教裁判所大廈的所在地。在這片「低地」（Baixa）的兩側綿延著石灰岩或是玄武岩的丘陵。由於地勢陡峭，今天我們通常要搭纜車或乘電梯才能到達位於各山頂的觀景樓。從一六二〇年之後，大家傳統上認為該區計有七座山丘（完全是隨意的算法），於是讓里斯本和羅馬得以一別苗頭[1]。如果我們背對太加斯河，右手邊便是頂端雄踞著聖喬治城堡（Castelo S. Jorge）的高地，而下面的坡地上則矗立著大教堂（Sé），然後，稍遠之處則是名為葛拉莎（Graça）的山丘，接著再往北看又有沛聶亞·得·伏蘭沙（Penha de França）山丘。在我們左手邊開展的是生氣蓬勃的席亞都（Chiado）區，接著是聖羅克（S. Roque）山丘、「高城區」（Bairro alto）以及聖佩德洛·得·阿爾坎塔拉（São Pedro de Alcântara）山丘。

距商貿廣場以西大約八公里處的太加斯河河畔便是貝倫（Belém）的所在地，這是以地標貝倫塔及熱羅尼莫斯修道院（Mosteiro dos Jeronimos）聞名遐邇的小鎮。貝倫塔捍衛太加斯河河口的安全，歷史上許多大航海家都是從這裡出發踏上征途的。塔中有國王的鄉間別館。

里斯本既富裕又貧困，是一座矛盾的城市。說它富裕，因為巴西的黃金和鑽石得以讓歷代君臣—尤其是卓奧五世（João V, 1706-1750）—建造奢華程度令人目眩神迷的宮殿、教堂及修道院。從巴西運來財貨的船舶擁擠在港口，倉庫中塞滿了各種珍貴的商品。里斯本是首屈一指的商貿城市。

然而里斯本也是貧困的，其實整個葡萄牙王國都是如此。那些源源不絕的財富並未使其受益，是看得到卻吃不到的好處。當時葡萄牙的商貿和經濟其實完全掌握在英國人的手中。他們雖是長年的盟友，但對葡國不能說是沒有妨礙。事實上，一七〇三年簽訂《梅士恩條約》（traité de Methuen）[i]後，英國終於完全壟斷波圖酒出口以及紡織品進口的生意。該國在經濟上對於英國的仰賴幾乎擴及到所有的製成品。葡萄牙人本來可以自行生產的東西，如今卻得花大錢購買。換句話說，巴西的黃金都輸到倫敦，巴西鑄造的金幣比英國國王肖像金幣在倫敦的市面上流通得更多。英國人在里斯本設立了商貿中心，即所謂的「不列顛製造廠」（Feitoria Britânica）。

儘管里斯本擁有富麗堂皇的教堂和貴族宅邸，但在歐洲啟蒙時代的外國到訪者看來，這個城市雖然不乏魅力卻好像還停留在中世紀似的，觸目盡是貧困混亂[ii]、髒亂不堪且強盜出沒的街區。換成今天，我們會說那是第三世界的城市。

小說《湯姆·瓊斯》（Tom Jones）的作者亨利·斐爾定（Henry Fielding, 1707-1754）於一七五四年八月到訪里斯本。他描述道：「我被人用轎抬上了岸，然後穿越舉世最醜陋的城市，也是數一數二人煙最稠密的城市，最後到了一間像咖啡館的屋子。」可惜的是，他的《里斯本紀行》（Journal d'un voyage à Lisbonne）[2]只寫到這裡，幾個月後斐爾定便與世長辭了。

里斯本也是一座虔誠的城市。「教堂如此眾多，以至於有些毗鄰而立，例如大教堂（Sé）和帕圖亞的聖安東尼教堂（Saint-Antoine de Padoue）、

[i] 梅士恩並非地名。這一紙對英國人極為有利，有關葡萄酒和紡織品買賣的條約是由英國特使約翰·梅士恩（John Methuen, 1650-1706）代表斡旋，並由繼任該職的其子保羅·梅士恩（Paul Methuen）簽訂。

[ii] 古多（D. Couto）的《里斯本史》（Histoire de Lisbonne, Paris, Fayard, 2000）中提到：「一七五〇年左右，有些外國人注意到里斯本房屋的窗戶沒裝玻璃。」

道成肉身聖母教堂（Notre-Dame-de-l'Incarnation）和羅瑞特聖母教堂（Notre-Dame-de-Lorette）便是；然而先王〔約翰五世〕卻仍繼續建造新的[3]。」該城劃分為四十一個堂區，卻有五十座修道院和一百二十一間小禮拜堂，大部份是信徒為祈願而出資建造的，目的在於懇求天主保佑里斯本不再經常遭受瘟疫、火災和地震的肆虐。里斯本的市民經常爭先恐後參與教堂舉辦的宗教儀式，並且加入數不清次數的宗教遊行。他們對於聖徒的肖像展現熱切的敬意，特別是最受歡迎的聖安東尼─帕圖亞的聖安東尼[iii]。雖然帕圖亞是義大利的城市，但該聖徒的本籍是里斯本。市民也很醉心於聖人遺物的崇拜，例如在加爾默羅修會（carmélites）的修道院裡，「他們特別崇拜一個十字架形狀的聖人遺物盒，裡面尤其值得注意的是耶穌嬰孩時期搖籃的小片構件、短襯衫的布片以及他的頭髮；聖母、福音傳道者聖約翰及聖瑪麗·瑪德蓮的頭髮；從荊蕀冠上取下且染有血漬的刺；一塊審判庭柱子的碎片、一截當年綑綁耶穌用的繩子、釘死耶穌的一根釘子、纏繞在他身上的一塊染血布條、刺進耶穌體側那支長矛的斷片、聖維洛尼克的內衣殘片、基督裹屍布的殘片、耶穌臨終時神殿中扯碎的布片以及四位福音使徒的親筆信[4]。」[iv]

外國遊客（特別是新教徒）覺得里斯本市民公然展現的宗教信仰未免

[iii] 聖安東尼，芳濟會修士，一一九五年出生於里斯本的著名佈道家，一二三一年死於義大利的帕圖亞，並且在翌年受封為聖徒。信徒藉由禱告向他祈求各種協助，但從十七世紀開始，他成為專門助人找回失物的聖徒。記得我小時候還聽過這段古老而虔敬的短禱詞（oraison jaculatoire）：「帕圖亞的聖安東尼 / 壞小偷、大流氓 / 快歸還不屬於你的財物。」

[iv] 我們不禁想起猶大以「古法文」寫給瑪麗·瑪德蓮的「親筆信」以及後者也以「古法文」寫給拉撒勒（Lazare）的「親筆信」。這是江湖術士魯卡斯（Vrain-Denis Lucas）向數學家沙勒（Chasles）兜售的文件。在基督教世界中，對於聖徒遺物的崇拜一直持續到十八世紀。一六〇〇年左右，參觀威尼斯聖馬可大教堂的訪客所看到的聖徒遺物其實和里斯本教堂收藏的那些名目大致相同：裝了救世主寶血的小玻璃瓶、聖十字架的一大塊殘片、一根鐵釘、一根荊蕀冠上的刺、耶穌被綁上石柱受鞭刑的石柱殘塊等等，此外還有聖馬可手繪的聖母像以及該聖徒親筆的《馬可福音》原稿。

過於狂熱，簡直就是迷信的偶像崇拜：「市井之徒經常成群結隊聚集在街上，除了一直祈禱，還兩手交替地掌摑自己；在四旬齋的遊行中，他們更揚起鞭子狠命地抽打自己；他們拖著鐵鍊或是雙膝跪地前行，雙臂搭成十字架狀並且夾著鐵條，還有其他懺悔方式，真是不一而足[5]。」

里斯本有六分之一的人口是神職人員（包括出世的和入世的）[6]。有位來自義大利的訪客驚嘆道：「那麼多神父！那麼多僧侶！那麼多騾子！[7]」[v]尤其這裡又是宗教裁判制度的大本營，滿城都是探子，外加令人毛骨悚然但壯觀的宗教暴行「判決儀式」（auto-da-fè）。舉行此類儀式時，市民大量麕集在「王宮廣場」上，每隔一年或一年半就有一場。得·梅爾維厄（Charles-Frédéric de Merveilleux）[vi]在葡萄牙時聽說里斯本不久將要舉行「判決儀式」。他描述道：「我回到里斯本為的是要參加那場歡慶活動。我把這一恐怖的儀式稱為歡慶，理由是葡萄牙人把它當成娛興節目[8]。」

十八世紀葡萄牙的宗教裁判所比西班牙的宗教裁判所更加引人注目，而且「在小說營造出的刻板印象中，里斯本變成宗教裁判所的城市，一如威尼斯和君士坦丁堡分別變成嘉年華和後宮閨閣的城市[9]。」

里斯本，一七五五年十一月一日（星期六）：目擊者培戴嘉敘（Miguel Tibério Pedegache Brandão Ivo）

也許關於大地震最精準、最忠實的描述應該是以法文寫成、署名「培戴嘉敘」的那一封信。這位駐里斯本的《異國報導》（Journal étranger）通訊記者於一七五五年十一月十一日將這封信寄給「該報的一名合夥人」得·

---

v　拉丁文原文：Quanti preti! Quanti frati! Quanti muli!

vi　得·梅爾維厄（?-1749），瑞士博物學家兼醫生，出生於努夏岱勒（Neuchâtel）。他在一七〇八年入宮服侍法國國王，並在一七四一年榮升中校。一七二四年，葡萄牙國王委任他撰文介紹該國的自然史。

古爾賽勒（de Courcelle）氏[10]。

他名叫米蓋勒-提貝立歐・培戴嘉敘・布蘭達翁・伊伏（Miguel Tibério Pedegache Brandão Ivo, 1730?-1794），是皮埃爾-巴普提斯特・培戴嘉敘（Pierre Baptiste Pedegache）和朵羅戴雅-瑪麗亞-羅莎・布蘭達翁・伊伏（Doroteia Maria Rosa Brandão Ivo）夫婦的兒子。前者是僑居葡萄牙、原籍法國西南部貝雍納（Bayonne）的商人，而後者的父親則是拉哥斯（Lagos）廣場炮兵軍團的團長[vii]。這位「漂亮的培戴嘉敘夫人」有點女巫（bruxa）的調調，據說具有看透人類和動物內心世界的稟賦。得・梅爾維厄在一七二五年前後認識了「不可思議的培戴嘉敘夫人」，並記載道：夫人年僅五歲時便看見服侍家人用餐的那位女傭肚裡藏著一個嬰胎，只是對方始終不肯承認自己懷孕[11]。培戴嘉敘夫人同時也能看清地底下的東西，據說在她的指示下，人家成功地挖好了幾口水井[viii]。

米蓋勒-提貝立歐・培戴嘉敘擁有各種才華。他以牧歌式的筆名阿勒梅諾・塔吉迪歐（Almeno Tagidio）成為「葡國樂土」（A Arcádia Lusitana）[ix]文學學院的一員，並在振興葡萄牙文學和詩歌的大業上表現得積極活躍。他曾為「葡國樂土」文學學院的另一位詩人院士多斯・雷伊斯・基塔

---

vii 肯德利克（1955）在沒有交代出處的情況下斷言：培戴嘉敘（Miguel Tibério）是「原籍瑞士的年輕軍人」，這和《葡萄牙巴西大百科全書》（Grande Enciclopedia Portuguesa Brasileira）中關於培戴嘉敘家族的專文說法相悖。肯德利克極有可能從《教育與休閒日報》中（journal d'instruction et de récréation）一篇發表於 1840 年、有關培戴嘉敘家族（然而可信度不高）的簡介中引用上述說法。培戴嘉敘雖有可能受過一些軍事教育〔他曾將腓特烈大帝的名著《戰術》（L'Art de la guerre）譯成法文〕，但是不容爭辯的是：他的名聲還是因文學才華而奠定的，而且他的家族確實原籍法國的貝雍納（Bayonne）。

viii 根據得・梅爾維厄的說法：培戴嘉敘夫人儘管一向胃口奇佳，卻可以「一連五、六個星期不必排便」。

ix 「葡國樂土」文學學院創立於一七五六年三月十一日（地震發生過後不久，里斯本依是一片廢墟之際），並於一七五七年七月十九日舉行揭幕典禮。一七七四年院士最後集會的那一次培戴嘉敘也參加了。

（Domingos dos Reis Quita）撰寫傳記。後者相當敬重培戴嘉敘，並且與他創作一部名為《墨加拉》（Megara）的悲劇。

此外，培戴嘉敘亦曾和一位名為巴里斯（Paris）的人合作，畫出一系列的素描。這批作品在一七五七年被勒・巴（Jacques-Philippe Le Bas, 1707-1783）這位「國王首席的版畫師」轉成版畫。該本畫集名為《一七五五年十一月一日因大地震及火災所造成之里斯本最優美的廢墟版畫集》（Recueil des plus belles ruines de Lisbonne causées par le tremblement et par le feu du premier novembre 1755）。有人在一封一七五八年二月寫給《文學年度》（L'Année littéraire）編輯的信中提到「葡萄牙那不堪一擊的京城在遭受大災難蹂躪後不久，兩位當地的藝術家（巴里斯和培戴嘉敘）為當地保存得相對較完整的古蹟繪製了六幅具代表性的風景畫[x]。經過國王首席版畫師的巧手，這批作品得以版畫的面貌向後代展示這座大城市一部份寶貴的殘跡[12]。」這幾幅里斯本「悲慘之廢墟」的黑白版畫後來在倫敦以彩色重印。

當時因為英國「哥德小說」（roman gothique）風靡一時，連帶在十八世紀下半期造成所謂的「廢墟熱」，而且一直持續到浪漫主義時期[13]。上述那批版畫對於「廢墟熱」的流佈或許功不可沒。此外，值得注意的是，畫面上的里斯本廢墟都添飾有野生植物，有時畫得十分茂盛，顯得饒富浪漫情調。但是按照常理判斷，從大地震發生到培戴嘉敘和巴里斯完成畫作的短短期間，石頭縫裡是不可能出現那種草木叢生的盛況。在勒・巴的那本版畫集中，在里斯本的廢墟景觀之前另收有二十五幅被冠以「希臘廢墟」名稱的版畫作品。儘管培戴嘉敘這位年輕人的作品具備種種優點，可

---

x 通稱為「大主教塔」的聖侯須（S. Roch）塔（說來奇怪，廢墟後的背景中竟矗立著一棟顯然完好無損的宮殿）；, 聖保羅（S. Paul）教堂；*f* 聖瑪麗亞（S. Maria）大教堂；„ 歌劇廳；… 聖尼古拉（S. Nicolas）教堂；† 主教教堂（la Patriarchale）廣場。（參見下文中的插圖）

是法國駐里斯本的大使得・巴須侯爵（le comte de Baschi）卻不怎麼瞧得起他。在他那份名為《一七五五年十一月一日里斯本大地震時我國商人所蒙受之損失備忘錄》[14]的文件中，他對「貝雍納人皮埃爾-巴普提斯特・培戴嘉敘」做出如下的評論：「培戴嘉敘老爹是個老實而勤勉的法國人，其本人值得國王陛下對其慷慨施加隆恩。不過，有些事情我們也該實話實說才是：他的家庭可謂亂七八糟，看看他太太那種可笑的模樣，再看看他兒子那種賣弄風雅的自負嘴臉。」大使是出於貴族的偏見才發表那種意見的。

培戴嘉敘多少具有文學才華，但他對於科學同樣感到興趣。他曾觀測過一七五三年十月二十六日的日蝕，另外，他對於大地震充份且細膩的描述說明他目光敏銳而且頭腦冷靜。他那封措辭得體的信以客觀的立場將大災難的方方面面做出交代，最後以哀嘆自己的時運不濟收尾。這封信值得我們全文完整刊出：

「先生，

只恨我的文采欠豐，無法為您充份描寫這場令葡萄牙全國及其多數居民飽受摧殘的大浩劫。您想想看，天地間的四大元素全部聯合起來對付我們，然後相互爭奪我們這片廢墟。我的描寫再如何恐怖都無法反映真相。不過，既然必需向您報告細節，在下也就勉強嚐試，將這場大災難敘述一下。

十一月一日，氣壓二十四吋七分汞柱高，黑歐繆（Réaumur）氏溫度計冰點上十四度[xi]，天氣穩定，天空十分晴朗。早上九時四十五分左右，大地搖晃起來，不過規模不大，大家都以為是馬車疾駛而過所導致的。初震持續了兩分鐘。又經過兩分鐘之後，地面再度搖晃起來，然而此次震動如此猛烈，以至於多數房舍都裂開來，接著開始崩毀。地震約莫持續了十分

[xi] 黑歐繆（Réaumur）氏溫度計在冰融點和水沸點之間均分為八十度，因此黑歐繆氏溫度計上的十四度相當於攝氏十七度半。

鐘，所揚起的漫天灰塵令太陽為之晦暗。兩三分鐘之後，厚厚灰塵逐漸落定，白日恢復到亮光足夠讓大家看清彼此的臉。可是接著地面再度動盪，震度強大到原先倖存的房舍此刻全部轟隆坍塌。天色再度晦暗，大地彷彿陷入混沌狀態。倖免於難的人高聲哭喊，瀕死的人呻吟哀嚎，餘震連連、白晝無光，在在都增強了驚怖之感。二十分鐘過後，一切恢復平靜。生還者只想逃離，只想到鄉下尋找棲身的避難處。然而我們的不幸絕非到此為止。大家好不容易喘一口氣，誰料到城裡多處街區開始竄出火舌。強風助長火勢，眾人一籌莫展。沒人願意投身滅火工作，因為大家只圖自保而已。餘震持續不斷，雖然震度不大，但在身陷死亡氣息的人看來（死亡以千百種形式呈現在其眼前），震度卻是大到無以復加。

本來大家或許可以著手滅火，但是海嘯似乎將會吞沒城市。至少市民驚嚇之餘自然而然便做如此聯想，因為他們目睹怒濤已經襲上原本距離大洋相當遠的地方，起初以為海浪無論如何都不可能觸及之處。

有些人誤以為逃到海上便能保全性命。怎奈猛浪將大小船隻掀翻，將其掃向陸地，令其彼此碰撞變形。接著水勢猛然後退，好像要令船上搭載的人全部葬身萬丈深淵。海水反覆襲上陸地又退下去，如此肆虐一日一夜，每五分鐘方向交替，勢頭一次強過一次。

在那幾天之中，恐慌未見緩解，因為餘震一直持續。十一月七日星期五清晨五時，強震再度來襲，威力強到大家以為前幾天的災難又將重演，但幸好並未釀成惱人的後果：地面似乎按著節奏搖晃，好像坐在船上一般。十一月一日的地震之所以造成如此大的損害，那是因為震波方向互相衝突所致，所以就連厚牆都以摧枯拉朽之勢傾倒下來。

我注意到，最強烈的餘震總是在破曉時刻掩至。可以確定的是，海嘯在陸地上的水位比起大家記憶所及葡萄牙最嚴重的海水倒灌之水位還要高出九呎。我們還不知道大地震確切奪去多少里斯本市民的性命，初步估計約在三、四萬之譜，因為大災難發生時，市區各大教堂正擠滿人，建築紛紛倒塌，幾乎將前往祈禱的信徒或是出於恐懼走避於此的信徒悉數埋入瓦礫之下。

十一月二日星期天早上，我驚訝地發現原本在某些地點寬度達到二里的太加斯河竟在城裡區段呈現乾涸狀態，而在城外區段也只剩下涓涓細流，連河底都露出來了。

葡萄牙幾乎全國都蒙受災難，阿勒加爾伏（Algarves）、桑塔倫（Santarem）、賽圖巴勒（Setubal）、波圖（Porto）、阿倫蓋爾（Alemquer）、馬夫拉（Mafra）（城裡宏偉的教堂也震垮了）、卡斯塔聶拉（Castanheira）等無一倖免，而里斯本方圓二十里以內的城鎮幾乎全部被大地震夷為平地。

先生，上述便是我浩劫餘生後的追憶。我的財產，傢俱也好，珠寶首飾也好，銀器也好，一概葬送在我那棟被大火吞噬的房屋下面，房屋如今只剩一堆瓦礫以及灰燼。我那批總數高達三千冊的精選藏書也都付之一炬，而我自己那些著作，那些數量足令我在文壇享有一席地位的著作也全遭焚毀。然而，最令我倍覺痛心的除了喪失五十件罕見的抄本外，我六年來努力的心血亦毀於一旦。那是一本書信體的著作，包括對葡萄牙人風俗習慣以及偏見的研究、還有對葡萄牙的手工業、公安制度以及政府組織的探討。另外，更有一些有關葡萄牙的歷史研究、對摩瑞里辭典（Dictionnaire de Moreri）中數個有關葡萄牙之辭條的批判、各種主題的論文[xii]、我在天文學方面的研究成果、一篇有關月球大氣層的論文等等。整起不幸的災禍令我蒙受高達十萬埃居（écu）的損失。

[xii] 一七五七年，培戴嘉敘仍能如願出版一本專書，介紹並批判了古今作者對於彗星現象的論述：《各哲學家有關彗星之論述：介紹與反駁》（Conjecturas de varios acerca dos cometas, expostas, e impugnadas）。

我從鄉下寫信給您，因為城內已無仍堪居住的房舍了。里斯本已徹底毀滅，不可能在原址將它重建起來。我認為王上已計劃在貝倫重建一座新里斯本，因為朝廷一到夏天依照慣例都會移駐該鎮，而且王上在該地亦有一座行宮。

請來信分享您的近況。我倆間的通信絕對不能因為我所遭受的災厄而冷落，而且我將一本以往的活力和熱忱為《異國報導》奉獻心血[xiii]。

培戴嘉敘敬筆

里斯本，一七五五年十一月十一日」

法國的見證者

一七五五年十二月二十日，法國植物學家兼農學家杜．蒙梭（Duhamel du Monceau, 1700-1782）向巴黎科學院（Académie des sciences de Paris）大會朗讀了一封寄自里斯本、書寫日期押在一七五五年十一月十八日的信。其中的一段被抄錄在該次的會議記錄中，不過並未提及此信出自誰的手筆：

「十一月一日萬聖節早上九時四十五分左右，當時吹著涼爽的北北東風，地表突然冒出硫磺氣味的蒸汽並且同時劇烈搖晃起來，其程度嚴重到我四週的房舍紛紛塌陷。第一棟便是我才從裡面走出來的聖安德烈（St-André）教堂⋯在第二度劇烈搖晃之後，大約持續了一刻鐘的平靜時刻。我利用這機會逃往步槍射程四倍之遙的「天恩廣場」（Larg de la Grace）。穿過慘不忍睹的一片廢墟後，我終於毫髮無傷抵達那裡。當我站穩里斯本七處高地其中這一處的頂部時，正好發生第三次的猛震，威力雖

xiii 不過，培戴嘉敘於一七五六年間沒有寄出任何信給《異國報導》。

比不上前兩次的，但令許多原本半毀的建築物夷為平地。大地劇烈搖晃，我的腳下出現一道三指寬的裂縫，而且裂縫劃過整座山丘。隨後我看到的所有地表裂縫都和上述那一條的走向相同[15]。」

另外還有兩封佚名的信件，都以法文寫成，以四開八頁的分冊形式出版，目前典藏於法蘭西國家圖書館。十一月十九日的〈里斯本批發商寫給巴黎通信者的一封信〉[16]雖然提供的訊息量比不上培戴嘉敘筆下的那一封，卻提及「十月最後那幾天的日出和日落時分都飄來了有礙健康的紅霧」，彷彿那是大地震的前兆似的。那位批發商也注意到，初震「只不過像馬車駛經附近時所導致的微感」。事實上，幾乎所有的見證者都寫下這樣的比喻。

十一月二十四日的〈在里斯本寫給某位大使的第二封信〉[17]描述了幾則軼聞性質的奇特細節。有些人認為其內容不可盡信：「據說，本地有位名人，本來他在自家四樓，但在房子垮下而窗戶變得與地面同高之際，他從窗戶跳了出去。藉由這個驚人的動作，他才逃過被壓死的厄運。在好些房子裡，首先坍塌的就是樓梯，以至於屋主被困在房間中無法逃出。人家聽見他們高聲哀求救助，可是對於伸出援手一事全表現出觀望的態度。畢竟在這種恐怖的時刻中，眾人想的一般都是如何自保而已。儘管情況一片混亂而且令人驚沮，難得也有動了惻隱之心的人。他們搬來長梯，將其靠穩在牆壁上，以便讓受困的人找到生路。關於罹難者的數目，各方的推測並不一致。然而經過一番仔細推測，我的看法和我在第一封信裡估計的數量一樣。我認為罹難人數高達十萬，這種觀點絕非言過其實…正當城裡房舍倒塌，死亡與恐慌肆虐的時候，我因人在鄉下所以幸運逃過一劫。我覺得連大地的最深處也都徹底動搖。地表許多地方都裂開了，這是我親眼目睹的。裂縫噴出猛烈焰火，釋出黑色濃煙。這幕慘狀將永遠留存在我的記憶，因為當時我似乎隨時都可能被火舌捲入地心裡面。」

另一位佚名的法國見證者[18]向我們描述了生還者自私的百態，並且說明他們對於救助同胞一事表現得意興闌珊，甚至幹下搶劫的勾當：「每一個人都只關心自己的安危，對於從瓦礫堆下傳出的呻吟聲根本充耳不聞。大家忘了自己還有朋友親戚，還有妻子兒女。大家眼裡只有死亡，所不知的只是奪命原因從何而來。是陸地呢？是海洋呢？還是一把大火？眾人忙著逃命，也不管腳下踩的盡是死屍以及臨終的人。不再有人同情，不再有人憐憫，不再有人流露真心，友誼蕩然無存。活人的全副心神都已填滿恐懼⋯在驚疑籠罩之際，有些寡廉鮮　的人，有些流氓地痞趁機利用這場自然災害為所欲為。他們成群結黨，毫無顧忌闖入教堂、宮殿或是民宅，破壞櫥櫃、大口箱籠以及聖龕。他們以手褻瀆聖體寶盒以及聖杯。凡是大火、海嘯以及強震沒有毀掉的財物都被他們搜刮，然後再被藏入洞穴以及破屋之中⋯一般認為死亡人數超過十萬。」

目擊者彼拉埃爾（Pilaer）所寫的信因其孫子的抄錄得以流傳於世[19]。彼拉埃爾提到罹難者的人數：「我沒辦法告訴你當天喪命的人數，一來因為我本人無從判斷，二來因為各方的估算差異極大，有人斷言死亡人數高達五萬，有人認為不致超過一萬二千。在我看來，前者過於誇大，後者卻又嚴重低估。對於里斯本這個從未經歷過大地震的城市而言，此一事件所引起的驚愕是筆墨難以形容的。」

上文最後一句話實在令人訝異，因為就像下文我們將探討的，里斯本幾個世紀以來已歷經多次大地震。很難接受當地市民不知地震為何物的說法！

有位名為拉頻（G. Rapin）的人在一七五六年自費出版一本名為《災難景象又名里斯本毀滅之精確敘述⋯目擊者之災情描述》的著作[20]。拉頻十一月一日正好在里斯本，十一月九日動身前往西班牙的卡迪茲（Cadix）城。他在描繪里斯本及其放蕩的風俗時提到：「長久以來，那裡的居民便應該遭受上天最嚴厲的懲罰。說他們是咎由自取絕非迷信。雖然地震、火災、洪水以及火山爆發等等現象並無超自然的力量介入，但我們仍隱約覺得，最近這場大災難的中心點會移到歐洲的這個區域都是為了懲罰里斯本居民那罪惡盈滿的脫序生活方式。」

拉頻宣稱自己比任何人都更早感受到最初的微震：「那天早上我必須出門談生意，到了和我生意往來的那個人家裡，時鐘指著八時五十五分，他吩咐端茶上來。我走進這戶人家還沒多久，便覺得腳下的地板輕微搖晃起來，但因極不明顯，我全然沒料想到，那是不久之後一場大地震的先兆。災難發生之後，杯裡的茶都濺光了，杯子跳飛起來，摔落在一張小方桌上。天花板發出巨響，橫樑同時掉落下來。我們決定以最快的速度衝出屋外，跑到馬路中央。我們才一逃到那裡，剛才那間房子以及其他許多房子都坍倒下來，幾乎把所有仍在裡面的人壓在瓦礫堆下。」

這位敘述者旋即跑回自己的住宅，發現自己懷有七個月身孕的妻子站在馬路中央。三天之後，他的妻子死於虛脫。他認為是地表裂縫冒出的火讓里斯本燒起來的：「地表二度震動，雖然強度不及第一次的，卻讓我們見識到地表竟在不同的地方裂開。裂縫冒出火舌，點燃好幾間房子的可燃建材，然而由於白晝過於光亮，無人可以察覺那種災況。」他在下文又寫道：「大地在房屋的地基下裂開，同時吐出含有瀝青和硫磺的物質。火苗斷斷續續從孔隙或是裂縫鑽出，釋放出的氣味連體魄最強健的人也會心臟衰弱。」

拉頻來到太加斯河河岸，並且試圖登上一艘小艇，無奈有個比他強壯的人將他撞倒、奪了他的位置。豈料那艘小艇後來沉沒，真是不幸中的大幸。這時，他想起曾經讀過有關一七四六年秘魯利馬大地震的資料。大地震會引發海嘯，所以他便往高處避難去了。他的敘述繼續開展，同時提供一個相當奇特的止渴方法：「所有的噴泉水池都乾涸了，後來滲出的都是帶有瀝青味的混濁泥水，聞起來好像加了水的大砲火藥。有人耐不住渴只好勉強喝下毒水，因此喪命的人不計其數。我善用了某位士兵送給我的鉛彈，將它放在嘴裡，等到毒水不正常的味道消失後才嚥下去。」

確保安全之後，他開始打聽起里斯本市內以及朝廷的消息：「十一月一日下午，王上在得·洛爾內侯爵（le Marquis de Lorne）和幾位顯貴的陪同下從貝倫（Belém）趕回京城。他們目睹仍然陷於火海而且已被大地震蹂躪得面目全非的里斯本，大家全都淚流滿面[xiv]⋯由於餘震不斷發生，教人擔心地表會在自己腳下裂開⋯眾人力勸這位勇敢的[xv]君主移駕前去和王后陛下以及他那哀傷的內廷人員會合。」

城裡面的死屍開始腐敗發臭，倖存的人擔心瘟疫很快就會蔓延開來。拉頻記錄了一位西班牙醫生的意見。瘟疫後來沒有流行，「因為葡萄牙人和西班牙人一樣，都在膳食中添加大量的蒜頭。」他同時也告訴我們：「西班牙駐葡萄牙大使裴雷拉達侯爵（le Comte de Perelada）不幸罹難。他具備諸多的長處優點而且秉性聰慧、情操高貴，命運待他未免太不公平。」

最後，拉頻也對地震在西班牙卡迪茲城所引導致的災害加以描述。他雖然不是現場直接的目擊者，但也忠實記錄了「名數學家果丹（Gaudin）先生的見證。他是巴黎科學院的院士兼卡迪茲科學院的院長。」這位學者當時正好住在該城。

拉頻所提到的是路易·果丹（Louis Godin, 1704-1760）。他早年曾啣命率領科學院的調查團遠赴秘魯，目的在於測量赤道緯線的度數，以便釐清地球的南北極是否平坦，而赤道是否隆起[xvi]。該次遠征的調查隊伍也包括了布蓋（Pierre Bouguer, 1698-1758）和得·拉·孔達明尼（Charles-Marie de

xiv 十八世紀的人相當愛哭。

xv 勇敢⋯但不魯莽！

xvi 該次遠征行動的種種波折在崔斯川姆（Florence Trystram）的專書《星子之訟》（Le procès des étoiles）中有詳盡描述。

La Condamine, 1701-1774）。他們一肩挑起研究工作並且聲名大噪，因為果丹很快就拒絕和這兩位同事一起工作，並為後者造成各種困擾。由於他受利馬總督之邀出任防禦工事主管，所以得辭去學院的職位。一七四六年十月二十八日利馬大地震發生後，他負責秘魯首都新的都市計劃。後來他移居西班牙的卡迪茲，並出任海事學院院長。一七五六年六月十五日開始他再度供職於巴黎科學院。

果丹寫道[xvii]：「九時五十二分，我開始察覺到地表出現極細微的顫動。其他先前曾經歷過類似現象的人繼我之後也察覺到上述那種顫動。但我畢竟曾在秘魯的不同時間裡經歷過五百多次的地震，所以我想，當天我做出的評論才是最正確的。」接著，他又提到海嘯：「人潮從連接卡迪茲和雷翁島（l'isle de Leon）的馬路逃命，但被海嘯的第一波大浪捲走。這條耗費超過一百萬皮埃斯特（piastre）鉅資建成的馬路完全毀壞掉了。得．普里塞（Masson de Plissai）[xviii]先生與拉辛（Racine）先生（即名劇作家拉辛的孫子）不幸溺斃。這波大浪總共奪走二百條人命。」我們後來便能看到：「小拉辛」命喪海嘯的事成了法國多部詩作的主題。

拉東（Jacome Ratton）[xix]是原籍法國的商賈及工業家，定居於里斯本並歸

[xvii] 果丹也寫信給科學院。十二月三日，科學院的終身秘書說明自己曾讀過「達爾江松侯爵（le Comte d'Argenson）的一封信，裡面包含一段果丹先生以西班牙文描述的卡迪茲大地震」，另外，十二月六日，布格（Bouguer）宣讀了一份從西班牙文譯過來、有關大地震的長篇報告（〈科學院的會議記錄，開會時間為一七五五年十二月三日及六日〉，現藏於科學院的檔案室）。

[xviii] 有關這位士紳的背景本人幾乎一無所知，唯一能確定的是：他顯然與薩德（Sade）侯爵的岳母瑪莉．瑪德蓮（Marie-Madeleine）〔娘家本姓得．普力賽（Masson de Plissay）〕有層親戚關係。

[xix] 哈東（Jacome (Jacques) Ratton），一七三六年出生於摩內斯提耶．得．布里昂松（Monestier de Briançon）。他的父親先前在里斯本創設一家商號，並於一七四七年命他前往該城。後來他繼承了父親的事業，並創設一家製造高級細棉布、紙張與帽子的工廠。他很崇敬葡國的大臣蓬巴勒（Pombal），並且受其協助。後來，他被指控和一八〇七年佔領葡萄牙的拿破崙政權的大元帥朱諾（Junot）私通，因此便於一八一〇年出逃至倫敦。他於一八一五年回到里斯本，一八二二年死於該地。

化成葡萄牙人。他七十五歲時以葡萄牙文寫成供其子女閱讀的回憶錄[21]。書中他交代了自己的大地震經驗。這份年代較晚的書面見證經常被人引用，但和上述那幾封信相比，並未提供什麼新的訊息。

英國的見證者

里斯本的英國僑社由於布列顛製造廠的設立所以規模較大。因此英國的見證者比較多也就不足為奇。不過一般而言，他們對於自己同胞的生命財產安危較多著墨，對於大地震的災情少有描述。

卡斯垂斯（Abraham Castres, 1691-1757）在一七四二～一七四九年間擔任英國駐里斯本的領事，並於一七四九年起直到逝世的八年間擔任英國駐葡萄牙宮廷的特命全權大使。十一月六日，他寫了一封外交信函給羅賓生爵士（sir Thomas Robinson, 1702-1777），後者自一七五四年起即擔任「南國事務部部長」（Secretary of State for the Southern Department），其職掌包括經營與歐洲各天主教國家的外交關係（他於一七五五年十一月辭職）。卡斯垂斯寫道[22]：

「謝天謝地。我的房子雖然受損，但畢竟沒有倒塌下來。由於大火並未波及，所以不少朋友因為房子被火焚毀，都來我家避難…領事及其家人安然無恙…我痛失了一位高貴的好友，亦即西班牙駐葡萄牙的大使。地震發生，他在衝往戶外避難時被壓死在門下…我家藏有大筆現金（幾位朋友很幸運地搶救出一些錢，暫時都存放在我家），且因房子附近一到晚上常有匪徒出沒，所以今天早上我寫信給得．卡拉瓦約先生〔葡國首相，即未來的蓬巴勒侯爵（marquis de Pombal）〕，請求先生派來一名守衛。但願他不要拒絕我的請求才好。」

佛克（M. Fowkes）於十一月七日寫了一封信給他的兄弟[23]。這位布列顛製造廠的批發商回憶到：當天早上十點左右，他正和兩個葡萄牙的朋友討論事情，突然，他的房子搖晃起來，同時大家都聽見一個怪異的聲響。他的朋友異口同聲都說，附近有一輛六匹馬拉的重車駛過。可是佛克顯然比較熟悉附近的情況，他認為那種大型的豪華馬車從來不會出現在自家旁的街道，所以必然是強烈地震的前兆。於是他奪門而逃，並跑到他兄弟家裡的石拱門下避難。信末他附上了當時鱈魚、米和奶油的行情價格。

外科醫師沃法勒（Richard Wolfall）於十一月十八日寫信給皇家外科醫學院院士帕爾森（James Parson）博士[24]。他和上述那位法國籍的見證者相同，都對人性採取悲觀的看法：「群眾恐懼驚慌到了極點，就算最果斷的人也不敢從他最好的朋友身上移開石塊。這種舉手之勞本來可以幫助許多人倖免於難，無奈大家都只考慮如何保全自己的性命。」

沃法勒記錄，大災難發生後的前三天，每盎斯的麵包可以賣到一磅黃金的高價，不過接下去等災情減輕之後，市面上就不缺麵包了。作者也提到趁火打劫的不義之徒。自從其中幾個被逮捕並送往絞刑架吊死之後，強盜行為便銷聲匿跡了。那幾處絞刑架是國王先前下令在里斯本城四周設置的。他也提到，被處決的惡徒之中包括幾名英國水手。

沃法勒寫道，英國人損失了一切他們原先在里斯本所擁有的財富，但所幸因震災而罹難的英國人和其他國籍的罹難者比起來算是寥寥無幾。當地有三位英籍的外科醫生，可是因為缺乏醫療器材以及繃帶，許多傷患都無法獲得及時救治。

英文的見證資料當中最詳細且最引人注意者，首推卻茲（Thomas Chase）於當年十二月三十一日寫給其母親的長信[25]。這位作者一七二九年十一月一日生於里斯本，並於一七八八年逝世。從大災難發生到他寫家書，其間將近有兩個月的時間。這段空檔顯然讓卻茲有機會恢復平靜情緒，並在返回英國之後將自己的遭遇寫成一篇合乎時間先後次序與邏輯的敘述。

早晨九時三刻左右。那天是卻茲二十六歲的生日。當時他一個人在老家五樓的臥房裡。起先他感覺到地板震動起來，但立刻便判斷是地震來襲。他驚慌之餘立即奔向頂樓那間四壁均開了窗的房間（葡萄牙文稱Urado）[xx]，但是房屋塌陷下來，他失去了知覺。等到甦醒過來，他發現自己受困在四堵高牆之間，好比一名註定要活活餓死的囚犯。

他幸運找到一個裂縫，並且拖著身軀爬行過去，最後進入一處房間。當時他的處境可算悲慘之至，斷了一條胳臂，肩膀一邊脫臼，大腿佈滿傷痕。他費了九牛二虎之力才來到街上，街道不僅狹窄，而且完全被幾乎與殘存屋舍等高的瓦礫堆封死。他的力氣全部耗盡，於是整個人癱倒下來。來自漢堡市的一位德國商人收留他並且將他攙回家裡，並粗略為他治療傷口。

夜裡十一時左右，德國商人帶著家人和卻茲離開自家前往「王宮廣場」（Terreiro do Paço）避難。廣場位於太加斯河河畔，四周許多建築物都失火了。那壯觀的「石碼頭」（Cais de Pedra）已被震垮然後直接沒入太加斯河裡。群眾似乎死心塌地相信末日審判即將來臨，因此紛紛扛起十字架或背著聖徒雕像，並且唱起連禱經文。餘震只要出現一次，他們就再度跪下，同時高聲叫嚷「天主垂憐」。卻茲擔心這股宗教的狂亂情緒會轉變為令人髮指的暴行。他身為新教徒，此刻應該避免接近任何人。據他描述，葡萄牙人當下全都受到宗教的頑念所擺佈，而教會裡的神職人員也都言之確鑿，大災難反映世人的罪愆。有人甚至強調，葡萄牙人過於善待異端邪說之徒，所以今天才有如此下場。

卻茲是唯一提及如下這個重要細節的人：「最後，群眾恢復冷靜，據說

[xx] 我們忍不住要指出：地震發生時逃往頂樓房間的做法實屬罕見（而且也不合理）。

那是因為宮廷秘密策劃了一次聖母顯靈的奇景。半夜有人親眼看見聖母瑪麗亞坐在一座教堂廢墟的火焰之間，那是著名沛聶亞・得・伏蘭沙聖母修道院（ND de Penha de França）的附屬教堂，位於一個高高山丘的頂部。聖母向群眾揮動一條白手帕。有人立刻高聲解釋：聖母原諒子民過去所犯的罪，同時答應讓大家重獲新生。」

根據卻斯的估計，大地震至少奪走五萬條人命。他也算出總共有六十九名布列顛僑民死於非命，大部份是信仰天主教的愛爾蘭人（雖未明講，但他似乎認為無甚要緊），而將近三百名英格蘭的僑民中幸好僅有十二、三名罹難。

從地球物理學的觀點來看，卻茲針對大地震之影響所做的觀察是很合理的，這點和其他許多的目擊者大異其趣。尤其他完全不同意上文〈在里斯本寫給某位大使的第二封信〉的作者或是拉頻的說法：「地表根本沒有冒火，地表也沒裂開，倒是出現數不清的裂隙，常有水和泥沙湧出。」

這些觀察可以在另一位佚名布列顛人的文字中獲得印證[26]。後者提到，有位朋友告訴他，海嘯退去之後，地面出現許多小裂隙，而且從裡面噴出大量的白色細沙，噴發的高度教人嘆為觀止。至於上文提到地表噴火的事，這位佚名人士認為只是無稽之談。雖然他聽過許多人抱怨，因為吸入濃烈的硫磺氣味而導致呼吸困難，但他本人則絲毫沒有這項症狀。

他也同時說明，靠近聖保羅教堂廢墟的地方聚集了黑壓壓的人群，包括社會的各階層，例如主教教堂（l'église patriarcale）的議事司鐸、彌撒儀式進行一半還來不及換下聖職服裝便倉皇逃出的神父、或是名門婦女（有些衣衫不整，有些沒有穿鞋）。所有人驚嚇過度紛紛雙膝跪地，一面握拳捶打自己的胸膛，一面不斷高喊：「天主垂憐！」（Misericordia meu Dios）

大火持續燒了六天六夜，摧毀所有強震之中尚未受損的東西。根據這位見證者的描述，火源並非像某些人（例如拉頻）認定那樣是從地底冒出，而是家中火爐或是教堂裡點燃的蠟燭（當天有萬聖節的慶祝活動）所導致。這是極合情理的見解。

來自德國漢堡市的商人所組成的僑社是里斯本規模僅次於英國僑社的組織。大地震過後第二十四年（一七七九年），德國漢諾瓦市的《漢諾瓦雜誌》（Hannoversches Magazin）刊出一些德國商人的信件，其中也許就有幾封出自那位收留卻茲之漢堡商人之手[27]。這些信所關注的焦點和法國或英國的見證者所強調的相當不同（但英國人卻茲的某幾段文字倒是例外）。德國人目睹災民受到僧侶的鼓動而陷入幾乎失去理智的狀態，這點最是教他們驚嚇：「從昨天早晨到現在，我吃不下也睡不著，偶爾只喝一點混濁的水，心中只有焦慮和驚恐…我嚇得直冒冷汗，因為我察覺到，迷信的群眾已經產生根深蒂固的觀念：這場災難是信奉異端邪說的人所引發的。」在這批信件中，只提及一個平民違抗命令的例子。十一月一日（大地震發生當日）有位漢堡籍的商人寫道：在國王的命令下，騎兵出面要求擁擠在街道上的居民離開里斯本城，但居民回答道：「我們已經沒有國王了。」他們站在原地不肯移動，士兵只好調頭離開。

外交信函

教廷大使

阿吉埃伍歐里（Filippo Acciaiuoli, 1700-1766）[xxi]閣下是教皇派駐在里斯本的大使（任期1754-1760）。他每週固定寫信給教皇本篤十四世的國務卿樞

[xxi] 阿吉埃伍歐里曾在天主教會中擔任過多項要職。一七四三年被任命為「異教徒地域內」（in partibus）約旦佩特拉（Petra）城的大主教。後來直到一七五三年都出任教廷駐瑞士大使。一七五四年，教廷改派他到里斯本，但後來因其親耶穌會的立場，於一七六〇年被逐出里斯本。一七五九年他被晉升為樞機主教，並於一七六三年成為義大利安科納（Ancône）城主教。

機主教龔札卡（Silvio Valenti Gonzaga），不過寫成於大地震後三天的那一封其收信人卻是他自己的兄弟[28]，內文第一句話因為後來常被當年各家報刊引用而成為名言：「從上星期五尚稱為里斯本的殘破之地寄出」（Dalla desolata terra ove fu venerdi scorso Lisbona）。

根據阿吉埃伍歐里閣下描述，地震之後自己雖然衣不蔽體而且一無所有，但奇蹟似地毫髮無傷。他暫時棲身於一個臨時搭在本篤會（les bénédictins）土地上的簡陋帳篷裡，地上僅僅墊著木板，上面再鋪幾塊地毯、幾張席子而已。數以千計的人蜂湧前來找他，要求他為其舉行赦罪儀式。他說：「我儘量做就是了。」

他也提到西班牙駐葡萄牙大使不幸罹難：「西班牙大使的官邸整棟塌陷下來，他的兒子幸運獲救，但他本人則被瓦礫壓死。」很有可能的是，對於外國使節團的成員而言，一位夥伴的不幸身故要比成千上萬里斯本市民的死難更為嚴重。在所有的外交信函中最常被提及的插曲是：裴雷拉達侯爵洛卡培提（Bernardo Rocaberti）大人從家裡向外衝到大街時[xxii]，不幸被大門上面掉下的沉重石雕盾形紋章砸死。我們因之產生一個印象：這位可憐侯爵的死是大地震數一數二最悲慘的事件。不管怎樣，他似乎是這場大災難中唯一喪命的重要人物[xxiii]。上文我們已經說過，英國人卡斯垂斯和法國人拉頻都在各自的信裡披露這個意外。此一不幸消息甚至遠遠傳播到斯堪第納維亞。瑞典著名的博物學家馮・林內（Carl von Linné, 1707-1778）收到哈爾曼（Daniel Zachrisson Hallman, 1722-1782，瑞典駐馬德里大使館

---

xxii 當今對於震災易發地區居民的建議是：初震發生時千萬不可奪門而出，因為有可能被震落的陽台、石雕上楣或是其他石雕飾件砸中。

xxiii 侯爵的死訊甚至出現在一本書的書名中，該著作於一七五五年在塞維亞（Sevilla）出版，其書名為《里斯本城大災難之最新報導。該次大災難發生於今年十一月一日，地點係葡萄牙虔誠國王之朝廷的所在地里斯本。天地間的水、火、土、氣四元素合謀將其摧毀。大地震於上午十時來襲，在這凶險的不幸中，罹難人數眾多，其中包括我國陛下派駐於此國朝廷的大臣，亦即最尊貴的裴雷拉達侯爵》。

的傳道師）寄來的信，信中不忘提到「西班牙大使裴雷拉達走出家門時罹難」[29]。一七五五年十二月十五日《斯德哥爾摩郵報》（Stockholms Post-Tidningar）也發佈了裴雷拉達侯爵不幸喪生的消息[30]。

教廷大使在同一天（十一月四日）將大地震的消息寄給擔任教廷國務卿的樞機主教：「在下如此驚慌、如此悲痛，以至於不知如何向閣下描述這場嚴重的災難。天主決定以這一方法昭示這座城市及其居民。星期六上午九時四十五分，里斯本人經歷了無與倫比的強震。僅僅七、八分鐘的時間，市區的建築物幾乎全部震垮，但這樣還不足以平息天主的盛怒，因為這時火勢在各處蔓延開來，結果先前尚未被強震摧毀的房屋現在都被大火吞噬了。火災災情極為慘重，火勢至今仍然不受控制…里斯本城已淪為一片廢墟，就算再過一個世紀都不可能恢復昔日榮景：死難者不計其數。」

根據教廷大使的說法，大地震來襲時，他正跪在祈禱用的跪凳上，準備開始彌撒儀式。在建築物倒塌的前一刻他幸運地逃到室外的花園裡。不過他說：「我的秘書以及一位僕人被壓在瓦礫堆下，另外我的騾子也有幾匹被壓死在馬廄裡。」有些人或許會想：阿吉埃伍歐里閣下竟把人命和驢命置於同一天平上面！

他在這封信的最後含糊道歉說道：「要是在下說得不清不楚教人費解，就請樞機主教多多擔待…」（V. E. Scusí è troppo confuse questa mia confusione ...）

在十一月十一日寫給教皇的信中，教廷大使建議教皇寫一封慰問信送給葡萄牙國王約瑟（José），因為後者「極度沮喪」。本篤十四世於十二月十日將信送出。

義大利外交官

十一月十八日，熱那亞共和國的領事韋賈內果（Ferdinando Aniceto Viganégo）向該國政府遞送了一份報告書[31]，他陳述道：「大部份的教堂、數不清的房舍以及幾乎全數的公共建築（例如海關、財政部、王宮、主教宮、聖安東尼教堂旁的寶庫、皇家庫房、劇院、監獄）還有一大片城區都坍塌了。」據他估計，死亡人數約在三、四萬之譜。他的信最後以如下的求援呼籲結尾：「在下可以向諸位尊貴的大人保證，在下自己連從家裡搶救出一件襯衫的機會也沒有。如今，我和三個兒子只能過著一貧如洗的生活…在下斗膽向各位尊貴的大人吐露本人在里斯本的苦處，為的是哀求共和國能替在下送來合情合理的救助，否則在下眼看便要開始帶領犬子沿街乞討了。」

威尼斯共和國未向葡萄牙派駐大使。該國駐西班牙朝廷的大使糾斯提尼安（Girolamo Ascanio Giustinian）在寄給威尼斯參議院的多封外交信函中（日期從一七五五年十一月十八日至一七五六年三月二十三日），根據里斯本方面傳來的消息描述了大地震的損害以及當局所採取的措施[32]。據他報告，地表才一劇烈震動起來，王宮以及最穩固的教堂和塔樓便已紛紛坍倒，到了第二次的強震來襲，本已搖搖欲墜的房舍便徹底崩毀了。由於房舍建材多為木板，「中午時分，家戶點火備餐，強震將火源埋入易燃的建材下面，不久之後，城區多處都燒起來了。」

大使哀嘆葡萄牙王室堪憐的處境，因為他們沒得住、沒得穿、沒得吃，只能暫時棲身於帳篷或是木板搭建的臨時避難處。當然，他也提到，身份顯赫的罹難者中包括西班牙駐葡萄牙大使裴雷拉達侯爵。

普魯士的部長級代表

普魯士國王於一七五一年便向葡萄牙王國派駐了部長級的代表布蘭坎普（Herman Joseph Braancamp，生於一七〇九年，父母為篤信天主教的荷蘭人）。他在十一月三日寫法文信給普魯士國王腓德烈二世（Frédéric II）。他的法文程度和他的君主頗有落差：

「陛下，微臣必須向您彙報一件大事。天主已伸出正義的手朝里斯本及其附近地區的居民重重擊下，結果便是幾次威力驚人的大地震…天主對於微臣寬宏大量，沒有奪走微臣的命，所有家人也都安然無恙。外國使節團的成員也和微臣一樣大禍不死，唯一不幸罹難的是西班牙的大使裴雷拉達侯爵，據說被壓在其官邸的瓦礫堆下。大家擔心的是，震災是否影響到葡萄牙全境，甚至連西班牙靠邊境的那一帶也未能平安…若是陛下認為有必要寫信安慰葡萄牙國王，微臣當然樂意為您送達[33]。」

法蘭西大使

自從一七五〇年起，法國派駐里斯本的大使為聖・埃斯戴夫（Saint Estève）侯爵得・巴須（François de Baschi, 1701-1777）。大使的先祖是在一四一二年便來法國定居的顯赫家族。得・巴須侯爵娶了路易十四情婦蓬巴杜（Pompadour）夫人的外甥女為妻。在奉命派往葡萄牙之前，他曾是法蘭西駐巴伐利亞選侯國的特命全權大使。為了酬謝他在里斯本大地震災後的表現，法國政府於一七五六年一月頒贈聖靈騎士團（l'ordre du Saint-Esprit）的藍帶勛章給他[xxiv]。同年十一月，大使離開里斯本，並於一七六〇年出任法蘭西駐威尼斯共和國大使。

[xxiv] 他在一七五六年一月十六日寫道：「王上方才賜我了不起的禮物。」

大地震發生後隔兩天（十一月三日）起，他寫了多封外交信函寄給得・茹易（de Jouy）侯爵胡耶（Antoine Louis Rouillé, 1689-1761）。後者從一七五四年起便是法蘭西的外交部長[xxv]。這批信件目前保存於外交部檔案室，對於研究里斯本災後那一年的氛圍極具價值。

第一封是得・巴須公爵的親筆信[34]，通篇沒有標點符號，文字寫在一張二十一乘三十三公分的對摺紙上，形制和官方的大張信紙相當不同。外交部在信上所加的註記顯示：十一月二十七日已經回了大使的信。以下是大使第一封信的內容：

「一七五五年十一月三日，里斯本郊野

部長先生，

這封信係在下委託西班牙大使館秘書在處理郵件時順便幫忙寄送的。在下趁災後初現平靜之際修書向部長先生報告十一月一日早上九時半重創里斯本的恐怖事件。當天那場大地震使地面持續搖晃了五分鐘之久，大部份的房舍都震垮了。又因為當時許多家戶正在用火，地震來襲之後，城裡有五、六個地點同時發生火災。因有風勢助長，大火愈發不可收拾，結果將這城市摧毀得更徹底了。依照在下估計，就算再過一百年，里斯本都不可能恢復昔日的面貌。在下的房子和其他的房子一樣全倒塌了，幸好手下為在下搶救出一些財物。可惜在下的坐臥兩用床和兩張織毯都來不及搬出。這場震災保守估計已令在下的損失總額超過二萬磅白銀。不過，在下最慶幸的是：自己、妻小以及全部的僕從一概安然無恙，大家都給在下極大的關懷。在下身著睡衣、腳趿拖鞋倉皇逃出，模樣宛如剛剛起床似的。我們竭力走到我國駐葡萄牙的領事葛賀尼耶（Grenier）先生那間位於鄉下的房

xxv 胡耶一七五一年即被選為科學院榮譽院士，並於一七五三年成為該院院長。擔任外交部部長之前，他於一七四九至一七五四年間官拜海軍部部長。一七五七年退休前則主管郵政部事務。

子。他不在家，正在鄰人家中。那位鄰人接待我們，讓我們睡在臨時用布巾搭成的帳篷裡。夜裡刮起強風，帳篷被吹壞了。可憐的西班牙大使裴雷拉達侯爵先生不及在下幸運，他被自家門楣上掉落下的石雕紋章砸中喪命。教廷大使逃過一劫，但他的手下悉數罹難。城區倖免於難的範圍只有十分之一。起先大家擔心飢荒開始肆虐，不過由於葡萄牙朝廷處置得宜，我相信倖存者應能逃過地震及火災之後的第三種大難。在下恢復鎮定後即刻派人至貝倫鎮探聽至誠王陛下伉儷的情況[xxvi]，幸好他們以及諸位王子公主一概毫髮無傷。昨天在下尚無機會親自謁見至誠王陛下，今晨獲得馬匹之後，在下立即進宮獻上在下懷著憂傷情緒獻上的慰詞。陛下伉儷與在下交談的時間長達半個小時。在下真正發現他們的勇敢與溫情、發現他們心靈的偉大。部長先生，在等候您下達那暢快人心的命令之際，在下會先尋覓堪供臨時棲身處所。部長先生，請包涵在下這封格式未盡完善的信，儘管如此，在下得以向您報告我們的困境，同時向您表示在下至死不渝的誠摯敬意。您卑微且順從的下屬得・巴須敬筆。」

得・巴須的第二封信也是親筆所寫[35]，日期為十一月八日：「當局採取得宜的措施，確保城裡民生物質不虞匱乏，並且埋葬死者、逮捕盜匪。該國的宣道者輕而易舉便將民眾導入盲信的狂熱中。此一禍害致使民眾無法極積投身救災與重建的工作。」

三天之後，信函開始以正常的大張信紙書寫，而且改由秘書代勞，內容則以政治新聞為主。在十一月十一日的信件裡[36]，大使抱怨起葡萄牙人：「外交部官員的態度相當冷淡，凡事只好自助天助。」下文接著提到：「有人告訴我說，英國製造廠要求當局另外撥給土地，以便重新設廠。在

[xxvi] 法國和西班牙的國王習慣上分別被稱呼為「篤信王陛下」（SM Très-Chrétienne）和「正統王陛下」（SM Très Catholique）。一七四一年，教皇允許葡萄牙國王冠上「至誠王陛下」（SM Très-Fidèle）的稱號。

下當會密切注意這件事的後續，而且小心不使葡萄牙國王掉入此一圈套。如果英國獲得此項優惠，應該還會得寸進尺，這是不容置疑的事。不過，我方也要小心謹慎，務必不讓外界看出這層憂懼。」

十一月十五日：「在下的傢俱幾乎盡數從瓦礫堆中搶救出來。不過您該不難想像，傢俱被瓦礫重壓後，又在二十四小時內兩度遭到雨水沖刷，目前情況有多不堪。」

得·巴須大使的傢俱被搶救出來的消息使伏爾泰得以借題發揮，讓他在扭曲真象的情況下一逞他的尖刻苛文才。十二月九日，伏爾泰在寫給里昂銀行家特洪珊（Jean-Robert Tronchin）的信裡提到[37]：「先生，從您前幾封的來信中，在下可以歸納出來結論：世界末日以及最後審判尚未來臨，既然得·巴須先生的傢俱狀況很好，里斯本的一切應該不差。」

十一月十九日，得·巴須大使提到：「部長先生，葡萄牙國王似乎已經做出定奪，要將里斯本城原地重建，要讓京城在廢墟上復活。此一計劃能實現嗎？在下十分懷疑。」

大地震後那幾個月儘管百廢待舉，但外交官之間彼此卻在互別苗頭，小磨擦時有所聞，比方得·巴須大使便和新到任的西班牙大使〔取代裴雷拉達大使的阿蘭達（Aranda）侯爵〕為誰是使節團的龍頭老大而起爭執，甚至驚動巴黎和馬德里的朝廷[38]。

住宿也是個大問題。十二月十五日，得·巴須侯爵寫道[39]：「教廷大使〔在貝倫鎮〕覓得新的府邸，而那棟房子稍早在下曾經要求當局撥用而未獲得准許。結果教廷大使後來居上，索得該幢建築。然而在下也不應該因此惱火。有位僧侶被人逼迫讓出那個地方，畢竟教廷大使算是僧侶們的直接上級，更何況葡萄牙國王對當地這一流的人物竟也束手無策…原先在下住的房子並沒有像在下擔心的那樣被火燒毀，火勢只蔓延到上頭算過去的第三棟便熄滅了…聖-侯須（Saint-Roch）教堂只有半毀，而附屬的那間華麗的禮拜堂則幾乎完好如初。特別值得記上一筆的是，那座壯觀的高架「活水引水渠」[xxvii]，那座將水輸進里斯本而且尚未完全竣工的引水渠居然屹立如初。它那橋拱的高度尤其教人嘆為觀止…沒有人知道精確的死難人數，然而在下始終相信，人數不會比自己初估的一萬兩千人多出太多。一般人都誇大了死難人數。罹難的外國人不超過一百。上流社會僅有十三個人死亡，其中包括三名修女以及一位葡萄牙的貴族—權臣得．卡拉瓦約的岳父。倒有幾個人單純只因驚嚇過度而賠上性命。」

大使同時提到「早先因為找不到軍人前往協助，西班牙大使的遺體一直到星期二晚間才從不算太厚的瓦礫堆裡挖掘出來」。得．巴須大使將裴雷拉達侯爵的僕從和自己的僕從做了一番比較。相對於他自己那群忠心耿耿的僕從，裴雷拉達侯爵家的那一批簡直可　至極，因為他們任由主人壓在瓦礫堆下而不加以救援。得．巴須的僕從不僅救了主人性命，而且還竭盡所能挖掘傢俱財物。

由於寄送信件曠日費時，外交部長胡耶到了十一月二十七日才回覆得．巴須大使十一月三日的信。部長寫道：「懇請侯爵接受本人最誠摯的賀喜，因為您和侯爵夫人、諸位公子千金以及所有僕從都躲開了裴雷拉達以及其他許多罹難者避不掉的劫數。」

路易十五直到十二月八日才寫信給葡萄牙國王：「極崇高的、極卓越的、極威赫的明君，最摯愛的兄弟。我們收到得．巴須侯爵寄回來的消息，得知貴國京城遭受極嚴酷的考驗。由於我們對於陛下素來關心，此番不幸已對吾人造成切膚之痛。」葡萄牙國王則於十二月二十三日回信給法

[xxvii] Águas Livres：該高架的引水渠於一七四八年在卓奧五世（João V）治下啟用（啟用並不代表已經竣工）。卓奧五世性喜大興土木，建造奢華的宮殿、教堂與修道院，不過，根據撒拉曼果（José Saramago）的看法：「事實上，真正為引水渠的建設出錢出力的應是里斯本的市民。」〔參考《葡萄牙朝聖》（Pérégrinations portuguaises, Seuil, 2003）〕該引水渠共有三十五座橋拱，其中最高的那座達六十六公尺。

國國王表達謝意。

報紙以及刊物

當年歐洲各國報紙及刊物的讀者群都有文學和文化的深厚素養。此外，這些印刷品經常只以法文刊行。我們基本上也只處理這一類的文獻，其內容透露大地震在歐洲各地所引發的反應。這些報刊有時刊登目擊者的信件（有些已在上文交代過了），然而比較常見的還是通訊記者從災區寄出的新聞。後者對於西班牙大使之死以及對於葡萄牙王室的不幸命運（必須住進帳篷而且幾乎沒有得吃）所投注的關心遠遠超過對於里斯本市民的同情。這些報刊經常偏離真象，不斷強調葡萄牙國王的高貴心靈及大無畏的勇氣，彷彿他是仁君模範，足堪全民表率，且能引導人民脫離苦境[40]。考諸史實，葡萄牙國王當時全然不知所措、心情沮喪而且過度驚嚇。所有的應變決定都由國務卿約瑟．得．卡拉瓦約全權定奪。

《異國報導》（Le journal étranger）

首先要介紹《異國報導》。這是一本厚達兩百頁的文學月刊，從一七五四至一七六二年間刊行歐洲各地有名的通訊記者所寫的信。里斯本大地震發生時，該月刊乃由夫黑洪（Fréron）主編，而其前任即為鼎鼎有名的普黑沃（Prévost）修道院長，亦即小說名著《曼儂》（Manon Lescaut）的作者。夫黑洪（Jean Fréron, 1718-1776）是反對百科全書作家群的詩人、記者與評論家。伏爾泰對於夫黑洪寧可閱讀十七世紀的古典戲劇也不願正眼看待他的大作《昂希亞德》（Henriade）而耿耿於懷。從此以後，伏爾泰一提到他就沒什麼好話[xxviii]。

在上文中，我們曾討論過直接目擊者培戴嘉敘的信函，而他就是《異國報導》在里斯本的通訊記者。

該月刊在馬德里的西班牙通訊記者記錄了大地震發生後西班牙所表現出的宗教狂熱現象。文中一些細節很值得我們注意：

「各位知道，大地震當天連馬德里和卡迪茲都幾乎在相同時間感受到搖晃。也許各位所認知的失序情況不及實際狀態來得嚴重，而且各位並不清楚，幾乎西班牙的南部全境也遭受許多驚人的破壞…從下午二時至凌晨三時，街上絡繹不絕，都是不計其數由善男信女所組成的遊行隊伍，誦唸玫瑰經的隊伍。大概同一個時段裡，公開場所亦有其他的誦經活動。民眾一直要到破曉時分才平靜下來…貝拉卡扎爾（Belalcazar）發生一件不尋常的事：當地整座教堂竟然陷入四十呎深的大洞裡，以至於建築的頂端幾乎和地面等高。困在教堂的人只能從鐘樓的階梯爬上地面。他們輕而易舉從屋頂縱身一躍便能跳回街道。在瓜爾迪亞（Guardia）這座小城裡，大地震才一發生，多明各修會的人紛紛奔向藏有玫瑰聖母像的教堂。教堂司事走向神龕，意欲揭開聖像的面紗，然而不論如何設法，司事始終無法將那面紗除去。其他許多修士也都向前嘗試，最後一概徒勞無功。這時，修道院長立即跪倒在祭壇前不斷叩拜，於是才能輕易掀開面紗。他看到聖母手裡拿著一件遮住其聖容的大衣。所有的修士都親眼看見，聖像的雙眼流出大量的淚水。淚水被人家以銀皿承接起來。修道院長、該教堂的本堂副神甫、市長以及幾位公證人全部發誓而且簽名，證明此項聖蹟真確無誤。此一事件的消息很快便在附近城市流傳開來。從那時候開始，西班牙人便紛紛上

[xxviii] 大家都聽過伏爾泰下面這首四行詩：「有一天在那谷底 / 有蛇咬了夫黑洪（Fréron）/ 您猜後來怎麼啦？/ 那條蛇死翹翹了。」但大家也許不知道，夫黑洪曾指出，這首打油詩其實改編自一個世紀前的一首四行詩。

街遊行，教堂裡不分晝夜擠滿了人。大家不約而同湧向教堂內隔離祭壇與中殿的柵欄。」

《法蘭西報》（La Gazette de France）

該報原名《報紙》（La Gazette），由賀諾多（Théophraste Renaudot）創立於一六三一年，是法國歷史最悠久的報紙。它在一六七二年改名為《法蘭西報》，而且直到一九一五年方才停刊。

一七五五年十一月二十二日出刊的《法蘭西報》登了一封十一月四日從馬德里寄來的信：「十一月一日發生了一場長久以來我們未曾見識過的大地震。不過，除有兩名兒童因被勝利教堂（L' Église de Bon Succès）大門上的石雕十字架砸中而喪命外，其他並無災情。翌日，由於朝廷之中掀起恐慌，國王陛下伉儷整個上午便暫時留在城外的帳篷裡。」

接著，下文提到：「十一月四日馬德里那幾封信寄來之後，本刊接著又收到日期押在十一月十日的其他函件。有關葡萄牙的部份，藉由一封自里斯本送抵的快信，馬德里方面在十一月八日下午四時便得知大地震在里斯本所造成的浩劫。里斯本有半個城區被震垮了，王宮以及所有教堂無一倖免。幸好，住在貝倫鎮的王室成員悉數平安…西班牙駐葡萄牙的大使裴雷拉達侯爵在逃出屋外的時候不幸被府邸倒塌的大門壓斃，另外九名僕從同時死於非命。法國大使得．巴須是西班牙大使對門的鄰居，他救出了裴雷拉達侯爵的獨生子。他和侯爵夫人以及諸位公子千金避居到自己那棟位於鄉間的別墅，同時也收容西班牙大使倖存的部下。教廷駐葡萄牙大使寫給教廷駐西班牙大使的信也在上述那批函件之中。根據前者描述，他手下有三個人被倒塌的宅邸壓死。信末他所寫的發信處為：一度曾經是里斯本的地方…卡迪茲城附近最嚴重的災害便是通往島嶼的道路—從澎塔勒

（Pontal）一直到坎塔里亞（Cantarilla）—被大洋裡掀起的海嘯徹底破壞，且把路上的人—不管是坐車裡的或是其他的—悉數吞沒。」

最後這一封信和保存在法國土魯茲（Toulouse）市立圖書館中那幾張鉛印的紙頁一字不差[41]。後面這份文獻的標題如下：「馬德里來函中所述，證實了一七五五年十一月一日發生於葡萄牙和西班牙的大地震。」我們再度讀到西班牙駐葡萄牙大使的悲慘下場，同時也注意到，教廷駐葡萄牙大使對於自己信中那句套語應該十分滿意（先前曾用在寫給他自己兄弟的信裡），所以現在寫信給教廷駐西班牙的大使時才會再用一次。

《阿姆斯特丹報》（La Gazette d'Amsterdam）

刊行於一六九一年和一七九六年間的《阿姆斯特丹報》係當年歐洲數一數二重要的報紙，且為法國外交部指定內部必需加以細讀並加註解的刊物。十一月二十八日，該報繼《法蘭西報》之後的一星期登出同樣那封十一月十日寫成於馬德里的信函。

十二月十九日，《阿姆斯特丹報》公佈另一封信[42]。「這封信據說出於得．巴須侯爵之手，他是法蘭西派駐於至誠王陛下朝廷的大使。信函大意如下：『大地震不像傳聞所言那樣強烈，但里斯本遭受破壞的程度並未因此稍減。國王親自跨上馬背，指揮部下撲滅火災，逮捕五、六個偷竊和縱火的現行犯，並且下令處以絞刑。另外，王上下命將一個奪走聖體盒以及褻瀆聖餐餅的惡棍送上柴堆活焚。當局架設帳篷，以便災民得以棲身。食物供應源源不絕，物價甚至相當合理，因為當局明令禁止哄抬。王上吩咐，窮人必須獲得足夠的麵包和米。民眾著手清理里斯本城，同時從瓦礫堆中找出仍堪使用的物品。守衛大隊也已成立，目的在於防範劫掠並且阻止民眾向外逃難，因為凡是先前定居里斯本的民眾現在一律不准離開帳篷營區，而且邊境的官員都接獲了敕令，絕對不可縱容任何葡萄牙人私往西班牙。死亡人數估計四、五萬之譜，儘管折損慘重，可是和先前大家所臆測的情況相比，恐慌算是減輕許多了。』」

《亞維農郵報》（Le Courrier d'Avignon）

亞維農遲至法國大革命期間方才併入法國領土。一七五五年時，該城仍隸屬於教皇。《亞維農郵報》係由歐巴內勒（Antoine Aubanel）發行。此人一七四四年在亞維農開設一家書店，並於一七八〇年成為教皇在該城唯一御用的印刷商。他的子孫仍然繼續經營此項事業。他的孫子戴奧多賀（Théodore Aubanel）和米斯特哈（Frédéric Mistral）一樣，都是普羅旺斯文字改革與文學振興組織斐利布黎治（Félibrige）的創始人。

《亞維農郵報》的通訊記者遍佈整個歐洲，國際外交的專欄尤其辦得有聲有色，其發行量在當時歐洲的報業中是名列前茅的。

十一月二十八日的《亞維農郵報》刊行了上述十一月十日馬德里那封信的節錄。該信也被《法蘭西報》以及《阿姆斯特丹報》所披露。《亞維農郵報》對教廷駐葡萄牙大使那一個儼然已成經典的名句加以評論：「為了讓各位讀者輕易掌握此一悲慘災難的全貌，編者只需將教廷駐葡萄牙大使致教廷駐西班牙大使信函中記載發信地的句子寫出，各位便可瞭解：『一度曾為里斯本的地方』。吾人不得不想起拉丁詩人魏吉爾的名句：『此處便是特洛伊的舊地』（Hic locus ubi Troja fuit.）。」

我們注意到，上面這句拉丁文當年曾經風靡一時。或許在彼時具有文學素養人士的心目中，它已變成一種「修辭手法」（topos）了。我們在一位名為孟德斯．沙卻提（John Mendes Saccheti）的英國醫生於十一月七日寫給皇家醫學院院士同僚得．卡斯楚渥（De Castro）博士的信中亦可讀到類似的拉丁文[43]：「因此，容許在下簡單向您說明巴比倫城毀滅（Cecidit Babylon）的事，向您報告特洛伊城舊地鄉野（Campus ubi Troja fuit）如今一片荒蕪的事。」

十二月二日，《亞維農郵報》刊出十一月二十二日巴黎的一篇報導：「萬聖節當日發生於葡萄牙的恐怖大地震已經引起巴黎市民的注意，也影響了歡慶普羅旺斯侯爵親王〔未來的法國國王路易十八，生於一七五五年十一月十七日〕誕生的熱烈氣氛…天地間的四種元素好像聯手起來要摧毀里斯本似的，其爆發開來的盛怒如此兇猛，以至於那些有幸死裡逃生的人都認為看到了世界末日前的跡象…裴雷拉達侯爵被自家倒塌的大門壓死…我們從米蘭傳來的消息得知，十一月一日同一天，在該地各教堂紛紛擠滿信眾的時刻裡，在莊嚴肅穆的氣氛中，大家明顯感受到地震的發生。聖像上方的華蓋、燈具以及所有從拱頂懸吊而下的東西都相互碰撞起來。」

十二月十六日，巴黎方面傳來的消息披露道：「關於戰爭一事，當局尚無定奪，不過依照情勢判斷起來，衝突似乎難以避免，況且各方已經著手進行前置工作。」這裡指的是將於一七五六年六月十六日爆發的七年戰爭。戰爭於一七六三年結束，英法雙方簽定巴黎和約，法國喪失加拿大以及印度所有的領地。

《亞維農郵報》比大部份其他的報紙更長時間報導里斯本的消息。一七五六年四月九日，該報刊出巴塞隆納通訊記者於三月二十八日所寫的文章：「就在當地民眾努力復原市容的同時，高漲的宗教熱忱也試圖振興道德的標準。樞機主教下令逮捕多名娼妓，因為她們無視於國難當頭的困境，竟然依舊過著極淫亂的生活。主教也下令將幾個年輕人監禁起來，強迫他們迎娶已被自己強姦的女子。此外，不知基於何種理由，人家將三個家族的人悉數遷出貝倫鎮附近的地區。」

《里斯本報》（A Gazeta de Lisboa）

我把當地報紙放在最後討論。這份報紙理應是最值得注意的，但事實並非如此。大災難發生後的第五天（推遲的原因不難理解），我們才在週刊《里斯本報》這份當地唯一定期出刊的報紙中讀到如下的短訊（當然，原文為葡萄牙文）：「本月初一這天將在未來的史冊中永存不朽，因為強烈地震和大火摧毀了里斯本城的一大部份，但是王室以及許多百姓家的財寶箱仍可從瓦礫堆裡搶救出來，這是不幸中的大幸。」對於災情評估、死亡人數、救災措施等等卻一概不提。像這樣一件註定將被載入史冊的大事而言，此種輕描淡寫未免太怠忽了！

《里斯本報》在十一月十三日刊出如下一段五行的小短文：「十一月一日大地震導致各種可怕的結果，名為杜．統普（do Tombo）的高塔坍塌了（塔中藏有分類好的王室檔案），還有其他許多的建築物也逃不過相同的厄運。」在這五行文字旁邊，我們可以讀到宣佈神學家得．聖約瑟（Joaquim de S. José）死訊那則長達四十行的文字。

關於里斯本大地震的消息不但僅出現在報紙最後的版面，而且所佔的篇幅還落後於外國的報紙，例如《亞維農郵報》以及《科隆報》（la gazette de Cologne）在一七五五年十一月二十二日和一七五六年九月底之間各刊登了不下五十篇的地震災情報導[44]。

貝羅（André Belo）為這個顯然極不合理的現象提出解釋[45]：「《里斯本報》是一份地方性的刊物，只是和我們所認知的地方性刊物相反，它略去了鄰近地區的新聞。也許它基本上只披露遠地的消息，因此就不著墨人盡皆知的地方新聞。」事實上，在《里斯本報》中，有關大地震篇數最多、篇幅最長的報導都集中在西班牙、里斯本以外的葡萄牙各省份甚至德國等地受大地震波及所引起的損害[46]。

對大地震的概括性描述

早從一七五五年底開始，里斯本和魁英布拉（Coímbra）等地便已出現專門敘述大地震的小冊子。作者通常是身歷其境的目擊者，不過和「熱騰騰的」的函件以及快信相比，其風格較具文雅味道，而且大致而言，寫作綱要大同小異，只是章節安排偶爾略有出入而已。作者敘述地震如何開始以及它的過程，接著再以多少有點誇張的語氣描繪罹難者的悲慘命運還有倖存者的絕望心情。最後，作者回顧了史上曾造成里斯本苦難的各場大地震，並且扼要交代古今各家有關地震成因的理論。

在第一批這一類的作品中，我們可以讀到特・羅瓦奧・埃・蘇沙（José de Oliveira Trovão e Sousa）的專冊（日期為一七五五年十二月二十日，同一年在魁英布拉出版）[47]。那是一件書信體的長篇，對象是作者的一位朋友，其藻飾的文體遠不及上述那些信件流暢自然。讀者不難察覺，這封所謂的「書信」其寫作的動機實為出版：「哎呀，我的朋友啊呀！多痛苦啊！多恐怖啊！充耳都是瀕死的呻吟！天地聯手對付人寰，無人知曉該往何處避難。」

特・羅瓦奧・埃・蘇沙提及一五三一、一五五一、一五七五、一五九八、一六九九和一七四二年在里斯本造成災害的大地震，接著他思索道：「接二連三的這些令人驚沮之大災難不禁讓我聯想到《聖經》裡所記載的那場降臨在耶路撒冷的禍害…哎呀，本人多麼擔憂，里斯本的罪愆已和耶路撒冷等量齊觀！」作者列舉出已被震成廢墟的修道院、教堂以及宮殿，同時附上一份罹難者的名單。這份名單受到一位芳濟會的修士得・雷梅迪歐斯（Antonio de Remedios）的批評，比方他吹毛求疵加以指正，聖安當奧・達斯・雷埃斯（Santo Antão das Reais）教堂中罹難的神父是二位而非四位[48]。

另外一冊《朋友甲致朋友乙之信函…》[49]的作者是神父兼考古學家及作家的摩爾干提（P. Bento Morganti,1709-1783）。這份文獻寫成的日期為一七五五年十二月十九日，但遲至一七五六年方才正式出版，其風格與內容和上面那件作品大同小異。摩爾干提特別著墨於里斯本的各種罪行（虛榮、淫奢、放蕩等等）。他也提到一項神跡：在大教堂（Igreja da Sé）遭祝融光顧時，火勢蔓延到祭壇時便「喪失其力道了」，因為上面鎖著一尊古老而且可敬的聖母雕像。該尊雕像免受烈焰波及，甚至連所披的衣物以及手執的開花樹枝全都完好如初。摩爾干提同時說明：別人向他提過其他的聖跡，例如發生在貝倫鎮的三一修道院的以及卡爾莫（Carmo）修道院的，不過由於無法證實真偽，他只描述自己認為無可置疑的聖跡。

一七五六年在里斯本出版了由M. T. P所寫的《里斯本大地震之新實錄》（Nova e fiel relação de terremoto que experimentou Lisboa）[50]。這本相當值得我們關注的小冊於一八八六年被轉載於《葡萄牙商情》（Comercio de Portugal）的刊物上[51]，然後被裴雷拉（E. J. Pereira）「發現」，並將它做為向日本地震學會（Société Sismologique du Japon）所提交之報告的主題[52]。裴雷拉認為該作品的作者姓名已不可考，殊不知M. T. P正是上文已提過之米蓋勒-提貝立歐・培戴嘉敘（Miguel Tibério Pedegache）的姓名縮寫。事實上，這件書信體作品雖然耗去作者更多心血，但反而不及他發表在《異國報導》的那一封信來得生動活潑。後面這件作品其實有許多材料都從前面那件作品剪裁而來，甚至使用相同的字句措辭，例如內文劈頭便引用一樣的氣壓及溫度數據。不過，值得我們注意的是，它所交代之大地震的主震和各次餘震發生的時間次序和十一月三日的那一封信頗有出入。《異國報導》的那一封提到初震於九時四十五分來襲，只持續了二分鐘，又經過二分鐘後才發生持續十分鐘的二震，然後再經過二至三分鐘的平靜階段，最後才是長達二十分鐘的三震。《新實錄》卻把初震提前至九時四十分，說它持續的時間「超過一分鐘」，而且和二震之間只隔了三、四十秒，而且持續的時間「少說也有二分鐘」，接著只隔一分鐘便發生長度只有二、三分鐘的三震。加總起來，《異國報導》估計的地震時間是三十六、七分鐘，而《新實錄》卻將其縮短至八分鐘左右。《新實錄》所認定的長度比較接近葡萄牙首相得・卡拉瓦約下令於全國各地進行調查之後所得到的數據[53]。有可能是培戴嘉敘起先在驚魂甫定的情況下高估了地表搖晃的時間，直到後來他才修正自己當初的誤判。

培戴嘉敘將地震歸因於可燃性礦物著火後所釋放出來的氣體。接著，他將歷史上襲擊里斯本及葡萄牙其他地區的大地震臚列出來：一三〇九年二月二十二日、一三二一年十二月九日、一三五六年八月二十四日、一五三一年一月七日、一五五一年一月二十八日、一五五五年六月七日、一五九七年七月二十一日、一五九八年七月二十八日、一六九九年十月二十六日、一七一九年五月二十六日、一七二二年十二月二十七日以及一七二四年十月十二日[xxix]。最後，他詳盡列舉出毀於震災之教堂、修道院和宮殿的名稱，並且指出八項建築工法的缺失，也就是導致上述建築物不耐震的原因。我們將在下文中檢視這些缺失。

在這本作品的結論中，就我所知，培戴嘉敘提出地震學上的首次地震預測，亦即地震學者口中的「地震週期」（intervalle de récurrence）理論[xxx]。

[xxix] 根據侯德里格（José Galbis Rodríguez）的目錄《東經五度、西經二十度與北緯四十五至二十五度間之地震一覽表》（Catálogo sísmico de la zona comprendida entre los meridianos 5°E. y 20°W. de Greenwich y los parallelos 45° y 25° N., Madrid, 1932），一三二一年十二月九日的那一場地震其實發生於一三二〇年十二月九日，而一七一九年五月二十六日那一場其實應為當年的三月六日。最後，一五五五年六月七日和一五九七年七月二十一日的那兩場培戴嘉敘則隻字未提。

[xxx] 可參考：波瓦西耶（Poirier, J.-P.）、侯曼諾維茲（Romanowicz, B. A.）及塔埃（Taher, M. A.）合著之〈歷史上的大地震以及敘利亞西北部的地震風險〉（Large historical earthquakes and seismic risk in Northwest Syria, Nature, vol.285, 1980, p.217-220）。

他注意到，三場摧毀里斯本的大地震分別發生於一三〇九年、一五三一年和一七五五年，三者之間分別相隔二百二十二年及二百二十四年。他預測道：「這三個年代讓我得出一個假設。也許很多人會覺得荒誕不經，但這絕非信口開河。本人深信，一九七七年和一九八五年間葡萄牙將會再度發生強烈地震[xxxi]。」回想起一九六九年二月二十八日一場強度七．九的地震果真襲擊了葡萄牙（也就是一七五五年之後的二百十四年），我們不得不承認，培戴嘉敘的眼光是精準的，因為他對地震週期的估算對並沒有超出誤差值的範圍[xxxii]。

一七五八年，得．門冬薩（Joachinn Joseph Moreira de Mendonça）出版了一本名為《地震通史》（Historia Universal dos Terremotos）的小書[54]。這本目標宏大的作品將「開天闢地以來直到現今世界上發生過的大地震」做一目錄式的交代，也就從西元前一八一五年到西元後一七五五年的期間。這部目錄顯然要比培戴嘉敘的臚列名單完整，但是有關最遠古那幾場地震的資料究竟有幾分可信度呢？不過，它仍是現代一些地震歷史目錄最基本的資料來源〔例如加爾必斯（Galbis）的專書[55]〕。《地震通史》書末附了一篇關於一七五五年十一月一日那場大災難的描述，正是由於該篇附錄，我們才將此書放在這裡討論。得．門冬薩強調自己是「這場大災難的目擊者」，這點我們無可置疑，不過，他的敘述很明顯受到培戴嘉敘作品的影響。

這本小書有一點相當獨特：它對一五三一年和一七五五年的大地震進行了比較。得．門冬薩認為：一五三一年震垮里斯本一千五百棟屋舍的大災難從當時里斯本城的規模來看，要比一七五五年的那一場更加嚴

[xxxi] 葡萄牙文原文：Persuado-me que entre os annos 1977 até 1985 haverá algum terremoto grande em Portugal.

[xxxii] 但一九六九年的大地震有可能發生在與一七五五年大地震不同的斷層上。

重。我們對一五三一年那場大地震的了解基本上來自於吉歐維歐（Paolo Giovio, 1483-1552）和蘇里烏斯（Laurent Surius, 1522-1578）的著作。吉歐維歐生於義大利的科摩（Côme），職業為醫生兼歷史學家，後來並出任諾瑟拉（Nocera）城的主教。狄多（Firmin Didot）在自己的《新傳記》（Nouvelle Biographie générale）中提到：「他的作品謊話連篇，唯有其貪婪因獲利而滿足。」由於我們看不出到底吉歐維歐如何從扭曲一五三一年里斯本大地震的史實上獲利，大家其實就沒有立場對於他的證詞說三道四。他描述了里斯本以及葡萄牙其他都市所蒙受的可觀損害，並且提到海嘯來襲：「太加斯河的河水受大海怒濤的牽引而後退，結果河道中央乾涸見底，河水全部溢上兩岸。群眾見狀都嚇呆了[56]。」他也記錄，災民逃到戶外，而且學起國王以及王后，就地睡在帳篷裡面。

一七五五年大地震與吉歐維歐所描繪的一五三一年大地震之間所獲致的相似之處立刻令擔任圖勒（Toul）城議事司鐸的蒙提尼歐（Henri Montignot）修道院長佩服得五體投地（儘管吉歐維歐把一五三一年的地震誤認為發生在一五三二年）。修道院長於是便在一七五六年二月針對此一主題寫信給《法蘭西信使》（Mercure de France）這份刊物[57]。

德國查爾特勒修會修士（Chartreux）蘇里烏斯的《回憶錄》中有關一五三一年大地震的記載和吉歐維歐的描述是不謀而合的。自然科學家巴比內（Babinet, 1794-1872）於一八六一年將蘇里烏斯的拉丁文記載譯成法文，並指出它和一七五五年那場大地震的相似之處[58]：「當年一月，一場震度令人驚訝的大災難撼動了葡萄牙全國，許多人被坍塌的建築物以及滑動的地表壓死、擠死。里斯本損害尤其嚴重，在此之前，該城從未遭受如此的天災。海面拔高起來成為渦漩，並且吞沒多艘大船。葡萄牙舉國幾乎無人敢相信屋舍仍舊牢固可靠，因為地表依然繼續搖晃。國王和王后令人在開闊的平野中搭起一座帳篷，而其子民也群起效尤，決定在戶外生活，宛如士兵紮營一般。但是他們也不因此便感心安，因為大家現在擔心地表也許突然裂開大縫，並將其上的東西吞噬進去。這場大地震前後肆虐了八天之久，但這期間有時危急有時平靜。據傳里斯本城有一千五百棟房舍倒塌，而且所有的教堂都被震得顛倒過來，沒有一間得以倖免。地震之後瘟疫開始猖狂流行起來。」

chapter 2

第二章

大地震的因與果

里斯本的罹難者

上文提過，當年對於里斯本大地震罹難者人數的估計各家看法不一，而且有的落差極大。在拉頻[1]以及另一位法國籍的目擊者[2]看來，死亡人數超過十萬。對英國人郤斯而言，死亡人數多於五萬[3]。培戴嘉敘和熱那亞共和國駐里斯本領事推測應在三、四萬之譜，正好是彼拉埃爾所估計之區間的中間值（後者認為死難人數最多不超過五萬人，最低不少於一萬二千人）。

伏爾泰在十二月十七日寫道：「原先估計的十萬人現在已減至二萬五千人。不要再過多久，這個數目還會縮成一萬或一萬二千人。只有做生意的才真正瞭解自己蒙受的損失究竟多少，因為他們知道如何計算自己的財產。做國王的永遠搞不清楚臣下計算出來的結果[4]。」

古戴（Ange Gouder）在他的著作《從歷史角度敘述發生於里斯本的大地震…》（Relation historique du tremblement de terre survenu à Lisbonne…）[5]中花費一整段的篇幅來說明統計罹難者人數的問題：「完全不可能精準算出里斯本大地震中罹難的人數，最主要的原因是該城原本就不清楚自己的居民究竟是多少…話說回來，當局如果願意認真統計，死亡人數應該不難得知，例如可以強制每一個倖存者通報自己的親屬有多少人身故。從另一方面來看，有關當局出於政治考量也反對此項統計。與鄰國相比，葡萄牙在大地震發生之前人口已呈衰減趨勢，而災難過後居民的大量死傷正好可讓鄰國興起趁虛而入、吞併葡萄牙的野心，所以，避談大地震的罹難人數是符合政府利益的…一些相關的敘述乃出自於本身沒有利害關係的作者，所以不必在估計死難的人數時故意渲染誇大或是避重就輕。有人推估，數目應當介於二萬五千至三萬之間…另外，值得注意的是，這次的大災難似乎只和小市民做對。王室所有成員一概毫髮無傷，沒有任何王親國戚死亡，所有重要人物全部倖免於難。總而言之，城裡只要稍有一點地位的人都已安然逃過這場重大禍事。」

法國大使得・巴須侯爵在一七五五年十二月十五日的信中宣稱自己仍然堅信最初所估計的至多一萬二千人，並且認為只要超過這個數目便是言過其實[6]。一七五六年一月十三日他又寫道：「關於死難人數推估的問題，各方的落差仍大。前幾天我和得・門冬薩修道院長聊起這一件事，他認為死亡人數不致低於五萬。葡萄牙國王認為應該只有六千至八千之譜，而本人的估算則是這個數字的兩倍，就算再多也不超過二萬。我們和其他人究竟根據什麼才抓出種種數據的呢？說穿了，誰也拿不出真能教人心服口服的論證[7]。」三月二日，得・巴須大使再度回到這項問題：「關於葡萄牙首都的死難人數，根據本人後續的觀察，確信應為一萬五千人到二萬人之間。從瓦礫堆中挖掘出來的死屍比一般人認定的數目要少。這項工作的進度就和這裡一切事情的步調一樣，慢到不能再慢[8]。」

今天，學者認為當時里斯本城的死難人民約為一萬人，估計佔當時該城十五萬人口（這個數據未必可靠）的百分之七[9]。

財物損失

同時代許多有關里斯本大地震的描述，例如培戴嘉敘（M. T. P）、得・門冬薩、特羅瓦奧・埃・蘇沙等人的作品，全都不厭其煩地交代該城中有哪些宮殿、教堂和修道院被震毀了，比方主教教堂及其寶庫…聖瑪麗亞禮拜堂以及聖塔朱斯塔（Santa Justa）、聖尼寇勞（S. Nicoláo）、聖佩德羅（S. Pedro）、聖保羅（S. Paulo）、聖馬梅德（S. Mamede）等教區教堂，還有聖多明果斯（S. Domingos）、聖法蘭西斯柯（S. Francisco）、杜・加爾默（do Carmo）等修道院及三一修道院。由於坍塌的教堂和修道院數量實在龐大，如果全都列在這裡未免過於枯燥乏味。值得記上一筆的是，里斯本四十間教區教堂中共有三十五間全倒。

另外，原先矗立於「王宮廣場」（Terreiro do Paço）周邊與太加斯河河畔的王宮以及太加斯歌劇院（Opera de Tejo）等壯麗建築原先並未遭受大地震太大的破壞，但卻在隨後的火災中燒毀。那座由義大利建築師畢比埃那（Giancarlo Galli Bibiena）[i]設計的歌劇院甫於當年的四月二日啟用。

葡萄牙的地震學家裴雷拉．得．蘇沙（Francisco Luis Pereira de Sousa, 1870-1931）曾在里斯本的國家檔案館裡找到一份珍貴的文獻。該文獻得以讓世人推估大地震的強度及其在葡萄牙各地所釀成的災損。這是當年首相得．卡拉瓦約在大災難發生後不久下令葡萄牙境內各教區的神父所做的災損調查報告[10]。裴雷拉．得．蘇沙十分正確地指出：「在那麼早的年代裡，他能想到推動此一調查，這表示他的直觀極富科學精神。」問卷中所提出的問題例如：大地震何時發生、持續多長時間？看到海洋、河流以及泉水出現什麼異狀[11]？

蘇沙利用自己能掌握的一手文獻，編纂出一部劃時代的鉅著。書中詳盡列出葡萄牙各省份（尤其是里斯本城的所有教區）的災損、坍塌的建築物以及地質的變化[12]。據此，他得以估算出葡萄牙在不同地點的地震強度並繪製出「等震線」（isoséistes）。

也許有必要在此解釋一下地震強度的概念並說明其推算方式。所謂「地震強度」（intensité）指的是：在某一特定地點，地震所造成的災損以及在質的意義上，地震令人感受到的效應結果。一般而言，距離震央越遠，地

i 畢比埃那家族可說是義大利劇院建築的傑出專家。畢比埃那的堂兄弟吉烏塞沛（Giuseppi）接受腓德烈二世（Frédéric II）姊妹維萊明娜（Wilhelmine）的聘請，於一七四八年完成慕尼黑巴洛克風格的巴伐利亞歌劇院。吉烏塞沛的兄弟安托尼歐（Antonio Galli Bibiena）則負責波隆納（Bologne）戲劇院的設計建造工作。

震強度越弱，不過也和當地的地質條件息息相關。所以，與震央等距的不同地方，如果其中一處的土質是疏鬆的（例如沖積層或是海埔新生地）那麼它與密實的岩層相比，其震度會較強烈，所導致的災損當然更加嚴重。由此看來，地震強度並非地震內在固有的特質，它和地球物理科學的術語「地震規模」（magnitude）完全不同。後者和地震活動所釋放出來的能量有關[ii]，而且未必反映災損的嚴重程度。

地震強度一般以羅馬數字標示，從第I級到第XII級。這套區分為十二個等級的系統是義大利地震學家梅爾卡里（Giuseppe Mercalli, 1850-1914）在一九〇二年發明的。梅爾卡里氏的震度表迄今已經多次修正，它將每一級地震強度標上具有代表性的災情描述。例如III級（第三級）的地震只有身處室內時才感受得到，懸吊的物品擺盪起來則是其指標現象。到了第V級（第五級），睡夢中的人會驚醒過來，而且身處戶外的人亦能察覺。至於第VII級（第七級），屋瓦、天花板或牆壁上的突飾以及建築物的組件會掉落下來，而教堂的大鐘亦會鳴響，另外，品質較差的泥水工事也會出現裂痕。從第VIII級（第八級）開始就出現真正嚴重的災損：煙　倒塌，塔樓、鐘樓及清真寺的尖塔也會崩坍，工程品質欠佳的房舍嚴重受損，供水系統出現問題。到第IX級（第九級），民眾普遍感覺驚慌，工程品質欠佳的房舍全部夷為平地，地表出現裂縫並有沙子噴射而出〔此即所謂的「噴沙效應」（fontaines de sable）〕。第X級（第十級）最顯著的特徵便是所有的磚石砌物一概坍塌，發生滑坡走山運動，河水湖水都會噴濺上來。到了最後的第XII級（第十二級），一切都遭摧毀，而且地質運動將導致地形

---

ii 現行衡量「地震規模」（magnitude）的標準有好幾種，公眾最熟悉的應為「芮氏震級」（l' échelle de Richter）。然而「芮氏震級」只能有效測量比較輕微的震級，所以不會用來估計強烈地震的震級。地震學家於是採用另一種被稱為 Mw 的標準來測量強烈地震。震級每昇高一點就代表地震所釋放出來的能量多三十倍。

地貌的徹底改觀。

就里斯本的案例而言，裴雷拉・得・蘇沙認為最強的震度應該發生在「低地區」（Baixa）那一帶的沖積層，其震度為X（第十級）。此外，「低地區」的週邊地帶、太加斯河河畔以及幾個孤立的小島亦達同等地震強度，換句話說，所有磚石砌物全部毀損殆盡。至於里斯本的其他街區，震度也許不高於第IX級（第九級），但這已是破壞威力極驚人的規模。

葡萄牙南部的阿勒加爾伏地區感受到的震度為第X級（第十級），然而往西班牙方向過去，震度即迅速減弱[13]：卡迪茲第VII級（第七級），格拉納達（Grenade）第VI至VII級（第六至第七級），馬德里大約第V級（第五級），到了庇里牛斯山只剩第III級（第三級）。

地質效應

裴雷拉・得・蘇沙提到：大地震時在里斯本地區出現的地質效應僅止於塌方、滑坡、地表裂縫（有時湧出泥沙和水）以及泉水出水狀態受到干擾。

上文我們看到，像卻茲及另外一位佚名的英國人[14]〔布拉多克（Braddock）？〕等最可信的目擊者，他們都描述了地表出現裂縫並噴出泥沙的現象，這正好符合第IX級（第九級）震度的特徵。而那位佚名的法國目擊者[15]看到地表裂出大洞，「伴隨黑色濃煙，從裡面竄出猛烈的火焰」，而且害怕自己會被「捲入火中，跌至地心」，種種描述應該都是驚嚇之餘，想像力受刺激才說出來的。不過這類活靈活現的精彩描述最能引起轟動。普魯士國王腓德烈二世（Frédéric II）在形容那場大災難時，便把上述的說法據為已有：「房舍、教堂以及宮殿悉數坍塌，繼而又被地表裂縫中釋出的惡火吞噬了[16]。」一八六四年出版的一本很受歡迎的事典甚至也以訛傳訛記錄這則錯誤訊息：「在一七五五年摧毀里斯本的那場大地震中，有人看到烈火從地心竄出，把原本未被震垮的建築物都燒毀了[17]。」誠如法國大使得．巴須所說的：里斯本大地震所引發的火災其實應該歸咎於家戶中的用火[18]。

下文我們還會討論，「大地裂開」而且吐出火焰已然成為一項文學中的母題。

至於飽含水份的沖積層或是海埔新生地，在震波通過之後常會產生土壤液化的現象。這時，土壤喪失所有力學意義上的密度與抗力，變得有如液體一般。該處的建築物便會垮陷或是傾倒[iii]。這極有可能是里斯本「低地區」（Baixa）許多地點所產生的現象，因為該區即位於太加斯河一條乾涸支流滙入太加斯河的地方，也是堆滿第四紀沉積物質的地方。此種沈積物質同時也可能增加震波的強度。當時里斯本的「大理石碼頭」（Cais de pedra）[19]是當局耗費鉅資鋪設於「王宮廣場」和太加斯河間的公共建設[iv]。根據記載，這處碼頭轉瞬之間消失不見的原因應是土壤液化而非海嘯。今天我們對於此一現象已經瞭若指掌，可是當年的目擊者看在眼裡只覺得碼頭被張開的大洞吞噬，然後地表再度閉合起來[20]。美國的地震學家在一九一四年寫道：「此類描述迎合了人類愛聽神秘事件和奇聞的天性，時至今日，地震的報導仍不乏這種傾向[21]。」

海嘯

地震的成因源於地殼中斷層的作用。如果地震發生在海底的斷層，那麼

---

iii 一九八九年十月十七日發生在美國舊金山馬里納（Marina）地區的洛馬－普雷塔（Loma Prieta）大地震即屬此種性質。

iv 根據培戴嘉敘的說法，碼頭與河岸分裂後垮陷河中（O cáes da pedra se aparta da terra e róla no rio.）。

斷層的垂直運動便會造成水體猛然位移，然後激發可能會傳播得相當遠的大浪。在法文中，海嘯被稱為「潮汐急流」（raz de marée），其實這詞包藏一個錯誤觀念，因為海嘯和潮汐現象根本沾不上邊。地震學家通常使用日文「津波」（つなみ）的音譯借字tsunami來稱呼海嘯。

主震發生後海嘯在十六分鐘後侵襲聖文生岬（Cap Saint-Vincent），然後分別在三十分鐘、九十分鐘和十小時後抵達里斯本、大西洋中的馬德拉（Madère）島以及加勒比海的法屬馬丁尼克（Martinique）島[22]。

上文提到，培戴嘉敘在發表於《異國報導》的信中說過：里斯本驚慌的民眾眼見「怒濤已經襲上原本距離大洋相當遠的地方，起初以為海浪無論如何都不可能觸及之處」，必然認定里斯本城快被大西洋吞沒了。接著他又說明：「怒濤三次迅猛衝上海岸，然後又以同樣的速度三次退回海中[23]。」

一九一一年，裴雷拉·得·蘇沙[24]將海嘯在葡萄牙大西洋沿岸不同地點所造成的災情做出扼要推估。在里斯本，太加斯河河水漲了六公尺高，不過「真正漫進城區的水量比較少，相對造成的災情也較輕微。」而在里斯本的北邊，「海嘯並未造成可觀的損害。至於南部的拉哥斯（Lagos）城，海嘯高達十一公尺，已和城牆等高，並將船隻推至離岸二公里遠的地方，同時造成嚴重災損。」

最近的一項研究（根據當年目擊者的敘述以及葡萄牙首相通令全國各教區神父所做的調查）顯示[25]，大地震在里斯本造成的海嘯有五公尺高，深入城區二百五十公尺遠，而在該國北方的波圖（Porto）城，海面僅昇高一公尺。至於該國西南邊的聖文生岬以及西班牙的卡迪茲城，海嘯的高度達到十五公尺。

餘震

一般而言，地震在主震發生後接著會有一連串震度較輕的地殼活動，稱為「餘震」（répliques）。強烈地震發生後，地殼活動可能持續好幾個月（甚至好幾年）。這顯然是一七五五年十一月一日葡萄牙大地震的情形。法國大使的外交函件中亦提及那些餘震。原先沒有被主震三次劇烈搖晃所摧毀（但結構已變脆弱）的房舍此時紛紛坍倒，同時也令里斯本的居民幾乎日以繼夜陷在恐慌之中。

加爾必斯的那份目錄[26]基本上是參考得．門冬薩的《地震通史》以及沛雷（Alexis Perrey）的《論伊比利半島之地震》（Sur les tremblements de terre de la peninsula Ibérique）所編出來的。該目錄提到，直到十一月三日，里斯本仍受相當強烈的餘震所侵擾，而四日至五日餘震的強度則減緩下來。可是到了八日又發生一次強烈餘震，令碩果僅存的房舍也不支倒地。十一月十八日開始，連續數日的強烈餘震再次蹂躪葡萄牙和摩洛哥。到了十二月，強烈的餘震三度光顧里斯本，日期分別是九日、十一日及二十一日。一七五六和一七五七年，記載中分別有八次和七次的餘震。往後直到一七六一年，感受到的餘震僅剩一、二次而已。從這年起，在記錄中出現的輕微地震很有可能只是伊比利半島地殼正常的能量釋放。

摩洛哥的災情

這裡指的包括伊比利半島南部大西洋岸從里斯本至卡迪茲以及直布羅陀海峽等處。此一區域是大地震和海嘯為害最烈的地方。如果摩洛哥竟能安然逃過這場浩劫，那麼未免太教人吃驚了。事實上，北非的這個地區未能倖免，而且和葡萄牙所感受到的震度同等可觀。目前相關資料基本上來自定居於摩洛哥幾間修道院之葡萄牙修士的記錄以及阿拉伯史家的著作。

在馬拉喀什（Marrakech），「強震震垮多到數不清的房舍，又令烏維得-田西夫特（Oued Tensift）河的河水湧到岸上。河水由城門衝入城區，淹死大部份的居民。城外八里之處的地面裂出大坑。根據芳濟會神父的記載，約有五千名居民以及六千名士兵被埋進那個深淵裡[27]。」

一七五六年的《阿姆斯特丹報》為這個駭人聽聞的事件提供了進一步的細節：「從西班牙寄來的好幾封信都證實了十一月間北非遭受恐怖地震蹂躪的消息。當月初一，摩洛哥〔馬拉喀什〕的居民經歷了數次強震，發生的時間和西班牙的一樣，而且導致大部份的公共建築和私人屋舍倒塌。一萬多人因此被埋在瓦礫堆下。距離城區八里的地方，地表裂出大坑並且噬沒許多阿拉伯人，連他們的帳篷、馬匹、駱駝以及所有牲口都陪葬進去了。這個大坑同時吞下一整座距離不遠的要塞，當時裡面至少住有五千個人。此外，駐紮在周邊的六千名騎兵也難逃相同的厄運…大海起先向後退縮，然後湧起高浪打上岸邊，在歷史上找不到相同的例子。」

我們在此又見識了「地表裂開」，並將人類、牲口以及建築物等吞進深淵的母題。此一經典母題重覆出現在關於許多場強烈地震的描述上，有時連細節都一模一樣，而且常見於地中海的沿岸地區，包括希臘-拉丁、基督教以及伊斯蘭文化。因此，古羅馬的博物學家老普里尼（Pline l'Ancien）在他那名著《自然史》探討地震現象的專章中寫道：「地表裂開了駭人的深淵，有時開著大口展示其吞沒的戰利品，有時重新閉合。地表如果閉合，那麼被吸納進去的城鎮以及鄉野便消失得無影無蹤[28]。」十個世紀以後，史學家伊本・布特蘭（Ibn Butlan）根據傳到安提阿（Antioche）城的消息轉述一〇五〇年發生在安納托利亞（Anatolie）的大地震，他也提到地表裂開大坑，並且將一座教堂和一個防禦工事吞沒其中，完全沒有留下任何痕跡[29]。

我們可以將此類的敘述歸因於作者扭曲並且誇大了地質的實情，因為在土壤液化或是大規模滑坡發生時，大部份的情況下，便會出現這種誌異之說，目的在於解釋大地震那恐怖又令人費解的詭奇現象：大地震怒之餘，張開大口將人類建築其上的工事吞噬進去，毫無救贖的指望。

芳濟會修士描述馬拉開治在大地震時地表裂開大洞，然後吞噬一座擁有五千個居民的要塞外加駐紮在附近的六千名士兵，這種講法要說多不可信就有多不可信。合理的情況推測應是：大地震引發阿特拉斯（Atlas）山腳下丘陵的走山現象，並將烏雷得-布撒巴（Ouled Boussaba）村壓在土石堆下[30]。至於大洞深淵的說法只可能出自那位天真修士的想像力。

摩洛哥所受的災損是極慘重的，所有的大城市都遭到嚴重破壞。在梅克內斯（Meknès），大地震震垮了三分之二的房舍。「菲茲（Fès）城幾乎夷為平地，埋在瓦礫堆下的罹難者人數高達三千[31]。」芳濟會傳教士的住所（不論在菲茲或是梅克內斯）也都無法倖免[32]。評估起來，各地感受到的震度應是：菲茲第VII至VIII（第七至第八）級、梅克內斯第VIII至IX（第八至第九）級、馬拉開治第VIII（第八）級[33]。

沿岸地區明顯受到大海嘯的肆虐。卡薩布蘭加（Casablanca）大部份的房舍遭水沖毀。在拉巴特（Rabat）北方的薩雷（Salé）城，「海面起初向後撤得好遠，許多好奇的居民前去一探究竟。這時，海水突然朝岸邊猛襲回，來並且衝到比以往遠得多的地方，凡是身處城外這一區域的人都被海水淹沒。一列由許多人和馱獸所組成的商隊，途經該地前往馬拉開治時亦是全團覆沒。海水侵入陸地甚遠之處，把河面上停泊的駁船和獨木舟推往上游[34]。」

歐洲的史料提到十一月十八日在代圖安（Tétouan）和丹吉爾（Tangier）感受到的餘震。這次餘震極可能再度造成梅克內斯極嚴重的損害。阿拉伯的文獻雖然對此並無隻字片語的描述，但卻提到十一月二十七的另一場餘震把梅克內斯之前仍屹立未倒的建築物全摧毀了。歐洲的史料極有可能把十一月十八日餘震的效應和十一月二十七日阿拉伯文獻提到的那場區域性的毀滅性大地震混為一談[35]。

歐洲的災情

大家都說，里斯本大地震全歐洲都感受到了，甚至遙遠的美洲亦不例外。哲學家康德（1724-1804）據題於一七五六年發表一篇名為〈論一七五五年年底撼動地球大片面積的地震〉之科學論文[36]。十九世紀末，波斯柯維治（Arnold Boscowitz）在他的專書《地震》（Les tremblements de terre）[37]裡寫道：「有人估計，受大地震侵襲的地區高達地球總面積的十一分之一。事實上，它撼動的不只是歐洲幾乎整片的大陸，還包括美洲的一部份以及非洲沿岸地區…貝拉蘇（Pelassou）斷言地震撼動了庇里牛斯山，而且在法國的昂古萊姆（Angoulême）造成地表裂開寬達六里的大洞，據說洞底滿滿是水。」

傑出的地理學家賀克呂（Élisée Reclus, 1830-1905）轉述了一項傳聞：「受大地震波及的面積廣達四千萬平方公里，也就等於地表面積的十二分之一。」然後他就評論說明：「那些敘述所取材之目擊者的說詞並非全部可靠。如今可以證明，他們對於震波傳導的範圍尤其過於誇大。在整片的歐洲大陸上，這場轉瞬之間在一個首都奪走不計其數生命的大災難（尤其當天又是宗教節日）自然刺激了廣大群眾的想像力，讓這場地震染上史無前例的色彩，就算沒有侵襲全世界，至少也要危害地表的一大部份[38]。」

當然，即便距離葡萄牙很遠的地方也能感受到地震，只不過震度很小或是極小。根據記載，估計到了庇里牛斯山的北邊，震度就不超過梅爾卡里氏分級標準的第III級（第三級）。

在一七五五年十二月，馬赫寇黑勒（Marcorelles）[v]這位「土魯斯科學院的前任秘書」寫信給巴黎科學院時描述道：「上個月初一上午十時十五分左右，我們在土魯斯感受到對里斯本及其他地區造成嚴重破壞的大地震，只是這裡的震度極其輕微[39]。」

在威尼斯，卡薩諾瓦（Giacomo Casanova）於一七五五年七月二十六日遭當局逮捕並囚禁在總督宮的頂樓。關於囚室，他的描述如下：「頂樓那根厚達一尺半方柱形的主樑將囚室的天窗堵去一半。」十一月初一，「那根極粗的主樑雖然沒有震動，卻先轉向右邊，然後再以緩慢但持續的速度朝反方向掉轉回來。我感覺自己失去鎮定，這時我確定發生地震了…那場地震應是從里斯本傳過來的，那場摧毀里斯本的大地震[40]。」卡薩諾瓦巴不得地震能夠強烈到破壞總督宮，如此一來他才有機會逃走，只可惜天不從人願。後來他要等到一七五六年十月三十一日的夜裡才越獄成功，距離里斯本大地震正好滿一週年。

雖說那場地震在伊比利半島以外的地區只引發極輕微的震度，不過，就算遠至北歐地區，水文系統卻靈敏地反應了地震現象。

一七五五年十一月二十九日的《法蘭西報》刊出一封由法國西南部波爾多（Bordeaux）寄來的信：「本月初一，這裡的居民感受到一場持續數分鐘的地震。地震導致加倫（Garonne）河水不尋常的擾動現象。幸好城區並未傳出任何災情。」

該報十二月六日又刊出一封從倫敦寄來的信：「大不列顛許多地區和荷蘭、德國及義大利一樣都觀測到水文受到擾動的情況。造成此一現象的大地震在里斯本和卡迪茲造成嚴重的災情。」

一七五五年十一月十九日，巴黎天文台的主任卡西尼・得・杜希

---

[v] 戴斯卡勒男爵（baron d'Escale）得・馬赫寇黑勒（Jean-François de Marcorelles, ?-1787）是數學家兼氣象學家。

（Cassini de Thury, 1714-1784）〔又稱卡西尼三世（Cassini III）〕向巴黎科學院宣讀了「菲厄脫（Fieutaud）先生本月十四日來函」的節錄：「十一月初一早上十時半，我們三十幾個人聽完彌撒剛走出來。教堂台階以及兩道樓梯全擠滿人，大家都被眼前的景象嚇呆，因為我們那座長度超過十圖瓦茲〔譯按：一圖瓦茲（toise）約合1.949公尺〕、寬度五圖瓦茲、深度四又二分之一法尺的水池出現異象〔譯按：一法尺（pied）約合32.5公分〕。該水池的水面原本距西側池緣尚有三法寸〔譯按：一法寸（pouce）約合2.7公分〕，距東側池緣也有二法寸，但在當時西側的水面突然漲高到超出池緣三法寸的空中，然後猛烈噴濺到距池緣六法尺遠的地面上。接著，池水立刻又朝東側溢去，然後以相同的方式潑灑在池緣東側外的地面上⋯後來，池水再以相同方式盪向西邊再盪回東邊，第二次、第三次、第四次⋯只是力道一次不如一次。就算等到池水不再溢出池緣，池水的擺盪現象依然持續了十五分鐘之久。最後，池水恢復到起初的靜止狀態，而天氣始終如此晴朗如此寧靜。這一定是一場我們感受不到的地震所導致的現象，然而它的作用卻觀察得到，甚至測量得到⋯最後，我要補充說明觀測的地點在蒙瓦隆（Monvalon），亦即位於埃克斯（Aix）城西邊通往馬賀提格（Martigues）路上的三法里處〔譯按：一法里（lieue）約合4公里〕。該地距離地中海僅有一法里之遙[41]。」

在瑞士方面，身兼牧師與地質學家兩種身份的貝赫特洪（Élie Bertrand）在伯恩寫道：「上午十時左右，勒曼（Leman）湖在靠近威維（Vevay）、拉·圖賀（La Tour）、席雍（Chillon）和維勒紐夫（Villeneuve）一帶發生明顯變化。湖水三度突然激高，然後又退回去。有艘船從威維揚帆出航，此時卻突然向後行駛[42]。」

皇家學會一七五五年度的《哲學公報》（Philosophical Transactions）（出版於一七五六年）刊出從大不列顛及歐洲各地寄來的通訊新聞。這批信函總集有一部份被冠以如下的標題：「強烈地震發生的同一天與同一時刻，在本島及世界許多地區觀察到的水文擾動現象[43]」。

從那批信件中可以得知：十一月一日星期六上午十時三十五分左右，樸茨茅斯港的船塢發生了海水擾動的奇異現象[44]。肯特郡的一位通訊記者寫道：「由於上星期六發生了地震，此地的居民個個人心惶惶。我本人雖然不曾查覺異狀，可是有人宣稱自己確實感受到了地震。倒不是說他們發現大地搖晃起來，而是觀測到本教區及相鄰教區幾處池塘的水彷彿受了猛烈振盪似地溢上岸邊，然後消退，再往對面的岸邊急湧過去[45]。」有位途徑奧古斯都堡（Fort Augustus）的蘇格蘭人寫道，許多人前來向他陳述，尼斯湖的湖水發生不尋常的擾動現象，然後他補充道：「我不相信他們所言為真[46]。」也許人家告訴他是湖中的水怪在興風作浪。

康德在自己那篇文章的開頭便提到，在不同的地區都有水文異常的記錄：「陸地上的許多河川似乎產生斷流現象，不再和海洋、湖泊或是泉源接連，而且河川的水受到擾動。此一現象甚至發生在彼此距離相當遙遠的地區中。瑞士大部份的湖泊以及柏林北方布蘭登堡境內的坦普林（Templin）湖，還有挪威及瑞典的幾座湖泊，都發生湖水晃盪的現象，遠比暴風雨來襲時湖水激起的波瀾更加猛烈、更加騷亂，然而當時連一點風也沒有。據說整座紐夏代勒（Neuchâtel）湖的湖水都從隱蔽的大縫隙流光了，梅林根（Meiningen）湖亦有此種現象，只是湖水很快就補回來了。與此同時，波希米亞特布里次（Töplitz）湖[vi]那飽含礦物質的湖水突然乾涸，然後突然又湧回來，只是紅得像血。湖水被排出時的威力如此猛烈，以至於運河河道都變寬了，而且流量亦有增加[47]。」

一百多年之後，德國北部的人對於當年水文遭受擾動的現象一直記憶

[vi] 特布里次（捷克文作 Teplice）位於金屬礦山（Monts métallifères）之南，是波希米亞最古老的溫泉療養地。

猶新。一八六一年，作家豐塔那（Theodor Fontane, 1819-1898）曾轉述別人告訴他的奇聞：「里斯本大地震發生之際，布蘭登堡地區的史代賀林（Stechlin）湖出現漏斗狀的漩渦」，此外，「高聳的水牆從此岸盪至彼岸[48]」。

不過，值得注意的是，此種「水文擾動」的現象當下並未立刻和里斯本大地震聯想起來，因為寫下這些文字之際，當地尚未獲悉大災難的消息。

一七五五年十二月九日，一次強烈餘震又撼動了里斯本城。同一天，另一場和葡萄牙大地震並無關連的區域型地震侵襲了瑞士的勒．瓦萊（le Valais）。這場震度不超過第VIII級（第八級）的地震，法國的貝勒佛賀（Belfort）和柏桑松（Besançon）以及義大利都感受得到。在米蘭市，布雷拉（Brera）修道院階梯教室的牆壁出現若干裂縫，一般家屋中出現傢俱倒下、物品掉落的情況，但是無人罹難[49]。這場地震和里斯本那場餘震在時間點上的巧合讓當時已風聞里斯本大災難的人誤認為里斯本餘震的震波傳到了米蘭市。洪戴（Rondet）（我們在下文還要回頭談他）在自己那篇探討里斯本大地震的專文中引述了《法蘭西信使報》裡一份誇大大地震災情的報導：「十二月九日，米蘭所感受到的地震甚至比當地十一月一日所感受到的更要恐怖。安姆布洛西亞（Ambrosia）圖書館遭受猛烈的撼動，大家都認為頃刻之間那棟建築物就要坍塌了。布雷拉修道院的牆壁搖晃得相當厲害，而開放給公眾使用的那間大廳的臨街立面也被震裂[50]。」儘管米蘭市所感受到的地震強度微乎其微，但先前里斯本大地震所造成的恐怖氣氛太濃烈了，以至於當局下令舉辦「三日連禱」（Triduum）儀式，並且強制所有商家參加，實際上令整座城市的活動停頓下來[51]。

康德和世人一樣，都將瑞士勒．瓦萊（le Valais）的地震和里斯本的餘震混為一談。他寫道：「根據新聞中所披露的見證資料，十一月一日以後，里斯本尚未發生比十二月九日更強烈的地震。有感範圍包括西班牙南部沿海區域和法國、瑞士山區、蘇瓦柏（Souabe）、提洛爾（Tyrol）以及巴伐利亞等地[52]。」他誤認為瑞士那場地震的震源和十一月一日遠方那場地震的震源同在一處。

當代人觀念中的地震成因

亞里士多德將地震的發生歸因於地下洞穴及坑道中的氣流如暴風般奔竄所致。這種「氣動說」（théorie pneumatique）直到十八世紀依然有人奉為圭臬，只是內容稍有修正而已。十六世紀末以降，地下的氣流不再被視為由土壤蒸散而出，而是可燃物質因燃燒及爆炸所致，例如瀝青、硝石或是黃鐵礦（pyrites）[53]。這些埋藏在地底的可燃物質「發酵」之後起火燃燒，所排出的氣體便會撼動大地。水份能助長「發酵」現象，因此便能解釋為何地震經常發生在海岸地區（例如地中海的週邊）。此外，這套理論也能解釋為何地震經常伴隨火山爆發，因為當時的人誤認為，火山就是燃燒之地氣的安全閥門。

大地震發生後，各種試圖以科學立場解釋其成因的學說紛紛出籠，葛林姆（Grimm）男爵[vii]意有所指地批評道：「儘管我們在這裡很幸運地不受地震的危害，但是卻躲不掉與地震理論相關的蹩腳之作[54]。」當然，那些專書之中不乏「蹩腳之作」，不過值得重視的傑作也有幾本。我們必須知道，十八世紀就算最了不起的博學之士也完全不知道地震現象的真正成

[vii] 葛林姆（Frédéric-Melchior von Grimm, 1723-1807），德國作家兼評論家，曾主編《文學、哲學及評論通訊》（Correspondence littéraire, philosophique et critique），目的在於將巴黎的新知提供給外國的統治者〔參見福馬爾地（M. Fumardi），《當歐洲都說法文的時候》（Quand l'Europe parlait françois），得．法盧瓦（de Fallois）出版社，二〇〇一年〕。此人是善使謀略的野心家，也是盧梭的眼中釘。盧梭在《懺悔錄》將自己一切的不幸都歸咎於他。此人並非童話作家葛林姆兄弟中的任何一位。

因。

培戴嘉敘（M.T.P.）在《大地震新實錄》（Nova e fiel relacão do terremoto）[55]一書中提到自己對博學家布豐（Buffon）的《地球理論》（Théorie de la Terre）特別傾心，並且指出「那是一本出色傑作，足令布豐先生永垂不朽。」培戴嘉敘寫道：「如果在地底深處，例如二千掌尺（palme）〔大約一百六十五公尺〕的地方，埋有硫磺或是硝石。由於有水滲透進來或是由於其他因素，上述物質產生發酵作用，進而起火燃燒。這些物質呈垂直分佈隱藏於縫隙、孔穴或是其下方的洞窟或是其他地方，一旦著火便會釋放大量氣體。氣體在上述那些狹窄的空間中受到壓縮，不但撼動上方的地表，而且必然要尋找得以宣洩出來的管道…由燃燒現象所產生的地底氣流只要有足夠的洞窟及坑道，便能無遠弗屆地向前推進，而且多少都會引發地震。氣流的強度則取決於火源距離的遠近以及坑道的寬窄程度。」

得・奧古爾・得・帕迪亞（Pedro Norberto de Aucourt de Padilha）在其所著的小冊《四元素不尋常又可畏的效應》（Effets rares et formidables des quatre éléments）[56]中依序檢視了當時主張地震成因分別為火、氣、水、土的各種理論。

里斯本大地震提供了一次讓歐洲學者發表地震學說文章及小冊子的機會。一般而言，那些學說彼此的差異其實不大。因此，一七五六年康德的看法和培戴嘉敘以及布豐的見解並無太多出入：「地震向吾人昭示一個事實：地殼之中佈滿坑穴，而且我們腳下更有四通八達如迷宮般的地道，宛如礦場地底的隱密通道一般…坑穴之中都是熊熊烈火，或者至少塞滿可燃物質，只需稍加刺激，這些物質便會猛烈爆燃起來，不但撼動地表甚至令其上方的土層塌陷[57]。」

如下這一篇文章的標題洋洋洒洒幾十個字：〈地震現象成因之推測及其

觀察；特別是一七五五年十一月初一的那場大災難，那場造成里斯本城大量傷亡，甚至連非洲及歐洲全境多少都感受得到的大地震，作者：劍橋大學王后學院院士，可敬的神甫米卻勒（John Michell）〉[58]。文章以如下的文字開場：「哲學家們一致認定，地震的成因乃地底中突發的爆燃現象。此一看法和所觀察到的現象毫無悖離之處。不過，本人認為，關於這種爆燃現象成因的推測至今尚未有足夠的事實可供佐證確認，而且該爆燃現象所導致之較為特殊的效應尚未充份記錄。至於各種推測和已獲解釋釐清的現象之間也無任何對等連結。本文旨在彌補上述那些缺憾。現在正是進行此項嘗試的良好時機，因為一七五五年十一月初一的駭人大地震提供了我們更多事實，和各種推測能進行對等連接的事實。對於地震理論的建構，它比任何其他地震的相關敘述更有價值。」

米卻勒神甫（1724-1793）於一七六〇年獲選為皇家學會院士，並在一七六二年（也就是他那篇有關地震的論文出版不久之後）成為劍橋大學的地質學教授。史上第一個「扭力天平」（balance de torsion）即由他設計督造。這項發明使他的朋友卡芬狄緒（Henry Cavendish, 1731-1810）得以推算出「質量吸引力」（l'attraction des masses），然後在一七九八年據以測出大地的密度。米卻勒比法國人拉普拉斯（Laplace）超前大約十餘年想到宇宙間可能有種質量極其巨大的「黑洞」（trous noirs）〔他名為「暗星」（asters obscurs）〕，其質量巨大到連自身的光都無法射出。他在物理學史上已有足夠份量，所以不必像有些人再來錦上添花，送給他「地震學之父」這個稍嫌溢美的稱號。

事實上，米卻勒有關地震成因的理論基本上和羅馬時代塞尼加（Sénèque）在《博物學釋疑》（Questions naturelles）[59]中所提出的看法大同小異。他也認為地震起因於地底下有火燃燒，然而導致地表搖晃的緣故不再是燃燒時釋放的氣體而是水蒸汽：「如果有大量的水突然澆灌在地底燃燒的火上面，水蒸汽就產生出來，其力道便足以引發地震。」米卻勒那篇文章的貢獻在於收集了許多可以支撐其論點的觀察資料以及地質學的論述。他主張道：構成大地的地層被垂直的裂隙斷開，而深入地底的裂隙則必然飽含著水。因此，如果水蒸汽是造成地震的主因，那麼最強烈的地震都發生在海床下面也就不足為奇：「事實上，我們發現，一七五五年十一月一日這場跨距達三千里的強烈地震其震源便在海底。這個事實顯而易見，因為伴隨而來的巨浪可茲證明。」

在米卻勒看來，由於地底爆燃的火導致洞穴的蓋層崩陷，於是「被下方的火所熔化的物質」（the melted matter of the fire below）瞬間和水接觸，造成大量水蒸汽的產生。這股水蒸汽與它所引發的震波便像水波似的在地層之間傳播，並在傳播的過程中導致地層變形[viii]。震波的強度會因距離震源之里程的增加而減弱，等到傳至極遠的地方，便僅能靠水文之擾動及懸吊物之搖晃情況加以判斷。這也是為何北歐地區的地表雖未出現異狀，但是池子和水塘則有擾動情況出現。

至於海嘯發生時為何海面先是後縮然後再湧回來，米卻勒的解釋是：「地震造成海床下洞穴的蓋層塌陷，海水向下灌入洞穴，海水遇熱化為蒸汽，蒸汽壓力再將海水逼出，致其湧回岸上。」

康德不相信北歐各國出現的水文擾動現象係地殼震動傳至遠地後所造成，更何況地面根本就感受不到搖晃。他說：「關於里斯本大地震的成因，有人認為是單一地點的猛烈作用，這種作用施於地殼便會產生震動，好比炸藥爆炸會令地表震動一樣。然而，這種解釋對於上述的大地震是行不通的，主要原因是感受地表震動的區域大到不可思議。事實上，由於感

[viii] 有時學術界會認為米卻勒（Michell）是第一位提出地震波概念的人。可是，他觀念中的「波」指的卻是在地層間流竄的水蒸汽，和現代地震波的定義全然無關。如今地震波指的是在堅實地殼裡傳播的聲波，且其波長以百公里計算，是人類無法察覺到的。

受地表震動的區域如此可觀，那麼這種作用必然影響了整個地球…所以，我們應該推斷有種中介物質存在，這樣才能將那種震動無遠弗居傳播開去。此種中介物質即為海水。一旦海水和那猛然且直接受作用的水接觸，便會引起海床的震動[60]。」

康德指出，湖泊的水極有可能因「湖底極輕微的晃動而引發極強烈的振盪。所以，瑞士、瑞典、挪威及德國內陸湖泊在吾人感受不到地表震動的前提下竟會興起洶湧波濤也就不足為奇。」

培戴嘉敘、康德以及米卻勒以及其多諸多思索里斯本大地震的人，都認為震源應該位在葡萄牙的外海，也因此解釋了海嘯生成的原因。他們所言顯然合理。

早在一七五五年十二月十八日，普魯士的「哲學王」腓德烈二世（Frédéric II）在一封寫給自己的姊妹巴伐利亞公爵夫人維萊明娜（Wilhelmine）的信中便詳細描述了普魯士境內水文擾動的情形，並且與她分享對於地震成因的個人看法（事實上和一般流行的觀點並無太大差異）：

「你提到的那一場地震在本國的沿海地區確實察覺得到。例如在斯塞辛（Stettin），奧得河（Oder）河面在短短四分鐘內便漲了許多，高達十二法尺。河水淹沒市郊地區，所幸僅僅片刻就消退了。又例如在坦普林，湖面猛然昇高上來，轉眼便已淹沒一邊河岸，令岸上的漁夫倉皇逃命…朕雖非偉大的物理學家，不過就像布豐自創一套系統，朕也自有一套理論。我把上述種種現象歸因於如下的假說：地球內部必然存在火這元素；這火由於受到各種原因的擾動，便在地下蝕出管道，通向地表的管道；這火一旦受到更劇烈的作用，也在海床下面造成支脈，其中有條支脈便在愛爾蘭的海岸爆裂開來；里斯本的地下正是最大火源的儲區。該國地下蘊藏的硫磺以及硝石等物質令這火源燒得更加熾旺，因此才會在該處造成有如地雷引爆的效應。朕把自己的推理分享給你聽，當然這是一種臆想而已。話說回來，要是我的理論果有偏差，那麼至少朕也感覺些許欣慰，一來朕絕非唯一犯錯的，二來朕的理論聽來至少真實簡單，和許多鑽牛角尖自尋煩惱的人大不相同[61]。」

必須注意到的是，當年不僅只有哲學家嘗試找出里斯本大地震的成因。事實上，此一事件在整個歐洲都引起廣泛熱烈的迴響，以至於連形形色色自詡為博學之士的人和自學有成的人都要對這主題發表高見，並且想出最荒誕、最離奇可笑的地震成因。

為了一窺這些理論的怪異程度，我們在此只需援舉一例：〈給因恐懼地震而退居鄉下之貴婦的一封信：論地震為何不致侵襲巴黎〉[62]。在此我們同時看到，里斯本大地震在歐洲引起了全面的恐慌，連巴黎的貴婦也都因為擔心此種災難將毀滅花都而到鄉下避禍[ix]！這封信的佚名作者興致勃勃地想讓讀者弄懂水文擾動的所有成因。該位作者寫道：

「本人認為，哥白尼的理論體系可以協助我們釐清這些現象。根據這位哲學家的意見，地球會有三種運動：首先，地球從東向西自轉，一年之中的每一天都會轉上一圈；其次，地球每三百六十五天便會繞著太陽公轉一圈；最後，每隔若干年，北極圈便會發生這第三種的震顫運動，此種運動令地球北邊的大地隆起，並令南邊的大地下沈，也使地球由東向西轉動。這第三種的運動需時二萬五千年方能完成[x]。大家不難理解，本人便是將地震海嘯歸因於此種運動。下面容我詳加解釋。」

首先，作者宣稱北方陸地隆起、南方陸地下沈，於是海洋北方的水便向南方流動，這才有葡萄牙海岸遭受狂亂激流肆虐的現象。地震的成因與此相同：「地殼之中所有含硫物質的部份原先都以固定的秩序各安其位，這

[ix] 巴黎盆地實際並非位於地震帶上。
[x] 這裡指的是「歲差」（précession des équinoxes）運動。

些部份唯有在突然混雜起來之後才會產生爆燃現象。」我們這位自詡為科學知識的推廣者接著丟出如下簡單的比擬：

「假設你在一個空心的硬殼紙球裡塞進一塊燒紅的炭，假設此球的上下兩端也都填進硫磺粉末，那麼如果只是讓它平穩自轉的話，它是不會燒起來的。可是如果你讓球體傾斜的話，火炭一旦觸及硫磺，那麼它斷然會起火燃燒。那麼為何身處法蘭西的我們卻能逃過這場全面性的浩劫呢？原因是我們的氣候不具備讓那些物質熟成的條件。」

最後他下結論道：「夫人，這就是我這個物理學家極謙遜但卻合理的看法。種種論述只為單純證明一點：海嘯也好，地震也好，成因都是上述和北極有關之地球的第三種運動，因為它使北方海洋的水向南溢流。我的這套理論可令國人平息驚懼，可令歐洲不必惶惶渡日，也可令您舒展愁眉，速速返回巴黎。您到鄉下避居，眾多好友為此苦惱不已，他們正等您來安慰。」

這種「蹩腳著作」被葛林姆的一句話打入萬劫不復境地：「索然無味的十二頁小小冊子」[63]。

現代地震學家觀念中的地震成因

如今沒有人再相信地震乃由地底的爆燃現象所引起。現代的地震科學誕生於二十世紀初期，其理論系統的建構不再來自臆測空想，而是植基於實地觀察以及對於地震儀數據的解讀（那時，地震儀剛發明不久）。這時，大家才開始認識地震在地體構造學上的性質，認識其起因乃是地殼斷層猛烈的相互作用。不過，還要等到一九六〇年代末期，在大地板塊運動理論的框架中，大家才真正清楚明白，地震基本上發生於板塊和板塊接觸的邊緣地帶[64]，而斷層的相互作用也由板塊相關運動所導致。

一九一四年，美國的地震學家瑞德（Harry Reid）（因研究一九〇六年的舊金山大地震而聲名大噪）從海嘯抵達海岸不同地點的時刻估算出里斯本大地震的震央位置係位於里斯本南方北緯三十八度與西經十度交會的海底斷層[65]。

瑞德同時也對里斯本大地震發生之際同時代人對北歐水文擾動的目擊記錄進行了批判性的檢視，並且給予康德的分類一個物理學的理論支撐。瑞德將水文擾動的現象依照發生地點分成二類：第一是海岸邊的，被他判定是（這點和康德的看法一致）地震發生過後一段時間才抵岸的海嘯；第二是內陸水文系統的擾動（例如湖泊等等），而此類擾動的現象乃由地震波所引起，發生的時間和大地震幾乎同步。瑞德是史上第一位瞭解到：湖泊和池塘的水面在地表無可感受震動的情況下發生擾動便是所謂的「定振」（seiche）現象。當湖泊自身的頻率（取決於湖泊的長度與深度）和地震波的頻率兩相胳合時，湖泊可能和地表的地震波產生共振作用，而且時間很長（大於或等於二十秒）。共振現象在這裡是以「駐波」（onde stationnaire）的形式呈現的，「駐波」可令湖水一整大片由此岸盪到彼岸。震波從震央發出後可以在地殼中傳到很遠的地方[xi]，此即所謂的「表面波」。這時，人類雖已無法感受得到，但在地震記錄圖上仍能清楚顯現出來，比方瑞德估出樸茨茅斯碼頭及內港的頻率並推算其時間約為二十秒。

儘管東歐泉水流量變化〔例如特布里茲（Töplitz）〕的現象已有許多人詳加記錄，但科學家仍相對較難理解其成因。一九九九年八月十七日發生在土耳其伊茲密特（Izmit）的地震便令遠在一千三百九十五公里外阿美尼亞一口自流井的流量立即增加了百分之二十五[66]。

[xi] 有些極強烈的地震亦可在很遙遠的地方引發「定振」（seiche）現象，一九六四年的阿拉斯加大地震即為一例：主震發生三十至四十分鐘後曾造成震央四千公里外路易斯安那及德克薩斯州沿岸的海水擾動現象。

如今的科學界已經明瞭，里斯本大地震發生在非洲板塊和歐洲板塊的接縫上，也就是亞速-直布羅陀（Açores-Gibraltar）斷層地帶，至於震央的精確位置仍有數種不同意見。齊戴里尼（Zitellini）的研究團隊[67]將其定在北緯37度與西經10度的交會點，亦即距離聖文生岬西邊一百公里左右一處活躍的「逆衝斷層」（faille chevauchante）[xii]上。此一斷層由「多波束地震探測」（sondage sismique multifaisceaux）技術找出，並被命名為「蓬巴勒公爵」（Marquês de Pombal）斷層。

維拉諾瓦（Vilanova）及其研究團隊考量到里斯本大地震時所感受到的搖晃不止一次，因此提出多震源的模式[68]。主震或許發生在戈林治（Gorringe）海礁（北緯36度45分與西經11度25分之交會處），然後引發了第二震，因為這時位於太加斯河下游河谷、由東北向西南貫穿里斯本的斷層裂開了。這條活躍的斷層亦是一五三一年大地震的禍首[69]。這些作者都估計這條斷層的地震週期為二百年左右…和培戴嘉敘的「荒誕假設」不謀而合！

其實很難在事隔二百多年後回頭推算一七五五年那場大地震的規模。但是可以確信，它是西歐史上數一數二的強烈地震。

xii　「逆衝斷層」會產生壓縮作用。鄰近斷層之板塊的其中一塊〔這裡指的是南非板塊（le bloc sud-africain）〕向前移動，並且騎壓到另一板塊之上。

chapter 3

第三章

災後情況

緊急措施

根據一再被轉述的傳言，當年葡萄牙約瑟國王陛下（Dom José）聽到大地震的災情報告時，只是雙手抱頭，嘴裡重覆不斷說道：「該怎麼辦？」而這時首相蓬巴勒（Pombal）公爵現身了。他很可能以穩重果斷的語氣回答：「陛下，趕快埋葬死人、救濟活人。」儘管各大報刊及外交信函都把約瑟陛下描繪成一位堅毅勇敢、念茲在茲都是人民利益的國君，但他實際上既懦弱又對國事漠不關心，唯一熱衷的只有狩獵⋯總而言之，便是葡萄牙版的路易十六[1]。無庸置疑的是，災情紛紛傳來，這早已超出他能力可以掌控的範圍。至於首相兼外交及戰爭部長的得・卡拉瓦約，他要到一七七〇年才受封為蓬巴勒公爵。在下文中，我會和時下的做法不同，不再用這個一七五五年時尚未出現的頭銜來指稱此位重要人物，而是簡單直稱他的姓氏或是職務。最後，附帶說明一下：上述那句膾炙人口的回稟其實只被引述一半，因為在「埋葬死人、救濟活人」之後，首相還加上了「封閉港口」（Enterrar os mortos, cuidar dos vivos e fechar os portos）。然而，我們無法確定，首相是否真的說過那一句話，甚至，說實在話，是否真的有人說過那一句話。也有人認為說出那一句話的另有其人，其中包括得・阿羅爾那（João de Almeida Portugal, marquis de Alorna, 1726-1802）公爵。他是王室宮內廳的總管（Oficial mór de Casa Real）[2]。姑且不論上述傳言的真實性如何，當時立即著手推行應變措施的確實是得・卡拉瓦約本人無誤，而且效率極其顯著。他不眠不休花了好幾天的時間在滿目瘡痍的里斯本城內到處奔波，命人向他匯報災情，批准一項又一項的法令。

在寫成於大地震後大約四十年的《前夏特雷公爵之遊記》（Voyage du ci-devant duc du Châtelet）[i]中，我們可以讀到：「讓我們跟隨蓬巴勒公爵去

---

[i] 該書的作者為外號得・寇瑪爾丹男爵（baron de Cormatin）的德若特（Pierre

那片斷垣殘壁中看看。大地震當時是公爵一生中最輝煌的年代。他在城裡東西南北來回奔波，到這裡伸出援手，到那裡慰問災黎。凡其所到之處，人心平靜下來，恐懼煙消雲散…不到一星期的時間，他那創造力永不枯竭的頭腦總共孕育出二百三十個法令。所有犯竊盜罪的人、所有破壞公共秩序的人，只要就逮的那一刻是現行犯，那便就地吊死…一連好幾天裡，他的馬車便權充他的辦公室、他的睡床以及唯一遮風蔽雨之處。整整四十八個小時，除了一碗由他夫人親自為他送來的肉湯之外，公爵完全沒有進食[3]。」

一七五八年，得・卡拉瓦約下令出版一本回憶錄，書中詳載了大地震發生後政府所採取的重要措施[4]。該書執筆者為得・里斯本（Amador Patricio de Lisboa），係伏雷伊雷（Francisco José Freire, 1719-1773）神父的筆名。他曾經受到法國新古典主義文學理家波瓦羅（Boileau）的啟迪而寫過一本《詩論》（Art Poétique），同時也和培戴嘉敘一樣，都是「葡國樂土」（A Árcadia Lusitana）文學學院的成員，別號「葡國赤子」（Cândido Lusitano）。書中記錄的救災措施計有十四項，每一項都加上評註。這份清單後面附上為了推行那些措施所頒佈的法令和詔書，可說是對於這位葡萄牙首相致敬的紀念碑。

為了清楚說明他在大地震災後所推行的了不起措施，我們最好將其全部列舉出來，然後附上幾件法令做為參考資料。

I—由於太多屍體腐爛而且無人出面埋葬，由於里斯本的居民蜂湧出逃，首先必須平息瘟疫流行的恐慌。

我們應會覺得驚訝：十一月初一，亦即大地震發生當天，得・卡拉瓦約便已頒佈第一項法令，並囑咐王室的馬廄總管從瓦礫堆中挖出西班牙大使

Dezoteux, 1753-1812）。他是法國大革命時期朱安黨叛亂的一名領袖人物。

裴雷拉達侯爵的遺體。

十一月二日，首相已向樞機主教馬努埃勒（José Manuel, 1686-1758）閣下徵詢意見，以便決定埋葬死難者的方式。前者認為，不妨挖好數個深坑，然後再將屍體拋入其中，好比某些國家在瘟疫流行之時所採取的措施那樣。另外，也許可以將屍體裝上大船，然後載到距離太加斯河入海口數法里遠的外海，等到做完合宜的宗教儀式之後，便將綁上重物的屍體推落海底，任其泡水腐爛，就像舉行海葬那樣。樞機主教當日即予答覆，他認為將屍體運至外海的處理方式既妥當又快速。這建議被採納了。

除了海葬之外，首相在十一月五日也通告週知里斯本所有修道院的高層人員，向他們呼籲提供墓地的緊迫性。

II—避免饑荒⋯

這是救災行動中最要緊的一項工作。在十一月二日至六日之間，得·卡拉瓦約至少簽署了十一件相關法令與詔書，然後在一七五五年十一月十日至一七五六年一月二十七之間又簽署另外十三件相關法令。例如有一件詔書的主旨是無條件免徵所有在碼頭所販售之魚貨的稅金。

III—倒臥街道上的傷患如果不施援的話必死無疑，因此必須治療他們。

IV—召回逃離里斯本的居民，如此方能穩定人口數量，否則一切措施都將窒礙難行。

V—防範偷竊以及搶劫行為，犯者一律嚴懲。

上文已經看到，許多大災難的目擊者都提及：偷竊以及搶劫的現行犯一律就地正法。

VI—防範贓物經由船舶運往海外…

十一月三日的一份詔書通令所有要塞的指揮官，不准港口放行任何大小船隻，違者處死。

VII—供應阿勒加爾伏（Algarves）地區以及賽圖巴勒（Setubal）市各項物資。

VIII—從王國各地調派軍隊前來參與各項市區重建工程。

IX—為人民提供臨時棲身之處…

另外一件詔書宣佈：為了人民福祉，國庫預計出資搜購所有尚未被買走的建材：石灰、磚塊、屋瓦等等，以便確保這些物資的正常生產。

X—在少數倖存的教堂中或是得體合宜的住宅中恢復各項宗教活動。

一七五六年五月十九日，法令要求上議院著手準備基督聖體聖血節的遊行活動。

XI—聚集流落四方的修女，令其遷入有圍牆屏障之封閉住所。

從一七五五年十一月十七日至一七五六年十月的一年期間，僅僅這點就頒佈了多達五十四件的法令和詔書，其重要性可見一斑。

XII—供應人民各項所需物質…

XIII—國王陛下舉行各種宗教活動，藉此平息天主憤怒同時感謝神恩。

關於這點，我們知道一七五六年三月八日葡萄牙國王諭示里斯本樞機主教轉告教皇，請求對方敕封聖徒波爾吉亞（François Borgia）為葡萄牙王國及其子民的主保聖徒，並就此項事宜徵詢樞機主教，後者當然同意遵辦。教皇本篤十四世於一七五六年五月二十四日專為此事寄出信函。魁英布拉城主教接到教皇的通知，日後波爾吉亞將以葡萄牙王國及其子民主保聖徒的身份受人祈求、受人尊崇，以庇護眾人日後免受地震之侵襲。

XIV—以最恰當的方式重建里斯本城。

早在一七五五年十二月十一日，王國的總工程官（Engenheiro mór）達・馬雅（Manoel da Maya）即接獲諭令，囑其任命多位工程技師，專門負責測量聖賽巴斯提奧・得・巴達利亞（S. Sebastião de Padaria）、基督聖體聖血節修道院、瑪德蓮教堂以及吉時（Boa-Hora）修道院等地通向王宮廣場（Terreiro do Paço）及河岸地區（Ribeira）的坡度，以便有計劃地在最地窪的區段進行填方工程。

我們應該已經注意到了，在上述的清單之中，也就是首相下令優先執行的緊急措施裡面，竟有三項與宗教的問題相關。

首先，必使教堂多少可以開始重新接納信徒、執行宗教儀式，此外，還要設立合宜得體的禮拜堂。

其二，由於大地震時修道院的建築紛紛倒塌，原先與世隔絕的修女逃出來後便在市井混居，這顯然是禮教所不堪容忍的，因此千方百計，務使修女再度住回封閉的空間。

其三，和前面二項同等重要的是，不能任由各類宣講教義的人自由發揮，散佈加深受災民眾恐慌和沮喪感覺的言論。早在十一月三日，首相得・卡拉瓦約便以國王的名義諭令里斯本的樞機主教，要求後者禁止許多出世和入世的神職人員在不獲允許的情況下擅自勸說群眾，以免加劇群眾驚慌或是沮喪，令其無法投身工作甚至導致他們逃往荒郊野外。

無論如何，第一等要緊的便是透過適當的懺悔儀式平息神怒。各種措施之中，整個基督教世界從最古老的年代以來，最喜歡的便是組織盛大遊行活動。除了表面所營造的懺悔效果，這種集體儀式還代表了都市生活以及公共秩序已重新步上正軌。藉由組織遊行活動，宗教以及政治當局便得以向人民證明：儘管他們機關所在的建築物（大教堂和王宮）已經震垮，但其權勢依然完好無損[5]。在里斯本這個滿目瘡痍的城市裡，遊行路線的規劃是很複雜的，尤其必須繞行受創最深的街區，捍衛城市的象徵意義是很明顯的。

因此，十一月十六日的遊行行伍從阿爾坎塔拉地區的聖卓亞金及聖安娜（São Joaquim e Santa Ana）修道院出發，最終止於救苦聖母（Nossa Senhora das Necessidades）教堂。王室成員在神職人員、貴族及人民的圍繞簇擁之下參與遊行活動，以便「懷著懺悔心情請求天主赦免吾人罪行，同時祈禱天主本著無限憫恕的真洪量，不再懲罰此一京城、此一王國[6]。」三天之後，法國大使得・巴須寫信回凡爾賽宮時報告：「上星期日，至誠王陛下參加由其下令舉辦的莊嚴遊行。國王與諸位王子手執支撐華蓋的棍杖，華蓋之下供奉一座聖十字架[7]。」接著，還不到一個月之後，里斯本的樞機主教於十二月十三日亦舉辦一場懺悔遊行。

為了未雨綢繆，避免日後再有地震來襲，最好選出一名保護者。因此，首相才於一七五六年三月八日將至誠王的心願轉達給里斯本的樞機主教，請後者懇求教皇指定波爾吉亞為保護王國免受震災蹂躪的聖徒。該聖徒的曾祖父為聲名狼籍的教皇波爾吉亞・亞歷山大六世，外曾祖父則為西班牙篤信天主教的國王斐迪南（Ferdinand）。他出生於一五一〇年，卒於一五七二年，受封為西班牙重臣、得・甘底亞公爵（duc de Gandia）與加泰隆尼亞總督（vice-roi de Catalogne），在查理五世的朝廷中享有極崇高的地位。有次他被賦與任務，在皇后伊莎貝拉的遺體送進王陵之前確信死者身份。當他目睹生前如花似玉的皇后那張腐爛的臉，他受到極大的震撼。從此以後，他只一心追求永生的真理。起初，他以修士身份住在宮裡修行。一五四六年，他的葡萄牙籍妻子得．卡斯特羅（Leonor de Castro）過世之後，他便住進了耶穌會，並於一五六五年出任該會的第三任總會長。波爾吉亞於一六七一年被封為聖徒，其聖名瞻禮日為十月十日[8]。

就筆者所知，該聖徒的生平無論如何考據都和地震沾不上邊，但卻在那不勒斯和他的出生地（西班牙的瓦倫西亞）被視為具有阻卻震災發生的神力。

我們不禁要問，被奉為地震保護者的為何不是當地的聖徒聖安東尼（Santo Antônio）[ii]。一七五六年有位芳濟會的修士以地震為主題寫了一首長詩[9]，詩中提到：「吾人應受之懲罰得以減輕該感謝誰呢？是您，安東尼，您的職責在於保護我們，我們敬愛您啊[iii]！」到了一七六〇年，來自義大利的旅客巴雷提（Baretti）曾談到：「你們應該無法想像他們〔指葡萄牙人〕將聖安東尼捧上多麼崇高的地位！聖經十二使徒接受到的祈禱加總起來還不及聖安東尼所受用的百分之一。聖安東尼是葡萄牙人的同胞，由於這層關係，他們認為這位聖徒會比其他任何聖徒或是使徒更能照拂他們[10]。」

很明顯的，聖安東尼在當地人心目中的份量應該大於聖波爾吉亞。然而前者生前是芳濟會修士，而負責選出避震聖徒的卻是由耶穌會興辦的魁英布拉（Coimbra）大學。因此，該大學才會在一七五六年二月七日的全體會議中選出後者，由他專司那項任務[11]。實際上，由本篤十四世做主，於一七五六年五月二十四日決定由波爾吉亞擔任葡萄牙的避震主保聖人一

[ii] 直到一九三四年，教皇庇護十一世才宣佈聖安東尼為葡萄牙的主保聖徒。

[iii] 葡萄牙文原文：A quem se deve pois ser diminuto / O castigo, que agora experimentamos / Senão, Antônio, a Vós cujo instituto / He proteger a nós, que vos amamos?（第七十三詩節）

事標幟了耶穌會在葡萄牙的最後一次成就，因為往後，得・卡拉瓦約首相便開始對該會展開不留情面的鬥爭，並於一七五九年將其逐出葡萄牙的領土。

聖徒波爾吉亞在民間其實尚有其他的競爭對手，聖艾米迪歐（Saint Emidio）尤為其中的佼佼者。後者係殉道於三〇三年之義大利阿斯柯里-皮切諾（Ascoli Piceno）的首任主教以及主保聖徒。一七〇三年一月十四日，義大利中部遭受強震侵襲，只有阿斯柯里一地奇蹟似地倖免於難，於是他的避震名聲立即不脛而走，傳遍整個歐洲[12]。

國際救援

歐洲在遠古時代和中世紀時代亦曾遭逢嚴重震災，可是一般而言，災區的城市居民在震後的那幾天裡通常只能自求多福，而他們能指望的救助基本上只有稅賦的減免而已[13]。

西元前二二七年，地中海的羅德（Rhodes）島發生強震，甚至震垮海港入口處著名的太陽神石雕像。當時，外地城邦以及王國紛紛慷慨解囊，運去金錢、小麥、橄欖油以及木料等的建材[14]。但是，歷史學家玻里柏（Polybe）所記載的這個案例應是空前而絕後的。

里斯本大地震蹂躪的是歐洲一個王國的首都，而這首都和其他國家一向保持密切的外交及商貿關係。人類史上也許第一次表現出國際間的團結態勢。

西班牙國王費南度六世（Fernando VI）看在葡萄牙國王是自己王后瑪麗亞・芭芭拉（Doña Maria Bárbara）的親兄弟，於是派人押送黃金至葡萄牙，但這筆錢沒有花掉而是存進銀行。路易十五並未派人運去任何東西，但是答應提供協助，但被葡萄牙婉拒了。凡是和葡萄牙維持長久經貿關係、且其商賈在里斯本形成重要僑社的國家都迅速做出了回應。

漢堡市上議院的主席舒巴克（Nicolaus Schuback）立即派出四艘大船，載滿二百噸的木料、帳篷帆布、屋瓦、鐵釘、鐵片、各式工具以及食材。他同時答應葡萄牙國王，漢堡市的商賈將會獻給他十萬枚塔勒（thaler）銀幣[15]。

英國人當然更不可能袖手旁觀。華勒坡（Horace Walpole, 1717-1797）這位身兼小說家的政治人物，也就是知名「哥德小說」《奧特蘭特城堡》（Le Château d'Otrante）的作者，就曾在自己回憶錄中記載了一七五五年十一月二十八日當天發生的事：「首相伏克斯（Fox）向下議院宣讀一封我國駐西班牙大使基內（Benjamin Keene）寫來的信，並且轉達國王陛下的一項旨意，希望大家同意他撥款援助苦難的葡萄牙人民。下議院立即批准這項請求，應允金額高達十萬磅白銀，一部份為現金，一部份為包括食物和工具在內的各種實物，而且必須儘速運至該國[16]。」華勒坡亦提到史學家玻里柏筆下曾記載過的救援羅德斯島災民的插曲。

上文說到的食物和工具包括肉品、奶油、餅乾、白米、小麥、麵粉、煙燻鯡魚、鞋類、靴子、十字鎬及鍬鏟等等[17]。然而貨船因為天候不佳一直被困在樸茨茅斯港，所以後來比預定時間延遲許久才抵達里斯本港。一七五六年一月十三日，法國大使得．巴須侯爵去函向凡爾賽宮報告道：「英國人的救援物資尚未抵埠。英國國王寫信通知物資遲抵的信亦不尋常，因為收信人是首相得．卡拉瓦約先生而非英國大使卡斯垂斯先生。先前在下已經有幸向部長先生稟報過，該批物資救助的對象是里斯本的市民以及在大地震中損失慘重的英國僑民，都由得．卡拉瓦約首相聽從至誠王的命令，統籌物資發放之事宜[18]。」

一七五六年四月二十七日，法國大使在一封以密碼寫成的信函之中透露：「由於小麥以及其他口糧匆促裝運上船，由於揚帆啟航的時間比起預期延後甚多，因此貨物運抵里斯本港後的上岸時間自然也是推遲很久。大部份的食物都已腐敗變質，只能丟進太加斯河[19]。」一七五六年五月四日的信多少染有幸災樂禍的味道：「英國運來的食物果然沒什麼好下場。上次在下有幸向您稟告過了，絕大部份已經丟進太加斯河，小部份則幾乎都發放給修道院，但還不是左手接下右手又賣出去，反正只是自動送上門的東西。至於金錢的分配則是黑箱作業[20]。」

一七五五年十二月二十三日的《亞維農郵報》刊登一封十二月五日從倫敦寄出的外交信函：

「宮廷裡和市街上，大家都為里斯本的大災難而痛心，彷彿倫敦也遭逢了同樣的厄運…為了向劫後餘生的王國表示吾人的熱忱，當局已經解除愛爾蘭各港口不得向外輸出牲口和穀物的禁運命令。先前由於擔心資源外流至法蘭西所以才會頒佈該項命令。」

里斯本的重建

制定計劃

上文曾交代過，大地震對於里斯本的破壞是相當徹底的。大地震發生後的週年，瑞典人布雷林（Johan Brelin）被瑞典東印度公司派遣至里斯本。他那本名為《冒險旅程》（En äfventyrlig Resa）的著作於一七五八年面世，書中提到：「昔日擁有數百萬人口（原文如此）之高傲的里斯本城如今已是十室九空，以至今天該處難得看見人影。如果旅客打算一睹該城舊時的格局，就必須登上丘陵頂端向下俯瞰，因為城區所有道路都已塞滿瓦礫，教人寸步難行[21]。」

逃到郊野避難的倖存市民已經著手搭建臨時的棲身之所，但也有人甚至重返市區，在自己那被震垮的房舍上面趕建一間粗陋居處。首相得・卡拉瓦約希望重建一座較為美觀的里斯本城，如果放任這種粗陋建築無限制地興建下去，那麼這個期待將落空了。早在當年的十二月，他就嚴格禁止城牆外面一切的建築工事，到了十二月三十日又頒佈新法令，只要工程師和建築師尚未提交災損清冊以及重建計劃，就不准在城牆內市區動工。

一七五六年一月十三日，得・巴須侯爵向凡爾宮匯報：「幾天前至誠王陛下頒佈聖旨，在新法令尚未公告之前，一切急就章的屋舍重建或是修葺工事均在禁止之列。此項措施的目的在於保留充份的時間給當局，以便構思較完善的重建計劃以及道路軸線，如此一來方能保存昔日城區的優點並避免其缺失[22]。」

一七五六年二月十二日，由於輿論的壓力，政府不得不解除禁建的限制，到了當年的九月十六日，新法令又強制新建的建築物必須符合官方嚴格的規定。最後，首相得・卡拉瓦約於一七六〇年十月八日下令拆毀所有不符合法規要求的新建築[23]。

橫在首相面前的首都重建之路是極寬廣的。他大可以根據自己的夢想實現一座井然有序而又十足氣派的「啟蒙主義之光明城」[24]。

負責擘劃及執行這一宏偉藍圖的是由國家總工程達・馬雅（Manoel da Maya, 1672-1768）所領導的團隊，當年他已高齡八十三了。他是築城技術院（Académie des fortifications）的院長，是受法國沃邦（Vauban）傳統工學教育出身的軍事工程官。他的成名之作是里斯本那宏偉的高架引水渠道（águas livres）。該項工事可以說是十八世紀數一數二的建築瑰寶，且在里斯本大地震中屹立不搖。達・馬雅手下有兩員得力的軍事工程師：一位是他的學生多斯・桑朵司・埃・卡拉瓦約（Eugenio dos Santos e Carvalho, 1711-1760），同時也是葡萄牙上議院大樓的建築師；另一位則是匈牙利裔的馬爾戴勒（Carlos Mardel, 1695-1763）中校。

這三位天才橫溢的專家和首相得・卡拉瓦約具備相同的遠見，只可惜都無法活到自己計劃實現的那一天。這項志業由達．馬雅和多斯．桑朵司調教的第二代建築師及工程師接續完成。

早在一七五五年十二月，達．馬雅便已開始進行京城的重建工作。接著在短短六個月的期限內提出四個重建計劃[25]。

第一個計劃的重點在於不改動里斯本昔日的街區佈局，儘可能保存原有的道路動線並在原址就地重建所有房舍。其優點是不必進行土地重劃，避免和地主進行無止無盡的纏訟，但缺點是抗震和防火的功能依然脆弱不堪。這個計劃顯然無法符合「啟蒙主義之光明城」的期許。第二個計劃在本質上和第一個沒有兩樣，只是預計拓寬道路而已。第三個計劃就和前兩個徹底不同：已經變成一片廢墟的「低地區」（Baixa）將被完全剷平，然後依照新的格局和規章進行重建。最後一個計劃則是廢棄里斯本城，另在貝倫鎮（Belém）附近尋覓適合營建新都的地點。這個想法才是震災過後的人心所嚮，由培戴嘉敘在《異國報導》中用一句話概括了：「里斯本已遭徹底毀滅，想在原址加以重建無異緣木求魚。」

首相得．卡拉瓦約最後屬意第三個計劃。所以，現在必須提出「低地區」的都市重建計劃。

有人認為，達．馬雅的都市重建計劃理念深受到英國建築師雷恩（Christopher Wren, 1632-1723）的啟迪。倫敦市於一六六六年毀於大火之後即是由雷恩負責重建工作的規劃[26]。兩個首都遭受浩劫蹂躪的情況的確有多重相似之處，比方倫敦城一夕之間便有一萬三千二百棟房舍及八十六座教堂遭火焚毀。和日後的里斯本一樣，倫敦的火災也被拿來和特洛依的毀滅相提並論。當年瑞典駐倫敦大使館即有人寫道：「我的腦海掠過特洛依城烈焰沖天的慘象[27]。」當然，雷恩和胡克（Hooke）的重建計劃包括拓寬道路以及採取標準化的建築法規等等措施。只是兩個首都先天上的佈局天差地別，達．馬雅儘管極有可能知悉英國人的倫敦重建計劃，但卻無法搬抄模仿[28]。

達・馬雅和他的軍事工程師團隊先後總共提交了六個有關「低城區」的重建計劃[29]。最後脫穎而出被首相得・卡拉瓦約看中的是由多斯・桑朵司和馬爾戴勒主導的第五個計劃。面向太加斯河的「王宮廣場」今後改名「商貿廣場」（Praça do Comércio），並以軸線和北邊的羅西烏（Rossio）連繫起來，而兩地之間則規劃了棋盤式的街區格局，路與路均直角相交，屋舍式樣必須一致，沒有例外。王權的標幟如今只剩下矗立於「商貿廣場」上的約瑟一世雕像，而且教堂不再如此隨處可見，因為鐘樓不再納入新教堂的建築語彙。新城不再屬於貴族和教士階級，那是商賈和人民的里斯本城了。

葡萄牙國王終於在一七五八年五月十二日頒佈里斯本將依照新都市計劃重建的敕令，接著又在六月十二日公告道路規劃的藍圖[30]。

重建技術

如果想要重建一座將能承受得起強震考驗的都市，那麼首先就得考量會令地震的殺傷力變得如此猛烈的因素。當然，火災造成的損害不容小覷，不過那是因為房舍被震垮後，家戶用火蔓延開來而釀禍的。里斯本大地震的強度確實驚人，可是房舍的耐震情形也不理想。

早在一七五五年十二月十五日，得・巴須侯爵便注意到了：「房舍的建造技術不佳也是地震造成嚴重損害的一項原因，換成別的城市，也許情況不致如此嚴重。葡萄牙比任何國家都更精通切削石材、堆砌石材的技術，只可惜他們不懂得拉線堆砌方石（cordon de pierre de taille）的訣竅，以至於建築物都不夠穩固…另外，黏合建材用的砂漿其中的砂經常不符標準，況且石灰含量不足，因此很容易就化成粉狀[31]。」

培戴嘉敘（M.T.P）始終認為，儘管大地震時地表晃動得很厲害，然而假設當年起造房舍的時候能多考慮安全因素，那麼災情也不致於如此慘重。他的洞悉能力其實和專業的土木工程師不相上下，因為他竟能為里斯本建築物的通病提出一針見血的批評[32]：

房舍的牆角石由於不夠寬或不夠厚，以至無法和牆壁緊密結合。

II. 同一砌層的石塊其高度並不一致。

III. 窗戶上的石製窗楣和窗戶並非等寬，而且通常不和牆壁緊密結合。

IV. 牆壁都以大小不一的方石砌起，而且空隙所填充的砂漿（水、砂及石灰的混合物）品質低劣。

V. 石灰在使用前的冷卻時間過長，因已太乾，以至無法和砂充份混合。

VI. 製做砂漿之時，經常使用地基挖出來的泥土取代砂子。

VII. 泥水匠所使用的砂子幾乎都是海砂。

VIII. 生石灰以海水調製成熟石灰，以至鹽份破壞了此項材料的堅固性。

IX. 最後，屋頂的木構架並無拉力構件（tirants），而且大樑直接安放牆上，以至屋頂的全部重量壓下來，將牆壁向外撐。初震一發生後，牆壁和大樑分離，屋頂便坍塌了。

重建里斯本的時候，工程師顯然都已明瞭這些缺失，而且官方的新建築法規也制定改善措施，以期收到亡羊補牢之效[33]。

在「低地區」這處沖積地中，含水層（nappe phréatique）竟僅距地表3.5公尺處。建築物的地基利用拱券（arc）分散重量，而拱券則以木樁支撐

[34]。重建的房舍都是造型相同的簡單式樣，捨棄陽台以及其他向外突出的石製飾件，因為地震才一發生，這些都變成了奪命因素（西班牙大使就是被脫落的石製飾件砸中而喪命的）。

屋頂構架也開始具備了避震功能。這種椽木屋頂在房子內部形成有如鳥籠般的架構，和石砌的牆壁緊密接合在一起。

屋舍（maison）的建造以及其中套間（appartement）的規劃都已標準化了，並有「構件組合」（modulaire）的概念，也就是門、窗以及鑄鐵的樓梯扶手等等都以一定的規格大量預製，只要有人訂貨便可立即運至工地組裝起來[35]。

進度緩慢

計劃從設想到拍板定案需要時間，清運瓦礫、建築新的房舍，在在需要很長的時間。

一七六〇年九月二日，也就是大地震來襲後的第五年，到訪里斯本的義大利人巴雷提（Giuseppe Baretti）[iv]寫信給他的兄弟們道：「一座城市不像大家想像的那樣，說要重建便能迅速如願以償…我好整以暇地參觀了里斯本各處的廢墟…言語並不足以形容一幕幕的恐怖景象…觸目盡是堆積如山的瓦礫，從中挺出一堵堵翻倒的牆面以及斷裂的圓柱。我曾沿著一條長約四法里的街道前行，但幾乎只看到一幢未倒的建築物…我漫無目標地閒

[iv] 吉烏賽佩．巴雷提（1719-1789）係義大利的文學家、詩人兼評論家，平生善打筆戰。一七五一年，巴氏動身前往英國，並與撒繆爾．強生（Samuel Johnson）結為朋友。途經葡萄牙、西班牙與法國而返回義大利後，他寫信給自己的三位兄弟。一七七〇年，這批信件集結之後以英文出版，而法文版則譯自一七七七年的第三版。巴氏曾於威尼斯創辦一份名為《文學之鞭》（La Frusta Letteraria）的刊物，也因此與不少人結怨，最後不得不離開威尼斯。曾任教廷駐葡萄牙特使但後來與耶穌會教士一同被逐出葡萄牙的安科那（Ancône）主教阿吉埃伍歐里（Acciaiuoli）收留了他。

蕩，情緒因憂傷的思慮而極其低落。有名老婦突然使勁抓住我的手臂，並用另一隻手指著不遠之處說道：『外國人啊，你看見那個地窖嗎？以前那不過是我家不起眼的地窖啊！而如今卻變成我的棲身之處，因為我別無他處可去啊！』…可是，這不是很奇怪嗎？那場大地震和接踵而至的大火災畢竟已是多年前的事了，可是葡萄牙人每天仍重覆說著同樣的話：『里斯本很快就會重建起來，而且市容要比以前整齊、要比以前壯麗！』難道這是一蹴可幾的事[36]？」

班格黑（Pingré）議事司鐸（1711-1796）是巴黎聖傑妮維埃弗（Sainte-Geneviève）圖書館的館員，同時又兼巴黎科學院院士，在天文學上有傑出的造詣，他曾於一七六一年六月六日在印度洋上的羅德里格（Rodriguez）島觀測到金星淩日的天文奇觀。回程途中，他在一七六二年三月遊歷了里斯本城，但表現得似乎要比巴雷提樂觀：「王宮已從廢墟之中再度矗立起來，雖然高度不及以前，但是至少比較堅固，而且建築風格品味也比早先那幢高尚。儘管如此，國王並不打算住進此宮，據說里斯本的各級法院將會在此辦公，而且還要在此設立一個了不起的圖書館；此外，這棟建築的另一端則要充當國王的馬廄。他們計劃在這座宮殿的旁邊建造一個美麗的廣場，一個足以讓人忘卻昔日『王宮廣場』的地方。附近所有重新劃定的道路都將十分寬闊，所有房舍都將會是相同式樣，只是大小不同而已，其中幾棟業已竣工且有居民入住。在我看來，這些房舍既美觀又堅固，不過，如果考量到里斯本地層不穩定的情況，這些房舍建得未免太高了些。廣場旁邊就是一座山丘（或是乾脆稱它為山），不但很高而且陡峭，昔日山坡上面座落聖文生（Saint-Vincent）大主教教堂，如今該處僅剩一堆瓦礫而已。我不知道這一區的重建工作是否容易進行，至少在城裡其他地區尚未全部重建完竣之前，這一區應該都會像現在一樣荒涼破敗。等住宅的需求量增加，而且大家再也沒有空地可用之時，這片坡地才會被人重新利用。到那時候，里斯本的城區將會擴大，市容將更美觀，而且說不定人口還會多於大地震發生前的數目[37]。」

一七八〇年，專門為王室的婚喪喜慶寫作應景詩的作家茅里席歐（Miguel Mauricio）寫出了一首由九個篇章所組成的史詩《重建的里斯本》（Lisboa Reedificada）[38]。這首史詩長達九百詩節，每個詩節包含八個詩句（八行詩節，葡萄牙文稱oitavas）。它幾乎用盡了希臘羅馬神話中的典故，對於國王和重生後里斯本的榮耀竭盡頌揚之能事。

其實一直要等到十九世紀初，里斯本的重建工作才算真正完峻…。一八六五年，巴黎的律師蘭（Jules Lan）在葡萄牙國王路易一世陛下御醫的陪同之下參觀里斯本的羅西烏廣場時不禁驚嘆道：「多麼宏偉的規劃、多麼壯麗的風貌！哎！假設你們像我們一樣有個名叫郝思曼（Haussman）的市長，假設你們能推行郝思曼式的都市計劃，哪怕只有一個月的時間也好，那麼很快就能把里斯本變成一座仙境般的京城！夕馬斯（Simas）御醫是個極具天分和機智的人才，這時他把奧古斯塔（Augusta）路的凱旋門指給我看（這個工地三十年前就存在了），並且說道：『您看到的鷹架從二十五年前開始便向一家英國公司承租至今，用那筆租金來建凱旋門的話幾年之內就該建好了。哎！要是你們的市長在這裡就好了！』[39]」

一直到一八七二年，建築師內波穆賽諾（João Maria Nepomuceno）才獲指派，負責「天主之母」（Madre de Deus）教堂的重建工作。至於杜・卡默（do Carmo）教堂則始終未被重建起來：「基本上，杜・卡默教堂的現狀和它被大地震震垮後的光景沒有太大不同。曾經有好幾次計劃將它重建起來，瑪麗亞一世女王是歷代君王中對這項計劃表現得最積極的，然而也許因為國庫空虛，也許因為女王的興趣未能維持，修葺的部份屈指可數[40]。」

大地震對政治的衝擊

一七五五年的大地震發生後，葡萄牙的經濟和政治情勢的演變受到三個主要因素所支配：其一是該國和英國的商貿關係；其二是耶穌會在葡萄牙以及殖民地巴西的重要性與日俱增；其三是首相得．卡拉瓦約這一人物（亦即未來的蓬巴勒公爵）。我們首先來探討蓬巴勒公爵。他在大地震之後權勢地位陡增，這在一段時間之內有效遏止了英國人對葡萄牙的經濟侵略，另外還減弱耶穌會的勢力，最後得以將其逐出王國。

蓬巴勒侯爵（Le Marquis de Pombal）

賽巴斯提奧．約瑟．得．卡拉瓦約．埃．梅洛（Sebastião José de Carvalho e Melo, 1699-1782）出生於里斯本。他是一個小貴族家庭十二個小孩中的老大[41]。在他父親過世之後，整個家庭陷入經濟拮据的困境，平時大部份只能仰賴一位擔任大司鐸的叔伯接濟（這位叔伯名為保羅．得．卡拉瓦約．埃．阿泰伊德（Paulo de Carvalho e Ataíde））。得．卡拉瓦約前後七年的時間裡專門負責照管其家族位於蓬巴勒小城附近的產業。由於這位叔伯的薦舉，他被召入宮中任職，後於一七三九至一七四三年間出任葡萄牙駐倫敦大使一職。在此期間，他用心觀察思考，想要弄懂英葡兩國在經濟、商貿及軍事各層面一強一弱的原因。一七四五年，他改任駐奧地利維也納的大使，並於次年在奧國女皇瑪麗-泰瑞莎（Marie-Thérèse）的祝福下再婚，對象是女侯爵道恩（Daun）。後來，葡萄牙國王約卓奧五世（João V）臥病，攝政女王瑪麗-安娜（Marie Anne d'Autriche）將他召回國內，並於一七四九年任命他為外交及戰爭部部長。卓奧五世崩殂之後，得．卡拉瓦約在新王約瑟一世（José Ier）的任內（1750-1777）開始嶄露頭角、發揮才華，並且幾乎登上了權勢的頂峰，另外兩位部長和他相比全都黯然失色。因此在大地震來襲之時，他自然地成了救災的核心人物，並且採取許多創舉。一七五六年五月五日，他被任命為「王國事務官」（職位約等於首相）。三年之後，他受封為俄埃拉斯侯爵（comte d'Oeiras）。至於蓬巴勒侯爵（marquis de Pombal）的封號則是一七七〇年時才頒給他的，而那年他已高齡七十一了。他也以最後這個封號名垂青史。

得・卡拉瓦約在推行里斯本重建大業的同時，亦開始擘劃振興葡萄牙經濟的策略，可是這項策略卻和英國人的利益產生了衝突。為了扶植工業及商人，他處心積慮要創造出葡萄牙的中產階級，不過此舉是以剝奪貴族之既得利益（得・卡拉瓦約本身不屬於此一階級）為前提的，並且為他招來忌恨。雖然他本身是虔誠的天主教徒，卻也著手限制教會的勢力，尤其是耶穌會的，因為該會（特別是在巴西）頗令他煩惱。一七五八年有人企圖暗殺國王，幸好陰謀未能得逞。藉此機會，他為一部份的貴族以及耶穌會修士栽了大逆不道的罪名（史稱Távora- Aveiro之亂），不但屠戮幾個大家族的成員，並且在一七五九年將耶穌會逐出葡萄牙。

他的兩位兄弟成為他最得力的助手：保羅・得・卡拉瓦約・埃・門冬薩（Paulo de Carvalho e Mendonça, 1702-1770）是該國宗教裁判所的審判長，而法蘭西斯柯・沙維耶・得・門冬薩・傅爾塔多（Francisco Xavier de Mendonça Furtado, 1700-1769）先是巴西葛勞翁-巴拉（Grão Para）和馬拉堯翁（Maranhão）兩省的總督，後又出任葡萄牙海外殖民部的部長[42]。

早在一七五五年十一月十五日，得・巴須侯爵就以密碼寫了一封外交函件給凡爾賽宮報告道：「葡萄牙首相的行事作風越來越專斷，很少有哪一天沒聽見他頒佈新的鐵腕政策[43]。」首相的威權一年強過一年，終於引發強烈的抗拒。約瑟國王於一七七七年駕崩後，瑪麗亞一世女王立即將他撤職，而他差一點就被逮捕並且遭受酷刑的折磨。最後，他含恨死於自己的領地蓬巴勒。

英國人與葡萄牙

英國與葡萄牙長久以來便已結為盟國。一六五四年，葡英兩國簽訂條約，後者有權使用里斯本港做為其海軍基地，此外，其紡織品亦可順利打入葡萄牙市場。做為交換條件，英國則願意協助葡萄牙對付西班牙。葡萄牙於一六四〇年擺脫西班牙的控制而獨立[v]，不過後者遲至一六六八年才承認此一事實。葡萄牙國王卓奧四世（João IV）的女兒凱薩琳・得・布拉甘薩（Catherine de Bragance）於一六六二年下嫁英國國王查理二世斯圖亞特。

一七〇〇年，路易十四的孫子安茹的腓力（Philippe d'Anjou）繼承西班牙的王位，即史稱的腓利普五世（1700-1746），結果隔年即爆發了「西班牙王位繼承戰爭」，英國、葡萄牙、神聖羅馬帝國等國聯手向法國發動戰爭。葡萄牙對於西班牙在腓利普二世時代將其併吞一事依然耿耿於懷，此外又擔憂西班牙新國王有了法國撐腰，可能將要實現擴張領土的野心。於是，葡萄牙和英國的關係更形密切了。

一七〇三年，兩國簽署所謂的「梅吐恩條約」（Traité de Methuen），促成其事的是英國大使約翰・梅吐恩（John Methuen, 1650-1706），最後由繼承其職位的兒子保羅（Paul）簽署。這紙條約內文僅有兩條，重新議定葡萄牙必須購買英國的紡織品，而葡萄牙的葡萄酒銷往英國時，稅金僅需繳交輸英之法國葡萄酒的三分之二。這樣一來，英國人捨法國醇酒改喝葡國佳釀就成了一項愛國行動。這紙和約當然助長了斗羅河（Douro）河

[v] 腓利普二世於一五八〇年併吞葡萄牙，直到一六四〇年才由布拉岡斯（Bragance）王朝爭取了獨立。

谷葡萄種植業的發展，可是那些葡萄園很快就變成了英國的獨佔地盤。於是，起初被葡萄牙談判代表視為有利可圖的條約最後證明對於該國並無益處。實際上，英國佔了貿易順差的一方，而葡萄牙從巴西獲得的黃金便源源不斷流到英國去了。

在薩德侯爵（marquis de Sade）出版於一七九五年的書信體小說《阿琳娜與瓦爾庫》（Aline et Valcour）中，有位名叫薩爾密恩多（Sarmiento）的葡萄牙人向法國人瓦爾庫解釋葡萄牙受英國宰制的原因：「由於貴國王權勢力不斷擴張，我們才不得不躲在英國的臂彎裡…波旁王朝才一繼承西班牙的王位，我們立刻不能再把你們視為盟友，而是認為你們已然成為我們最可怕的敵人。西班牙有求於你們的，正如葡萄牙有求於英國人的，而我們看到的英國人卻個個蠻橫霸道，只會抓住我們的弱點趁虛而入。我們在毫無防備的情況下與英國建立起緊密的關係。我們允許英國的布料輸入葡萄牙，卻沒料到此舉對於本國工業的戕害，也沒想到英國賺取極大利潤之後，對於我國卻無任何回饋。他們一旦取得這些既得利益，我們經濟崩潰的年代也不遠了。我們的工廠不僅紛紛倒閉，英國人開的工廠不僅消滅了我們的工廠，我們賣給他們之食物的總額遠不及我們向他們購買之布料的總額，因此，我們不得不把從巴西運回來的黃金轉手讓給他們。滿載金銀的武裝商船都還沒沾上里斯本港的水就直接航向他們的碼頭[44]。」《前夏特雷公爵之葡萄牙遊記》（Voyage du ci-devant duc du Châtelet en Portugal）說得更加嚴重：「葡萄牙王室無法支配本國的產品，無法掌控自己的海港，無法自己決定與何國結盟。葡萄牙的沃土都在為貪婪的外國人生產東西。我國的工廠或是作坊不是倒閉就是苟延殘喘，一切辛勤勞動只為促進曼徹斯特及伯明罕的繁榮[45]。」

古德（Pierre-Ange Gouder, 1708-1791）是十八世紀典型的知識份子、文學家兼投機份子。卡薩諾瓦在倫敦結識他後曾形容他「機智過人、會拉皮條又愛詐賭，是警察的線民同時專做偽證，不但招搖撞騙、大膽妄為而且相貌奇醜[46]。」的確，古德從淫媒的角色以及詐賭技倆撈取錢財，不過，他對於一切都有自己一套獨特的看法，筆下文章的主題算得上五花八門，尤其很關心政治經濟方面的問題。他很早就呼籲重視農業與繁衍人口的重要性，而且或許是重農主義的啟迪者[47]。

一七五二年，法國政府派遣古德到葡萄牙從事類似於間諜的工作，目的在於決定法國如何制衡英國的經濟策略[48]。他在葡萄牙停留兩年，並且出版全名如下的著作：《一七五五年十一月初一侵襲里斯本之大地震的歷史敘述，兼論葡萄牙在政治上或許能從不幸的泥淖中獲取利益。作者將會披露英國至今所採取之顛覆葡萄牙王權的策略》。伏爾泰在撰寫《憨第德》時極有可能讀過上述的著作。

古德說到英國人時絕無半句好話…但對葡萄牙人的觀感也是負面居多：「天主安排我在一七五二年來到葡萄牙，我認為祂將我扔進歐洲政治混亂的中心點。本人覺得該國已被接二連三的大動亂弄得精疲力盡，又被各種秘密宗派逼得瀕臨崩潰，然後再被自己的財富搞得一貧如洗。全國人民都陷入最愚昧的迷信中，其風俗習慣和蠻邦毫無二致，統御國家的無非是亞洲的作風。葡萄牙空有歐洲國家的虛名，王權徒留空殼，威勢僅存幽影。在這世紀，加諸葡萄牙的致命一擊便是它對某一外邦的盲目信任。此一外邦野心勃勃，貪婪追求國族榮耀以及霸權，起初假意伸出援手，隨後即施鐵腕壓榨。巴西的金礦已然成為英國的禁臠。葡萄牙不再能夠掌握自己的資源。這個國家充斥英國籍的百萬富翁，他們享用王國所有的財富，葡萄牙人不再擁有任何東西。雪上加霜的是，大自然也不饒他們。天地間各元素取代無能的政治體。大地裂開，吞噬地表的人。我認為葡萄牙能從不幸的泥淖中獲取利益[49]。」他接著說：「可是有人或許要說，為了矯治某些國家的糊塗盲目、令他們明瞭自身利基何在，難道大地非得裂開不可？難道許多省份非得搞得天翻地覆不可？難道一座又一座的城市非得被吞入地底下不可？沒錯：我要勇敢說出這個見解。就某種意義而言，這種毀滅勢在必行。好比河水過多就得氾濫，如此河流方能留在天然的河床中，所以，國家必需藉由天災人禍讓自己的一部份受到破壞，如此它才能夠振作起來。災禍過後，人們的心智中光輝方能重現。政府經過大地震的淬煉，人們便能消除偏見，看清秩序如何混亂不堪，而在先前，上述脫序情況和外國人的涉入極有關連。」

古德舉例說明葡萄牙如何受制於英國，而且這種依賴關係如何導致該國無法發展本土工業：「光在五金用品的貿易上，英國就從葡萄牙賺取極為驚人的利潤。一磅的鐵製成用品之後，價值陡增了五十倍。英國的鐘錶工業便足以令葡萄牙傾家蕩產。製造一只錶所需的原料只值五蘇銀子，可是成品一旦出口，有時便可賣到一百磅銀子。」

至於巴西的黃金儼然成為滋養英國霸權的源頭活水。你只能在倫敦的市場上找到產自巴西的黃金。葡萄牙錢幣在倫敦的流通量比英國錢幣更多：「在倫敦市，卓奧五世的頭像要比英國君王喬治二世的頭像更容易看得到。」

作者下的結論是：「如今葡萄牙正處於重生的階段。那場全面性的災難讓大家回到一無所有的平等狀態，它從根基剷除一切奢華。一場全國性的變故將人心緊緊結合起來。那麼就是偉大改革家一顯身手的機會了！」

耶穌會修士出版的《特亥伏報》（Journal de Trévoux）為古德的這件作品寫了很長的一篇評論，文章開宗明義說道：「這篇論文的作者幾乎要把葡萄牙的大地震視為該國手上的一張王牌，彷彿這是上天賜給他們擺脫壓迫和赤貧的良機，又彷彿是葡萄牙千載難逢的大恩惠。這個觀念以教人目不暇給的方式呈現出來。此文雖然不長，但吾人輕易便看出其實內容囉囉嗦嗦，根本一兩頁就可以把事說完[50]。」我們不得不承認，這段評論真是一針見血！

葛林姆男爵則認為古德「這人小有機智，然而判斷能力不足，文章亦無可觀之處，同時不知謹守中庸之道。就算沒有上述缺點，他也稱不上什麼一流人物[51]。」

古德有可能（甚至極有可能）和這位「偉大的改革家」得・卡拉瓦約見過面，並且體認到對方有關葡萄牙現代化的觀點和思考正和自己的見解不謀而合，但宗教裁判所或許屈從於英國人的施壓，而在一七五六年十月八日公開譴責該篇文章，指它「妖言惑眾、煽動暴亂，極有可能破壞葡萄牙國內的和平以及涉外關係[52]。」

得・卡拉瓦約毫不遲疑開始打擊英國的勢力，比方為了重建里斯本城，他下令對進口貨品開徵百分之四的稅金。英國人群起抗議，並向倫敦當局求助，但得・卡拉瓦約也不因此打退堂鼓，反而堅持一項原則：使用里斯本港設備的主要使用人應該分攤重建設備所需要的費用[53]。

早在一七五六年，得・卡拉瓦約便設置了名為「斗羅河上游農產及酒品總公司」（Companhia Geral da Agricultura e vinhos do Alto Douro）的機構，對波多葡萄酒的生產及貿易進行壟斷性的操作。該公司明訂酒價、監控品質並且清楚劃定葡萄酒的產地界限。「英國人因不滿而高聲叫囂，呼籲英商群起杯葛、令其破產，同時重申雙方已簽定的條約，並且揚言退出葡萄牙的市場。外交部出面強調，葡萄牙國王有權按照自己的意願支配本國的各種資源，同時也聲明道：如果英商認為葡萄酒買賣已經無利可圖，那麼他們大可以打道回國[54]。」

得・卡拉瓦約另外以殖民地巴西的省份名稱開設了兩家公司：「葛勞翁-巴拉與馬拉堯翁」（Grão Pará e Maranhão）（一七五五年）以及「斐爾那姆布柯與帕拉伊巴」（Pernambuco e Paraíba）（一七五九年），獨佔巴西蔗糖和菸草的生產與外銷。最後，他更創立「商貿會」（Junta do

Comércio），負責督導葡萄牙所有的經濟活動，並把「不列顛工廠」置於該商貿會的管轄權下。

反耶穌會運動以及「馬拉格里達事件」

一五四〇年由羅耀拉（Ignace de Loyola）所創立的耶穌會經過兩個世紀之後，已在歐洲各國以及海外的傳教事業上發揮很大的影響力，儼然成為不可小覷的政治強權。我們只需參考巴黎市議會在一七六二年八月六日所公告的決議便可更加明瞭耶穌會對當局所造成的不安及疑慮：「上述組織由於其本質特殊，所有文明開化的國家都不應該接納，因為它和天賦人權背道而馳，戕害所有世俗的和宗教的權力機構，而且披著貌似堂皇的宗教組織外衣，企圖在教會內部及各國成立修會。這種修會真正熱切追求的目標並非福音書的完美境界，而是成為政治團體，透過所有直接或間接的管道，透過私下或公開的管道，持續不斷進行活動，妄想贏取無條件的獨立，進而逐漸取代一切權力機構[55]。」

耶穌會在葡萄牙和該國的殖民地（尤其是巴西）對於得・卡拉瓦約意欲推動的政治計劃形成了阻礙。得・卡拉瓦約期盼葡萄牙能脫胎變成一個現代國家，是中央集權的、是專制精神的，而且教會勢力必須減弱，如同路易十四那種「開明專制」君王統治下的法國。

得・卡拉瓦約並不缺少撻伐耶穌會的理由（名正言順的或者似是而非的）。耶穌會早在一六一〇年便在西班牙殖民地巴拉圭境內瓜拉尼（Guarani）印第安人的世居之處成立了以宣道為目的的土著聚落。這類神治的社區在耶穌會嚴密的掌控之下享有半自治的特權。

一七五〇年一月十三日，葡萄牙和西班牙簽定「劃界條約」（le traité des Limites），以烏拉圭河為界，清楚劃定兩國各自的領土。這紙條約造成七個瓜拉尼的宣道聚落從此改隸於葡萄牙，此舉引發印第安人極大的不滿，因為先前葡萄牙的殖民者就已時常攻擊他們。得．卡拉瓦約採行解散此類印第安聚落並鼓勵葡印通婚的策略，以便增加殖民地巴西的人口。此舉和耶穌會的本意完全相反，因為該會創立宣道聚落的目的，正好在於保護印第安人免受殖民者的剝削奴役，同時阻止那些土著被西方人同化。在耶穌會的支持下，七個宣道聚落中總共三萬名的瓜拉尼人群起叛亂。一七五六年一月，西班牙和葡萄牙軍隊成功地鎮壓了造反行動。從此以後，得．卡拉瓦約首相就更加相信，耶穌會的確是妨礙他遂行政治理想的一股阻力[56]。

一七五九年七月二十一日，他下令驅逐或監禁巴西的耶穌會修士。

另外還有一樁事件令得．卡拉瓦約更有藉口譴責耶穌會修士（以及貴族階級）：一七五八年九月三日，葡萄牙國王約瑟從情婦泰瑞莎．得．羅雷納．埃．塔伏拉（Teresa de Lorena e Távora）—她是年輕之塔伏拉公爵的美妻—家裡走出來時，有人朝他的馬車開了兩、三槍，傷及國王的肩膀。叛黨首領正是葡萄牙兩個最大家族的族長，亦即阿維羅（Aveiro）公爵以及塔伏拉老公爵（亦即泰瑞莎的父親），兩人都極端痛恨得．卡拉瓦約。叛黨的首領於十二月間遭到逮捕，經過特別法庭「最高叛亂法庭」（Suprema Junta de Inconfidencia）的審判，被認定犯了褻瀆君主及叛國兩罪[57]。一七五九年一月十三日，阿維羅公爵以及塔伏拉老公爵被處以車裂酷刑，屍塊遭焚燒後骨灰再被扔進大海。年邁的塔伏拉公爵夫人遭到斬首，兩大家族的成員大部份被處死並遭焚屍。那位情婦則被送進修道院裡了卻餘生。

耶穌會修士被控參與了上述的暗殺行動。一七五九年一月十一日，塔伏拉公爵夫人的聽懺神父馬拉格里達（Gabriel Malagrida）以主謀的罪名遭到逮捕，並和其他幾位耶穌會士一起鋃鐺下獄。

馬拉格里達是出生於一六八九年的義大利籍耶穌會修士。他曾至巴西傳教，接著出任葡萄牙國王卓奧五世以及約瑟一世的聽懺神父，深得兩位國王的尊崇。儘管他已博得聖潔的美名，但卻不受得．卡拉瓦約的青睞，因為他曾譴責巴西馬拉堯翁（Maranhão）省總督對於印第安人的掠奪行徑，而該名總督正是首相得．卡拉瓦約的親兄弟[58]。馬拉格里達似乎覺得口誅尚不足夠，於是更在一七五六年的下半年出版了一本名為《一七五五年十一月初一里斯本大地震之真正原因》（Jugement sur la cause véritable du tremblement de terre qui advint à Lisbonne le premier novembre 1755）的小冊子[59]。在這個大量抄錄聖經與拉丁文學引文的作品中，作者的論證是：該場災厄的肇因絕非自然現象，而是上帝所施加的懲罰。馬拉格里達義正辭嚴地宣告道：「哎，里斯本，你該明白，摧毀如此多房舍與宮殿、如此多教堂與修道院的元凶，屠戮如此多居民、令如此多財寶遭大火吞噬的主謀不是彗星，不是星辰，也不是地底蒸騰上來的毒氣，更不是任何其他大自然的現象，而是我們那些令天主忍無可忍的罪愆…然而，天主慈悲為懷，事先並非不曾給予世人警示，並非不曾藉由先知的嘴告誡我們…由於神的昭告以及先知諸多預言乃不可否認之事實，所以難道有人還要頑固宣稱（天主教徒當然不會，而是持異端邪說的人或是土耳其人及猶太人）：里斯本那場災難只是正常的自然現象，而非天主為嚴懲我們的罪愆所降下的厄運…哎，里斯本，但願你在重建家園時所表現出來的那份毅力與勇氣也能表現在悔罪的決心上！」文末，馬拉格里達宣稱：平息天主盛怒的唯一方法便是參加耶穌會的「靈修活動」[vi]，而且期間至少六天。

得．卡拉瓦約當然無法忍受這種唆使民眾放下手邊重建工作而去靈修的呼籲，但對方的鼓吹卻獲得當局的允許，甚至深受宗教裁判官的讚揚。在首相的觀點裡，這本小冊分明犯了「褻瀆君王」之罪，醜化葡萄牙在

[vi] 這是耶穌會創辦人羅耀拉（Saint Ignace de Loyola）所發想的制度。

外國人眼裡的形象，使葡萄牙顯得荒唐可笑。這種懺悔退隱的舉動只會導致里斯本的重建工作停滯不前[60]。一七五六年十一月，首相對教廷駐葡萄牙的大使阿吉埃伍歐里施壓，希望對方將馬拉格里達趕到塞圖巴勒（Setubal）。

馬拉格里達被驅逐到塞圖巴勒之後便寫信給另一位耶穌會的神父黎泰（Ritter）：「您想知道我的罪行嗎？那麼請讀一讀隨信附上的小冊子便可分曉。人家譴責我竟然膽敢挑戰如下這個在宮廷及城裡廣泛流佈有害的言論：『不應該將大地震歸咎於我們的罪愆以及天主的懲罰，因為那只是大自然的正常現象。』正因如此，我才會被控告、會被逮捕，並在沒有機會抗辯的情況下被人定罪。目前，我被逐出朝廷以及京城[61]。」

得·卡拉瓦約用一石二鳥之計對付馬拉格里達：一方面他使耶穌會捲入密謀暗殺國王的大逆罪裡，二方面他也再度明白昭告各界，馬拉格里達的反動員言論是當局無法容忍的。上文提過，大地震發生後的隔兩天。得·卡拉瓦約要求里斯本的樞機主教明令禁止神職人員四下向人說教或是提出預言，唯恐群眾的士氣遭受打擊。

但是此一禁令顯然沒能收到太大的成效，因為已經有人謠傳一七五六年十一月一日還將有另一場大地震來襲。這個預言在一封名為《十一月初一再度發生大地震之傳聞實為謊言》的信中受到駁斥[62]。同年，方濟會修士得·聖約瑟夫（Francisco Antonio de S. Joseph）出版了《論大地震對里斯本市民造成之恐慌》[63]。他在文中提到，撰寫此文的目的在於消除萬聖節大地震預言在群眾心中帶來的驚懼。他大聲疾呼要克服那種對於心靈健康不利的情緒：「有人斷言，某年某月某日將會發生比上一次地震更恐怖的地震，還有人言之鑿鑿，直說大海將會掀起巨濤，並且淹沒一里又一里的陸地。其實只需信任天主的仁慈，同時心平氣和地活下去就可以了。」

然而，里斯本的市民似乎對於上述那些論證充耳不聞，他們寧可相信神職人員的預言。這種局面不得不令得·卡拉瓦約感到憂心。

馬拉格里達以及其他受牽連的耶穌會神父都被認定犯了褻瀆君王的罪，可是卻不需要受罰，因為除非羅馬方面允許，否則絕不可能判他們刑。葡萄牙當局向教皇提出的判刑請求當然遭到拒絕。因此，除了為首的馬拉格里達被監禁起來之外，其他的耶穌會修士都赴羅馬尋求庇護了。

普魯士國王腓特烈二世在《七年戰爭史》中說道：「葡萄牙國王打算以懲戒性的處罰對付那場可惡陰謀的教唆者。他的忿恨合情合理，況且又有法律以及法庭支撐，那些耶穌會修士原本劫數難逃。教皇採取為他們辯護的立場，並且公開反對葡萄牙政府的舉措。不過，這批神父已遭放逐，再也回不去葡萄牙了。他們前往羅馬，當局全然不將他們視為叛徒或賣國賊，而是以接待義士的規格歡迎他們，認定他們先前為了信仰而英勇地忍受迫害。此舉將令教皇及其教廷受後世人的憎惡。羅馬教廷有史以來不曾鬧過這種醜聞[64]。」

腓特烈二世在另一本親撰的、類似孟德斯鳩《與波斯人書》的小說中（《中國皇帝派駐歐洲特使費希胡的見聞錄》（Relation de Phihihu, émissaire de l'empereur de Chine en Europe））[vii]，讓一位葡萄牙人和費希胡展開對話。那位葡萄牙人向中國特使說起：「我們國內有些極可恨的僧侶竟膽敢謀刺國王」，後者驚訝地回答道：「為什麼貴國國王不下令用木樁刺穿叛徒們的身體呢？」葡萄牙人答道：「無法如此處死神職人員…我國國王僅能將其驅逐出境，反正『大喇嘛』（le grand lama）會收容他們，將其置於自己的羽翼之下，為他們在里斯本所幹下的弒君之罪好好犒賞一

---

vii 普魯士國王腓特烈二世（1712-1786）是一位被低估了的法文作家。他除了寫出大量的法文書信以及《七年戰爭史》之外，還親撰政治與軍事方面的論文以及大量的詩作。另外，他也擅長像《香榭麗舍上的路易十五》（一七七四年）之類的諷刺文章，甚至嚐試莫里哀風格的短篇喜劇，例如《時尚之猴》（Le Singe de la mode）（一七四二年）以及《世界學校》（L'École du monde）（一七四八年）。

番。」費希胡於是下結論道：「說實在話，葡萄牙先生，你們歐洲的一切著實令人費解[65]。」

法國十八世紀哲學家孔多塞（Condorcet）在《反迷信年曆》（Almanach antisuperstitieux）中寫道：「葡萄牙國王被刺了[viii]。三名耶穌會修士被控教唆刺客行凶並且向其保證：他們的行為幾乎算是可寬恕的輕罪。最荒唐的是，葡萄牙國王在得不到教皇許可的情況下，根本不敢下令審問那些修士。更不可思議的是，教皇竟然拒絕了葡萄牙國王的請求，後者不得已只能將他們移送至宗教裁判所。裁判所認為被害人只具世俗身份，因此無法將弒君罪視為瀆神之舉，而最後在馬拉格里達七十歲時，以其年少時犯過的一些蠢事為由讓他認罪，以異端罪為名判處火刑[66]。」

馬拉格里達在牢中一關就是三年，然後以「假先知及偽信徒」的身份被押解至宗教裁判所。裁判所法庭很難說它公正不倚，因為首相的親兄弟保羅・得・卡拉瓦約・埃・門冬薩在這場審判中被任命為審判長。他判決馬拉格里達為異端，當時後者已經年邁癡呆。一七六一年九月二十一日，他先被絞殺，然後屍體移往羅西烏廣場公開焚燒，而從前一天起，他已全程經歷了批鬥大會。這是里斯本史上最後一次公開用火刑處死異端份子的儀式。

當然，加諸馬拉格里達身上的主要罪狀並非他宣稱大地震是天主盛怒的結果，因為宗教裁判所將很難找到恰當的駁詞。裁判所法庭因此只能指責馬拉格里達「以虛偽的態度以及最巧妙的謀略，成功矇騙了無法洞悉其居心的人，讓人誤以為他是聖徒以及先知，此舉和罪孽深重的怪物毫無二致。」輿論同時譴責他在獄裡寫成的兩本書：《基督敵人的生平與威權》

---

viii 在當時，謀刺君主的未遂罪等同已遂罪，例如一七五七年，路易十五「被刺殺了」的說法詳究起來不過只是刺客達米安（Damien）用小刀劃傷國王而已。

以及《聖母瑪麗亞之母，光榮之聖安娜其英勇與令人景仰之生平》。

宗教裁判所的判決書提到：「經過檢視，此二冊著作所包含的部份重點如下：『…聖安娜尚在娘胎中時，曾因憐憫而哭泣，也令援助陪伴的天使因憐憫而哭泣…』

『聖母瑪麗亞尚在娘胎中時曾以拉丁文說出安慰母親的話：“最親愛的母親啊，請你寬心，因為你已經在天主面前獲得恩寵。你將懷孕並將產下女兒，她的名字將是瑪麗亞，而且聖靈將會棲止在她身上，無需外力便能化成聖子，那拯救萬民的聖子。”』…

『耶穌基督的肉體乃由聖母瑪麗亞心頭的一滴血所化成，經由聖母從食物吸取的營養而逐漸長大，直到完全成形並且可以接納靈魂為止。先前，神性以及聖子的人格已經和那一滴血結合，與此同時，那一滴血也從聖母心頭降至腹腔[67]。』」

至於那本有關基督敵人的著作，我們發現作者斷言：基督的敵人有三位，亦即父、子及姪，後者將於二九二〇年誕生在米蘭，並將與普羅塞賓娜（Proserpine）結為夫妻。

光憑上述那些光怪陸離的言語便足夠判他異端罪了（就算體諒那是一個精神錯亂的老人所發的囈語也是一樣），但也極有可能只是控告他的人所捏造出來的。似乎也沒有人真正讀過那兩本書[68]，因此繆希（Paul Mury）寫道：「這兩本著作根本不存在，只是蓬巴勒刻意抹黑馬拉格里達才編出的書名[69]。」

米聶（Migne）修道院院長在《基督教徒傳記字典》（Dictionnaire de biographie chrétienne）中說道：「馬拉格里達判決書中提到的幾段引文幾乎可以判斷出自諾賀貝（Norbert）神父之手。他是得·卡拉瓦約御用的文膽，拿錢辦事，化名為普拉戴勒（Platel）修道院院長。」這位諾賀貝神父（1707-1769）是一位教人好奇的人物，有點像是教會中的投機份子，也是得・卡拉瓦約在對耶穌會發動鬥爭的過程中所利用的工具。他是一位法國籍的嘉布遣會修士（capucin），真實姓名為皮埃賀・巴希索（Pierre Parisot）。他曾利用手段取得外方教會（missions étrangères）檢查長的職位，並成功將印度所有法國機構中的耶穌會修士排擠出去。卸除職務之後，他至各地旅行，曾在新教國家裡居留，並化名為居黑勒（Curel）。後來，他獲允許穿著俗服，並以普拉戴勒修道院院長的名義住在葡萄牙。他因寫作仇視耶穌會的文章而獲得得・卡拉瓦約的津貼。

如下這段出版於里斯本的反耶穌會法文詩一般相信出自其手[70]：「驅逐匪幫之後，里斯本終可以重新呼吸，美德佔了上風，王冠再度熠熠生輝；如果撒旦的使徒、惡棍的頭目、那黑心的馬拉格里達能在酷刑威逼之下招出種種惡行，如果他的那班臭名昭著的共謀能夠追隨他下地獄，那麼里斯本城將多幸福！」

卡薩諾瓦被囚禁在威尼斯的監獄時，在人家送來給他讀的勸善書中讀到一本《瑪麗亞・得・阿格蕾達修女[ix]的神秘之城》（La cité mystique de sœur Marie de Jésus appelée d'Agreda）。他轉述道：「天主親自囑附那位修女為自己的母親聖瑪麗亞撰寫傳記…修女敘述的起點並非聖母誕生那一刻，而是聖安娜無垢懷胎的那一刻…」卡薩諾瓦下結論道：「也許馬拉格里達神父是在拜讀《神秘之城》之後，為聖安娜立傳的天份才被激發出來，不過那位可憐的耶穌會修士也因此殉道了[71]。」

此外，如果我們願意相信宗教裁判所法庭發佈的判決結果，馬拉格里達應曾宣稱「自己始終不明白，別人為何總不相信他說的真理，不相信他發誓過後所提出的聲明，卻認同某些修女所陳述的事。那些修女不像他那

[ix] 瑪麗亞・得・阿格蕾達（Marie d'Agreda, 1602-1665）係方濟各會修女，同時也是西班牙阿格蕾達（Agreda）無玷始胎（Conception Immaculée）修道院院長。她曾自述看見天主向其顯靈，命令她撰寫聖母瑪麗亞的傳記。

樣受過折磨，貢獻遠遠不及他大，比方瑪麗亞・得・阿格蕾達修女即為一例。」

此外，判決書的作者似乎覺得上述那些異端邪說仍嫌不足，於是又加碼補充道：「教廷聖職部的法庭獲悉，被告在宗教裁判所監牢裡歇息的時候，以為神不知鬼不覺，時常傾其全力做出別人不好說出口的、無恥的動作。與他同囚一室的獄友對於是項行為憤慨不已，為了拯救自己的靈魂免於墮落，因此請求獄方讓其另闢別室拘禁。」誠如繆希所言，這名如此在乎靈魂救贖問題的獄友其實是一名「惡劣的教士」，因被首相以金錢收買才做偽證。

馬拉格里達的審判與處決在啟蒙時期的歐洲引起極大的迴響。早在一七六一年，判決書全文便已在里斯本被翻譯成法文與義大利文，並且流傳到歐洲各國的朝廷裡，目的也許在於：讓該場處決在面對歐洲的輿論時能提供合理的解釋[72]。

一向不太給耶穌會好臉色看的伏爾泰於一七六一年十月二十四日寫道：「對於燒毀馬拉格里達修士遺體的事，本人並不特別氣憤，但我對那六位遭受火刑伺候的猶太人則特別同情[73]」。然而在十一月二十七日寫給利希留公爵的信[74]中，他卻忿恨難消地提到：「馬拉格里達也不過才七十四歲，手淫也非十惡不赦的大罪過，誰教天主恩賜他勃起的功能呢[x]？這可是史上頭一遭有人因為這項天賦而被判處火刑的。人家以弒父之罪名[xi]控告他，可是判決書卻通篇指責他，說他堅信聖母之母聖安娜也因無玷始胎而生，指責他堅信聖母瑪麗亞不止一次接待大天使加百列的到訪。這個事件教人不寒而慄、教人心生憐憫。宗教裁判所果真找到教人由衷對耶穌會教

---

x 伏爾泰在此回應宗教裁判所判決書中所言：「做出別人不好說出口的、無恥的動作。」

xi 謀害君主在當時等同於弒父重罪。

士寄予同情的秘方了！我寧願生為黑人也不要做葡萄牙人。真是欺人太甚的卑鄙技倆，假設馬拉格里達真有參與刺殺國王的密謀，那麼為何不敢訊問他，讓他與人對質，然後審判他，將他定罪呢？如果你們這些迫害馬拉格里達的人懦弱低能到不敢審判一宗弒父案，那麼又何苦自貶身價，以雞毛蒜皮的事勞動宗教裁判所定人死罪呢？」伏爾泰在《猶太教教士阿基普之講道》（Sermon du rabbin Akib）再度提起這個案件[75]。此外，他在《路易十五時代之摘要》（Précis du Siècle de Louis XV）中亦寫道：「該事件不但極其荒唐可笑而且教人聞之毛骨悚然。馬拉格里達受審的理由竟然只因他以先知自居，又因瘋癲而非弒父重罪被判火刑[76]。」

當時社會普遍瀰漫著反耶穌會的心態。「擁有巴黎大學法學學士文憑的波吉（Jean-Luc Poggi）大人擔任科西嘉學院的永久秘書」，他在一首名為〈榮耀的耶穌會修士馬拉格里達神父〉的短詩中描述，該位神父抵達地獄之後，隨即由「憤怒」（la Rage）領他去見馬基維利（Machiavel）：「馬拉格里達踵隨其後。他的目光呆滯陰沈，不斷啜泣嘆息，在在顯露他的絕望。憤怒說道：『馬基維利，我為你領來一位配做你這帝國的臣民。你看他嘆聲連連，這不是出於懺悔，而是因為時運不濟而心有未甘。』[77]」

得・隆商（Pierre de Longchamps, ?-1812）修道院院長這位平庸的作家曾在一七六三年完成一部名為《馬拉格里達》的三幕悲劇[78]，一八二六年因譯自葡萄牙文而再版[79]。此書言明獻給得・卡拉瓦約，序言的字裡行間充滿濃厚的奉承味道：「由於您的支持厚愛，在下出版這本以您為主人翁的悲劇。單憑這項優點即能確保此書大受歡迎，否則在下才疏學淺，豈敢寄予此種厚望？」接著他在下文繼續說道：「有人搬弄是非，硬說耶穌會修士是其敵人不公不義以及尖刻仇恨下的受害者，其實連他們自己也不會相信這位說法。在下要以此書來堵他們的嘴…至於馬拉格里達這頭怪物據說愛上向他告解的塔伏拉公爵夫人，我在第一幕第一景也交代了這件淫行。」

在第一幕中，塔伏拉即被描繪成策畫刺殺約瑟國王的主謀。他慫恿「馬托斯（Mathos）、亞歷山卓（Alexandre）以及其他的耶穌會修士」，並且請求他們以大地震將再度來襲的假預言來打擊約瑟國王：

「重要的時刻終於來臨，藉由完美的策略，
我們將會看見布拉甘薩（Bragance）王朝的計畫一敗塗地。
這點我已向各位保證過了，而且，儘管
我因謹慎仍然擔心這項復仇行動有其危險，
我已覓得急欲為吾人復仇之朋友，
他們恨不得立刻用暴君的鮮血染紅雙手。
一切助我實現願望，而且利奇[xii]也將知道，
本人配做耶穌會創辦人之直裔。
我請各位四處散佈流言，只說專與聖徒為敵的人今晚必將身亡，
因為天主已將復仇的手向他高高舉起，
還說布拉甘薩王朝之君將於暴風雨中永眠。
死路等他一腳踏上，如果里斯本的居民驚惶不已，
就說此為天主旨意，況且本人早有預言。
務必將聖教之權威彰顯出來，
請把暴君執意顛覆聖教的居心公諸於眾，
此外，數天之內將有新的強震來襲，
大火將把葡萄牙從地基整片摧毀，
若非我的至誠禱告，天主盛怒之箭必將射向吾土。」

---

xii 利奇（Lorenzo Ricci, 1703-1775），於一七五八年五月二十一日獲選為耶穌會的總負責人。一七七三年，教皇克萊門十四世下令解散耶穌會，利奇被關進聖天使堡的監獄，兩年之後死去。

到了第三幕，參與密謀的修士被人出賣並被逮捕。全劇以得・卡拉瓦約的一句話做為總結：「去吧，用殘酷的刑罰伺候他們。」

有關馬拉格里達事件的爭論持續很長的時間。耶穌會以及對其友好的人將馬拉格里達描繪成一位聖徒與殉道者，而其敵營則努力不懈地繼續以最嚴重的罪名抹黑他，將他說成謀刺國王之毒計的擘畫者。一八六五年，也就是馬拉格里達被處以火刑後的一百多年，耶穌會神父繆希寫了一本《加布里耶勒・馬拉格里達事件之始末》（Histoire de Gabriel Malagrida）[80]。這本旨在為馬拉格里達脫罪的著作後來被作家卡米羅・卡斯戴羅・布蘭柯（Camilo Castelo Branco, 1825-1890）譯成葡萄牙文[81]。另一方面，耶穌會修士與馬拉格里達則在利維（Livet）[xiii]一八八三年出版的一本小冊《馬拉格里達的火刑儀式》（Autodafé du R.P. Malagrida）中被寫成弒君的叛逆之徒[82]。一八八八年，馬拉格里達的故鄉，也就是位於義大利北部科摩湖畔的梅納吉歐（Menaggio），為他豎立了紀念碑。

一七五九年九月三日，葡萄牙頒佈通告，譴責耶穌會修士為藐視王室權威的叛逆，接著，第一波將其驅逐出境的行動立即展開。

教廷駐葡萄牙的大使阿吉埃伍歐里（上文已交代過他對大地震的目擊報告）不遺餘力地抗議該國政府譴責耶穌會修士參與一七五八年九月三日的謀刺計劃，同時亦表達反對將其驅逐出境的立場。一七六〇年六月十五日，葡萄牙政府以教廷大使館在王弟大婚之日不曾張燈結綵的細故，悍然將阿吉埃伍歐里大使也驅逐出境。事後，大使對來到西班牙巴達霍茲（Badajoz）向其致意的巴雷提訴苦道：「當時有人為我送來一紙文書，命令我在一小時內立刻離開里斯本，可是那五十名送來文書的士兵卻連一分鐘也不肯等待。他們的指揮官吩咐手下逼我立刻登上一艘小艇，完全不給

[xiii] 利維（Charles-Louis Livet, 1828-1897）係法國十七世紀文學的專家，對於莫里哀的研究成果尤其卓著。

我時間鎖上辦公室的門。等我橫渡太加斯河上了對岸，他們又馬不停蹄地在四天之內將我帶到西班牙的邊界開雅（Caya）城[83]。」

葡萄牙是第一個將耶穌會修士逐出境的國家。法國亦在一七六四年跟進，接著是一七六七年的西班牙，最後是義大利的那不勒斯及帕馬。教皇克萊門十四世也許也看出耶穌會對教廷的威脅，不過可以確定的是，他在歐洲各國君主的施壓之下，於一七七三年七月二十一日下令解散此一宗教組織。

得・卡拉瓦約至此擺脫了耶穌會這個心頭之患，然而馬拉格里達的《大地震之真實原因》卻在作者身後流傳下來，甚至在那場鬧得沸沸揚揚的火刑儀式舉行十年之後，里斯本仍有許多市民閱讀該本著作。首相忍無可忍，下令於一七七一年五月八日公開焚毀該書，這和其作者當年的命運一模一樣。

chapter 4

第四章

受大地震啟發之文學作品

早在一七五六年，作家夫黑洪即在《文學年度》（L'Année littéraire）中一首有關里斯本大災難的頌詩前面寫下一句打趣的開場：「席蓓勒[i]起痙攣，卡利歐普[ii]身受其益[1]。」

同一年，《特亥福報》（Journal Trévoux）提到：「里斯本的大災難引燃了某些文學家的寫詩欲望：這裡只提法國的作者，因為葡萄牙人還有其他大事需要操心，還有其他困擾需要排解。眼見如此重大的厄運而仍能興緻勃勃作詩的，恐怕只有旁觀者才辦得到。這就像拉丁哲學家呂克雷斯（Lucrèce）在其著作的第二章所言：『當狂風在海上掀起大浪時，從陸地上安然觀看他人如何忍受巨濤考驗，此亦樂事一樁[iii]。』」

羅瑞爾（B. Rohrer）在自己那本探討十八世紀法國文學如何反映里斯本大地震的博士論文中說道：「所有與時事相關的問題都能以詩作呈現。不管哪種事件都值得拿來借題發揮，以便抓住輿論的注意力或是為自己覓得一位保護人。於是經常湧現一大批的頌詩以及書簡體詩，或許為了慶祝王子誕生〔一七五五年十一月十七日，普羅旺斯侯爵（亦即未來的路易十八）出生〕，或許為了歌頌公爵打了勝仗〔一七五六年七年戰爭開打之際，利希留（Richelieu）公爵攻佔馬翁（Mahon）港〕，或許為了哀嘆里斯本的毀滅[2]。」

事實上，十八世紀的歐洲人（不管法國人、德國人、義大利人…或是災後的葡萄牙人）動不動就喜歡寫詩自娛娛人。說來奇怪，唯獨英國文學中幾乎找不到受大地震啟迪而寫出的重要世俗作品[iv]（宗教性質的宣道文倒有不少）。

---

i 席蓓勒（Cybèle）：意即「偉大之母」，希臘神話中的大地之母。

ii 卡利歐普（Calliope）：希臘神話中專司史詩與雄辯之繆司。

iii 拉丁文原文：Suave mari magno turbantibus œquora ventis / E terra magnum alterius spectare laborem.

iv 肯德利克（Kendrick）的專書《里斯本大地震》（The Earthquake of Lisbon）只收錄出版於一七五五年之兩首英詩的片斷，且其作者姓名未詳。

不過，受里斯本大地震觸發而產生的文學作品不僅詩作而已。直到十九世紀末，這場有名的大災難都還是許多劇本和小說處理的主題。

當然，要將這些文學作品一一加以檢視非但不可能，甚至不符合讀者的期待。不過，對於某些關鍵性作品稍加探討說明也不一定索然無味。對於部份讀者而言，這些作品或許稍嫌陌生，然其幫助釐清問題的價值卻是有目共睹的。值得注意的是，大部份的詩作都包含對天主的祈願，因此，如果將其歸入探討大地震的宗教迴響專章中也許亦無不可。

詩

葡萄牙文詩

里斯本大地震發生後不過才幾個月，葡萄牙詩人便開始以此為主題寫出詩作，和法國詩人的反應同樣迅速。上文引述過《特亥福報》的一篇文章，其作者所言與此一事實是頗有出入的。

葡萄牙詩人最喜用的文體稱為「八行詩節」（oitavas），也就是包含八句每句十一音節的詩節，押韻形式ABABABCC，咸信是義大利文學家薄伽丘所發明。「押韻八行詩節」（Ottava rima）一向是義大利古典敘事詩最常用的詩節，比方亞里奧斯德（Ariosto）的《憤怒的奧蘭多》（L'Orlando furioso, 1503-1532）以及塔索（Tasso）的《光復耶路撒冷》（La Gerusalemme liberata, 1575）都以此種詩節寫成。早在一七五六年，歐索里歐（Nicolau Mendo Osório）便已出版《大地震之八行詩節》（oitavas ao terremoto）[3]，而芳濟會修士得．聖約瑟（Francisco Antonio de S. Jozé）也出版了長達一百零一個詩節的《輓歌又名和諧之哀悼》（Canto fúnebre ou lamentação harmonica）[4]。

歐索里歐認為大地震起因於人的罪愆，天主毀滅了里斯本，故應懇求祂將一切恢復。至於得．聖約瑟則宣稱：無論是悲劇繆司梅勒波美納（Melpomène）的言詞或是阿波羅的豎琴都不能助其成就心目中的偉業，所以他只乞靈於天主之愛，唯獨聖靈能夠賜與他詩作中不可或缺的說服力。接著他描述了大地震的情況，結尾則把希望寄託於天主「仁慈寬宏的心」。

我們這裡就不再介紹戴勒．普里歐雷（Mary del Priore）[5]引述的幾位葡萄牙詩人達．席勒瓦．夫雷伊雷（Felix da Silva Freire）、卡拉瓦約．得．馬賽多．馬拉法伊亞（Miguel Carvalho de Macedo Malafaia）、達．席勒瓦．費基雷多（Antonio da Silva Figueiredo）、莫雷拉．得．阿茲維多（José Moreira de Azevedo）或是枯燥乏味之《里斯本大地震哀歌》（Elegia Sobre o terremoto de Lisboa）的作者達．克魯茲．席勒維拉（Antônio Dinis da Cruze Silvera）。不過，我們要花點篇幅特別介紹多斯．雷伊斯．金塔（Domingos dos Reis Quinta, 1728-1770）。這位詩人的朋友培戴嘉敘我們在上文已曾討論過了。

多斯．雷伊斯．金塔出生於里斯本的一個寒微家庭，早年在假髮店裡拜師學藝。由於他肯奮發自學，後來進入聖羅倫索（S. Lourenço）侯爵的私人圖書館服務，等到後者被首相得．卡拉瓦約拘禁之後，他便喪失了依靠。大地震奪去他僅有的一點財物，令他頓時變得一貧如洗。這種打擊並未改變他的寫作習慣，作品以戲劇和田園詩為主，其中已透出前浪漫主義的氣息。他也以阿勒席諾．密賽尼歐（Alcino Micenio）為筆名，加入創立於一七五六年的文學學院「葡國樂土」（Arcádia Lusitana）。

他的詩作有幾首即以大地震做為主題，包括一首〈森林詩〉（Silva）（通常是田園風格的詩，不過這一首並不是），主題談的是「一七五五年十一月初一悲慘的里斯本大地震」[6]，另外還有一首獻給首相得．卡拉瓦約的贊美詩、一首描寫〈大地震摧毀里斯本各教堂〉[7]的商籟詩（sonnet），以及另一首獻給聖安東尼的商籟詩[8]。他也曾經寫過四首商籟詩獻給歐埃拉斯（Oeiras）侯爵（這是一七五九年封給得・卡拉瓦約的頭銜），此事反應出作者顯然一度想尋求他的保護。

那首森林詩一開頭便遵循傳統向「永恆之光的至高創造者」祈禱，接著便是對大地震的描述，其中可以讀到那句膾炙人口的套語「在里斯本城一度座落的闊野上」（O largo campo, aonde foi Lisboa）。在該首詩的結尾中，作者哀求天主展現「無比寬厚的慷慨仁慈」，因為只有這樣，人類的惡劣罪行方能獲得饒恕。

至於那首贊美詩（églogue）則以該文類的典型標準來創作。詩中的主人翁牧羊人阿爾西諾（Alcino）—也就是多斯・雷伊斯・金塔本人—離開了草原地區，目的在於一睹被震成一堆廢墟的里斯本城。最後對於該城重建的期盼很明顯是說給首相得・卡拉瓦約聽的：

「牧羊人啊，不需再等太久，

你將看到里斯本從冷燼之中重生，

好比春季來臨，從光禿的枝幹

長出芳美的花[v]。」

至於那首〈大地震摧毀里斯本各教堂〉（La destruction des temples de Lisbonne par le tremblement de terre）的商籟詩則特別值得我們注意，因為以大地震為主題的十四行詩有如鳳毛麟角，也許這種詩體並不最適合用來表現上述的主題：

「天主，為了懲罰我們犯的悖行，

你摧毀榮耀的教堂，

你怎可將奉獻給聖徒的神聖拱穹

---

[v] Ah Rastor, tu versa em breve dias / Lisboa renascer de cinzas frias, / Asim como dos troncos desfolhados / Vês renascer na Primavera as flores.

化做一片狼籍廢墟？

怎麼，萬能的天主啊，你竟讓自己所化身

的聖體餅不再受人崇拜？

然而，這件事的神秘起因

只能怪罪我們犯錯。

為了斥責我們那極為可憎的過失，

祢甘願讓自己的祭壇崩毀。

為了處罰我們，

你寧可看著那祭壇化為土灰，

也不願讓它受到我們的褻瀆[vi]。」

這首商籟詩觸發了一個極為重要的問題：如果我們接受天主利用大地震來懲治罪人（我們將在下一章探討這個主題）的說法，那麼為何天主連奉獻給祂的教堂也不放過呢？為何天主要摧毀自己的聖殿呢？

這個問題長久以來便已困擾著理性的人。之前的一百多年，在義大利北部倫巴底地區，從一六五一至一六六二年擔任宗教裁判所總審判官的卻爾梅利（Augustin Cermelli, ?-1677）便在自己所寫的《約伯記評論》（Commentaire sur Job）中說道：「有一件事難免教吾人大感驚訝：為何天主降下大地震這災難時，並不同時保護自己的教堂，使其免於坍塌？大家一般都說，由於天主連自己的聖殿都不眷顧，那麼就能在罪人的心中引起極大恐慌，使其預見：自己的所做所為將招致更可怕的處罰。也可以說，

vi Por castigar, Senhor, nossos insultos / Os gloriosos templos destruiste: / Como a tam grande estragon reduziste / Dos proprios santos os sagrados vultos? / Que é isto, imenso Deus, deixas sem culto / A hostia em que teu puro corpo existe ? / Mas o que em nossas culpas só consiste / A causa de segredos tam ocultos ! / Para milhor ficarnos advertidos / De nossos atrocissimos pecados / Deixaste teus altares destruidos, / Pois quisestes, por ver-nos castigados / Ante vê-los a cinzas reducidos / Que por nossas ofesas profanados.

天主震垮那些神聖的禮拜所，目的在於懲治瀆聖之罪。天主當對以色列有罪的祭司發怒，以至於不肯寬待聖殿或是祭器[9]。」

我們了解，多斯・雷伊斯・金塔在最後三行詩節中的答案其實和卻爾梅利的看法是不謀而合的。

里斯本大災難發生約莫五十年後，多斯・雷伊斯・金塔的答案其實仍舊啟發著許多葡萄牙的詩人。一八〇三年，天主教修會奧拉托會（Oratoire）的成員得・阿勒梅伊達（Theodoro de Almeida）發表了一首包含六個篇章的長詩《毀滅的里斯本》（Lisboa destruida）[10]。這件作品亦以八行詩詩節連綴而成，出版目的在於回應「惡名昭彰的瀆神者」伏爾泰所寫的《里斯本大災難之詩》（Poème sur le désastre de Lisbonne），那首被他影射為「受地獄復仇女神煽惑，而非由基督教繆司啟迪的」作品。關於伏爾泰的那首作品我們將在下文詳加探討。

歐洲詩

一般人也許認為，西班牙詩人就算不比歐洲其他地區的詩人更受里斯本大災難的啟發而寫出更多相關的詩作，至少也應該和其他國家的詩人並駕齊驅才算合理。可是，實情完全不符期待，因為我們幾乎找不到相關作品。達席勒瓦（Xose Dasilva）在名為〈里斯本大地震對西班牙之影響〉（Réverbérations en Espagne du tremblement de terre de Lisbonne）的文章中提到：他千辛萬苦搜尋，才找出一首（可能是唯一的一首）有關里斯本大地震的詩作，而且還是遲至十九世紀下半葉才出版的詩作[11]。這首以八行詩詩節連綴而成的〈里斯本大地震〉（Terremoto de Lisboa），其主人翁為蓬巴勒公爵，作者係名為寇爾戴斯（José Cortés）的詩人。

巴岱里（Guido Battelli）在《同時代義大利作家記憶中的里斯本大地

震》（Le tremblement de terre de Lisbonne dans la mémoire des écrivains italiens contemporains）一書中感嘆道：「讀者或許會問，面對如此慘重的一場災難，義大利的詩壇難道悶聲不響嗎？雖然不致於悶聲不響，但詩作的品質完全配不上那個重要主題！」他只引述瓦拉諾（Varano）一人的作品[12]。

瓦拉諾公爵阿勒豐索（Alfonso）於一七〇五年生於義大利的費拉臘（Ferrare），一七八八年死於該城，曾經擔任過神聖羅馬帝國皇帝瑟夫二世（Joseph II）的侍從。他倣效但丁的《神曲》寫出了《異象》（Visions），其風格受到一八二〇年版本作序者的推崇：「詩作氣魄橫溢，充滿但丁式的壯闊[13]。」第七異象（全書包括十二異象）處理的主題便是里斯本大地震。

巴岱里並不贊同上述那位作序者恭維的觀點，他說：「講實在話，這件庸劣的作品完全無視於史實：大地震明明發生在上午稍早時分而非下午，而且為了修辭考量，經常以辭害意，動不動就是什麼『硫磺之巢』（Zolforoso nido）或是『搖擺之龜』（vacillanti testuggini），還有教人吃不消的拐彎抹角，例如把一分鐘說成『一小時分成六大等分，每大等分再分成十小等分』（une sei volta in dieci divisa parte di volubil'ora）等等！」看來，我們對於義大利當代的相關詩作不必再多著墨。

貝雷拉・得・坎普斯（Isabel Maria Barreira de Campos）寫的《大地震（一七五五年）》（O grande Terramoto (1755)）對於研究德國前浪漫主義文學中里斯本大地震的主題貢獻卓著。根據她的研究，在德國的文學和文化中，從沒有哪個主題能像里斯本大地震一樣影響如此深遠長久。在那年代，此一主題啟發了「滿坑滿谷的佚名作者」，但他們的想像力經常為逞一時之快而無視於史實的正確性[14]。

一般而言，十八世紀末的德國詩人經常耽溺於古希臘阿那克里昂（Anacréon）式的感官逸樂詩或是田園詩的創作，例如烏茲（Johann Peter

Uz, 1720-1796）、格萊姆（Johann Wilhelm Ludwig Gleim, 1719-1803）、馮．克萊斯特（Ewald Christian von Kleist, 1715-1759）[vii]以及這類詩人當中最出名的維蘭（Christoph Martin Wieland, 1733-1813）。當時代的文評家史塔埃夫人（Madame de Staël）曾評論道：「在所有以法國風格寫作的德國作家中，維蘭是唯一具備天分的[15]。」他們頌揚「樂土」（l'Arcadie）的理想之境，贊美田園以及牧人生活，但是此舉並不妨礙他們換個文體，以里斯本的大災難做為創作的主題。在他們眼中，里斯本象徵受神詛咒、受神厭棄的都市，陷溺在財富以及卑劣的行為中，逃不過被天主以大地震嚴懲的厄運。

烏茲在一七六八年的詩作〈地震〉（Das Erdbeben）中仍提及里斯本的那場大災難[16]。他對某些所謂的先知並無好感，對於大地震昭示末日審判即將來臨的說法完全不表贊同，他說：

「大地猛震，地表裂開，

吞噬海岸旁的高貴之城，

狂熱先知的嘴吐露訊息：

可悲世界將遭受更恐怖之災厄的威脅…[viii]。」

作者將那些先知比喻成在夜空中飛翔的貓頭鷹，牠們發出的淒厲叫聲令人聞之喪膽：

「時局動盪之際，先知蜂起，

善良百姓聽信其言，惴慄不可終日，

---

vii 請勿與另外一位作家罕利希．馮．克萊斯特（Heinrich von Kleist, 1777-1811）混為一談。罕利希寫出的名作有《洪堡王子》（Prince de Hombourg）、《公爵夫人 O》（La Marquise d'O）和下文我們將討論的《智利大地震》（Tremblement de terre au Chili）。

viii Die Erde hat gebebt und ihr geborstner Grund / Die Königinn am Meer vorschlungen / Und schwärzre Trübsal noch droht unsrem armen Rund / Von Schwärmender Propheten Zungen.

彷彿秋日枯葉又如脆弱蘆葦，

受那強勁西風吹搖。」

接著，烏茲感謝諸位繆司昔日以瓊漿玉液滋養他的內在，以至他的性靈得以保持寧靜。他這首詩的末四行以篤定的語氣說道：

「大地動搖之際，我的腦中

應該閃耀超凡思想：

即便整個世界坍成廢墟，

德性該受祝福，我的靈魂延續下去。」

維蘭青年時代的作品，在其他的「頌歌」（Hymnes）當中—包含〈太陽頌歌〉（Hymne au Soleil）及〈天主正義頌歌〉（Hymne auf die Gerechtigkeit Gottes）等—有一首名為〈天主無處不在頌歌〉（Hymne sur l'omniprésence de Dieu）[17]。維蘭在最後這首頌歌中感嘆道：「昔日壯麗都市，根基如此穩固，全不畏懼任何事故，如今不過幾分鐘的時間，為何消失了呢？愚昧人類出於傲慢所建築起來的石造屋舍，所謂對稱美觀之宮殿的石造屋舍如今安在？…瓦礫堆下葬送千百種德性敗壞的人、生活放蕩的人、專放高利貸的人，還有多少金玉其外的狂癲貨，多少貪戀虛名的朝官們，還有色慾薰心的牧師以及虛偽的聖徒，加上貪贓枉法的判官和不講究身教的教授，盲目崇拜偶像的人和不信神的人。反正形形色色的罪人如今七橫八豎地交疊在瓦礫堆下…」接著，他以聖經似的口吻說道：「大自然的創造者亦是大自然的原動力與統治者！祂教大地震動，祂令大地抖搖，祂從根基撼動大山…」

這首頌詩的最後一段文字是典型伏爾泰式懷疑論者所攻擊的對象，因為他們最不能忍受這種後語不搭前言的矛盾論點：「各位用心感受、仔細觀察，天主何其值得敬愛！信任祂的人有福了。」

敏登（Minden）的司鐸馮・巴爾（Georg Ludwig von Bar, 1701-1767）

因其優秀詩作而被冠以「德國最出色之法語詩人」的美稱。他曾從反對伏爾泰的立場出發，寫出名為〈逆境中之慰藉〉（Consolations dans l'infortune）的詩作[18]：

「人類因為宇宙的安排而怪罪天主：

『宇宙仍是一片混沌，一切依然缺乏秩序，

天主乃是拙劣的建築師，將這世界造得歪七扭八，

應該改變一切：天空、陸地以及海洋；

葡萄牙可怕的天翻地覆，

比起道德敗壞更加駭人聽聞；

元素間的相互碰撞，彼此間的恐怖衝突，

能教海洋震盪，能教陸地搖晃；

啊！亞當的家族啊！可憐的螻蟻啊！請你高聲叫喊：

所有美善盡歸天主，但是萬般惡事皆由吾人逆受。』

傲骨的人類以這種語氣向造物主發出不平之鳴。」

一七五六年，作家兼文學評論家高切德（Johann Christoph Gottsched, 1700-1766）引述一位佚名詩人有關里斯本廢墟的詩作並評論道：「罪人並非全部集中在里斯本：天主的震怒將不會饒過無法從這片廢墟記取教訓的人[19]。」

一七六九年，也就是大地震發生約莫十五年後，有位年方十八的年輕詩人連茨（Jakob Michaël Reinhold Lenz, 1751-1792）[ix]曾寫出一首包含六個篇章並指名獻給俄羅斯女皇凱撒琳二世的長詩〈災變〉（Die Landplagen）[20]。這位詩人在科寧斯貝格（Königsberg）研讀神學時曾修習康德所開的課。他在這首長詩的前五個篇章分別探討戰爭、饑荒、瘟疫、火災以及水

[ix] 連茨（Lenz）後來成為德國第一流的詩人及劇作家。他是歌德的朋友，同時亦是「狂飆運動」的急先鋒。

患等等災禍，而地震則為末一章的主題。毫無疑問，此一部份應該受到里斯本大地震的描寫所啟發。連茨描述：經歷三次強烈搖晃之後，里斯本便整片夷為平地：「先前那裡橫列著豪華的宅邸⋯不過才眨三次眼的工夫！如今都已灰飛煙滅。為了復仇，大地將其大口吞噬[x]。」他也描述海嘯現象：「大海發起狂怒，它讓一波又一波的巨濤向那震動的海岸湧去。多驚人的景象啊！」連茨提出當年流行的地震理論，也就是強風在地底深處的洞穴中鑽行，闢出一條路徑，而且從地表竄出時還伴隨烈焰並發出粗暴的鳴吼。

瑞士人齊默曼（Johann-Georg Zimmerman, 1728-1795）為阿爾高（Aargau）郡布魯格（Brugg）市的市聘醫師（stadt-Physicus）。他是德國文學家維蘭的朋友，同時也是哲學家，後來成為漢諾瓦選帝侯兼英國國王的私人醫師。

一七五五年十二月，他寫出一首七十行的詩〈里斯本之廢墟〉（Les ruines de Lisbonne）來頌揚天主之偉大[21]。接著，一七五六年七月，他又發表一首篇幅較長並且註腳極多的詩作〈論里斯本之毀滅[xi]〉（Sur la destruction de Lisbonne）[22]。

齊默曼很明顯是一位嚴格認真且責任心也強的作家，因為他知道如何克制自己的想像力，不教它喧賓奪主扭曲了史實。起首的兩個詩節把大地震比擬成最後審判，不過，在第一行他就寫道：「當全世界各角落的每種權勢全都搖搖欲墜之際⋯」（Wann in des alles Raum der Welten Kräfte wanken），然後在註解中進一步說明：「本人希望大家不要覺得我做的比喻言過其實。」接著為了證明自己所言非假，他更引述有關「地震當日整

[x] Prächtig liefen hier Reihen von Häusern ⋯ Drei Augenblicke! Nun ist sie nicht mehr. Der Rache der Erde Schlang Sie hinab.

[xi] 維蘭在一封寫給齊默曼（Zimmermann）的信中將該首正文比註腳要短的詩比喻成「鼠首巨腹」（une petite tête de souris sur une monstrueuse bedaine）。

片地表遭受破壞」（der grosse Tag der Zerstörung der ganzen Erde）的各種慘狀。到了第三詩節，作者先是寫道：「拱穹下方響起極駭人的轟隆聲響，千棟教堂旋即崩塌」，接著他立刻在註腳中補充說明，所謂「千棟教堂」只是形象化的生動比喻而已，並交代里斯本城坍塌之修道院及教堂的精確數目（二十間男修道院、八十間女修道院和四十間教堂）。

第八十詩行：「利貝拉（Ribera）！死亡無法奪走真愛」，註腳指出：「利貝拉侯爵是葡萄牙的貴族，大地震當天本來要與心上人得．盧寇斯（de Lucos）小姐舉行結婚典禮。當時他誤以為逃到海上最為安全，於是便與自己的父親和新娘登船。然而怒濤將不牢固的船捲上陸地，並令侯爵受到撞擊致死。」齊默曼交代了此一記載的出處：《里斯本大地震之實情敘述，一七五五年十一月十五日於巴黎獲准印刷並發行》（Relation véritable du tremblement terre arrivé à Lisbonne & c. Permis d'imprimer & distribuer à Paris, ce novembre 1755.）。

利貝拉侯爵的故事雖然說浪漫得無以復加，然其可信度卻極低。夫黑洪（下文中我們還會討論他）在《文學年度》（L'Année littéraire）中指出：「這是一篇隨興編出來的故事。作者我還認識，是他親口向我承認的。他說，某天早上因為百無聊賴，他便杜撰了這則新聞。後來每當他看到人家讀了之後信以為真哭了起來，就結結實實地笑上一頓[23]。」利貝拉的軼事大獲群眾注意，並被許多作者用做素材，只把人物姓名加以更改而已[24]。我們在下文探討馬賀商（Marchand）的滑稽悲劇（tragédie burlesque）《里斯本大地震》（Le tremblement de terre de Lisbonne）時還會回頭分析這個故事。在那齣滑稽悲劇的最後一幕裡，侯爵和他的新娘所登上的那一艘船被推上岸後即被地表的一處大洞所吞沒。

詩末一行「絕望之餘唯有生出堅信」，齊默曼在註腳中解釋道：「此處本人特別引以為榮的是：本人和維蘭先生的觀點相同…請參考他的《天主無所不在而且公正唯用》（Hymnes sur l'ubiquité et la justice de Dieu）。」

可供齊默曼利用的地震素材不止如此而已。一七五五年十二月九日瑞士勒・瓦萊（le Valais）地區發生的大地震又提供他發表另一首詩的機會：〈有關瑞士大地震的思考〉（Pensées à propos du tremblement de terre ressenti en Suisse）[25]。

達恩（Theo D'haen）[26]在書中提到：里斯本大地震那年代，荷蘭文學中僅有一首以它為主題的作品。這首長詩名為〈受榮耀與受屈辱的葡萄牙〉（Het verheerlykte en vernerderde Portugal），它鉅細靡遺地描述了那場大災難，是作者得・哈伊斯（Frans De Haes, 1708-1761）發表於一七五八年的作品。作者身為鹿特丹的商人，他和所有荷蘭人一樣，都非常小心水患的問題，因此特別關注里斯本的海嘯。他先前已經出版了一首有關一七四一年荷蘭大水災的詩作，如今也將其中某些成份移用到里斯本的這首詩上面。他和其他處理地震主題的詩人不同。因為他完全沒有指涉古典神話，只以純粹寫實的手法描寫該次恐怖災難的場面：「從頭顱，從腹腔，從大腿迸出腦漿、腸子、骨髓與血，全部都和灰燼以及殘片混在一起。」天懲降臨在惡貫滿盈和崇拜偶像的葡萄牙國，信奉新教的荷蘭應該引以為戒，以期繼續接受天主的恩寵，同時「增加國民福祉，海運事業、商貿以及漁業得以欣欣向榮。」

里斯本大地震的消息於十二月五日傳到丹麥的哥本哈根。早在一七五六年一月便有長詩〈里斯本可悲的毀滅〉（Lissabons ynkelig Undergang）面世，其作者係丹麥小城黎玻（Ribe）之路德教會虔誠派（piétiste）的主教布羅爾森（Hans-Adolph Brorson, 1694-1764）[27]。該作品的每一詩句包含十二個音節（即所謂的「亞歷山大詩行」），其特別之處在於它押的是「內韻」（rimes internes），也就是每一詩行前半句的最後一個音節和下一詩行前半句的最後一個音節押韻。布羅爾森認為里斯本是因為它的居民做惡多端才遭毀滅，然而，考量到克里斯提安・沃爾夫的神正論（théodicée wolffienne），他認為此種大災難實乃必要之惡。

瑞典詩人對里斯本大地震的關心程度亦不遑多讓，而且，如果從他們相關作品多次再版的情況來看，其受歡迎的程度是不難想像的。

出版於一七五七年的佚名詩作〈不幸的里斯本〉（Det olyckeliga Lissabon）使用了大洪水與最後審判等的聖經譬喻，並於一七七二及一七八四年兩度再版。另外一首佚名詩作〈有關里斯本廢墟的哀傷反思〉（Sorgerliga Tankar öfwer Lissabon Undergang）則影射聖經約伯記中的怪物利維坦（Léviathan）：「你啊，貪婪的大地，你和鯨魚一樣不知饜足，竟然親手謀害自己的兒女。」此一作品光在一七五七年便有數個版本，而且一直再版到一八四六年[28]。

諾爾登伏黎賀特（Hedvig Charlotta Nordenflycht, 1718-1763）是瑞典文學團體「思想之建構者」（Les constructeurs de la pensée）的成員，且被公認為瑞典文學史上的第一位女詩人，她從一七四四至一七五〇年間陸續發表一系列的詩作《北方牧女的女性思考》（Pensées féminines d'une bergère du Nord）。這些作品令她贏得「北方牧女」（Herdinnan i Norden）的外號。研究十八世紀瑞典文學的專家一致相信：她那首出版於一七五九年的〈關於出埃及記第三十三章第十八至二十節的頌歌〉（Ode I anledning af Exod XXXIII, 18-20）便是對里斯本大地震有感而發所寫出來的[29]：

「當那天使大軍歌頌祢的榮光，

我則贊美祢那無窮的威力；

然而，殘酷的大地吞噬了

自己所孕育的兒女。

他們身處危殆，卻無任何庇護。

在恐怖的瞬間，大地奪走

數以千計之可憐生靈的性命。

在這苦痛之中，難道無處可覓救援？

人類的生死不是由祢掌握嗎？

我的贊美變成了苦楚的嘆息[30]。」

我們不禁聯想起伏爾泰的〈里斯本大災難之詩〉（Poème sur le désastre de Lisbonne）。

一七五六年六月二十一日，《學者報》（Lärda Tidninger）刊出一首相當拙劣的法文商籟詩，作者名為黎斯泰勒（C.F.Ristell），內容談到了里斯本：

「偉大天主，聽候祢命令的四大元素，

在那天地創造之初，便由祢的仁厚慷慨衍生出來，

惟有祢的敵人方才懷著驚怖加以看待，

恐懼會令天平傾斜。

凡人一概無從探索秘密，

土、水、火、風，全部開始糟蹋我們，

其低沈的聲音聽在罪人耳裡已然太過響亮，

而人類啊，真可悲啊，先天原罪、後天造孽。

壯麗的里斯本在我們的眼前夷為平地。

誰能遇上更殘酷的命運？

罪人憎惡酷刑，然而無法逃避。

天主，祢是否可允諾改變那大自然，

中止它的威力，讓我們遠離死亡呢[31]？」

法文詩

十八世紀下半期，歐洲在巴黎或其他城市都以法文出版不少文學刊物，提供園地讓成名作家發表詩作或外省的年輕人發表詩論。除了《法蘭西信使報》（Mercure de France）與「碑文與純文學學院」（l'Académie des inscriptions et belles-lettres）發行的《學者報》（le Journal des sçavans）外，尚有《科學及藝術史論文集》（Mémoires pour l'histoire des sciences et des beaux-arts）以及耶穌會為了對抗啟蒙哲學流派而出版的《特亥伏報》。此外，也值得一提的是夫黑洪的《文學年度》（L'Année littéraire）以及《百科全書學報》（le Journal encyclopédique），後者乃由列日市的文學協會出版，獻給身兼列日市樞機主教及領主的巴伐利亞公爵。

以里斯本大地震為主題的法文詩主要是類似史詩體的（épique）描述性作品，和葡萄牙及德國的相關作品相比，宗教性及勸誨性較不明顯。對於末日審判、天主震怒以及罪人遭懲罰的暗示當然並不缺少，只是這些主題並非詩作的重點，希臘神話奧林帕斯山諸神反而佔有顯著的地位。

我在此暫時不談伏爾泰的〈里斯本大災難之詩〉（Poème sur le désastre de Lisbonne），因為在下文有關樂觀主義的專章中，該首詩作以及其他受該篇詩作啟發而寫出的文字才將是我們探討的主題。我們在這裡只想探討一些今天世人不再耳熟能詳的材料（只需讀上幾段節錄，我們便不難明白這些作品為何被人遺忘！），但在當年，那些作品在歐洲一流的文學刊物中可都享足了恭維的評語。

我們在裡面可以找到文學中描寫災難的所有典型場景：大地裂開，並且噴出火焰；地底燒著一個硫黃、瀝青以及硝石的巨爐；天地間四元素聯合摧毀城市；小孩在母親的胸膛上被壓死等等。當然，經常也可讀到引述拉丁詩人魏吉爾有關特洛伊的文字或是結婚當天魂斷瓦礫堆中的新人（後面這個場景借用自利貝拉侯爵那真實性極可疑的軼聞）。

這些詩作經常以八音節的詩行為主，但也可以讀到十二音節的亞歷山大詩行。前者在形式上要比後者更具誇張效果，似乎更適合呈現大災難的恐怖場面。

羅雷爾（Berthold Rohrer）在德國海德堡大學所撰寫的、探討法國詩人與里斯本大地震關係的博士論文中歸納出大部份這些詩作所呈現的共同特徵[32]。他特別注意到那無所不在之三項一組的描寫手法：連續的三個名詞、三個形容詞、三個動詞、三個詞組等等，以及第一人稱的寫作觀點〔即所謂的「Ich」（我）型〕。我們讓讀者自行在下面的引文中找出這種修辭結構。

一七五五年十二月十三日，也就是大地震的消息傳到法國之後不久，巴黎即出版了一首八十八行的拉丁文頌詩〈里斯本之毀滅〉（Ode in Lisbonense excidium）[33]，作者係巴黎索爾奔大學的博士得．勒瓦黑勒（Bruté de Loirelle）。這首頌詩以嚴謹的修辭性問句起頭：

「瀰漫在葡萄牙之城市與街道上的，

瀰漫在人群中的，該是何等驚懼？

為何突然響聲大作，

一切搖晃起來…？」

（Nam Lusitanis quis pavor urbibus,

Stratisque circum gentibus incubat ?

Ut quid repentino fragore

Omnia contremuere …?）

一七五六年二月，《特亥伏報》對這首詩發表了贊美的評論：「關於摧毀里斯本的那場大地震，我們讀到了一首極佳的拉丁文頌詩。現在將其三個詩節抄錄如下…整首頌歌由二十二個詩節組成。此一事件的嚴重性、變動性以及獨特性讓詩人得以抓住讀者熱烈且持久的注意力。此外，作品的傑出風格亦讓讀者樂意再三品賞。」

《文學年度》的一位通訊作者卻持不同意見。在介紹〈論大地震之物理成因與小拉辛之死的頌詩〉（Ode sur les causes physiques des tremblements de terre et sur la mort du jeune Racine）[34]時對編輯寫道：「編輯先生，這是一首有關里斯本大地震的法文頌詩，雖比得．勒瓦黑勒先生的拉丁文頌詩略勝一籌，但也無甚可觀之處…不過，還是不必拿兩者加以比較，因為這首法文頌詩儘管太長（至少應該刪去一半），卻也有其可圈可點之處。我只把自己認為最能顯露作者詩才的幾個詩節抄錄與您。作者姓勒．布罕（Le Brun），文壇上已有幾位先進注意到他那幾篇精采的詩論：

『不幸的大地啊！如此大的災難

將你深處的洞窟連通起來！

那滋養霹靂的硫磺，

如今在那裡化成滾滾的暗黑漩渦；

礦鹽、硝石、瀝青

混合之後燃燒起來，同時伴隨轟隆巨響；

氣流彼此兇猛纏鬥；

而其衝擊力量宛如暴風來襲，

使吾人頭上的天空劈下轟雷，

使吾人腳下的地獄開始嗚吼。

…

暴風振其羽翼，

可比駭人禿鷹，

眼中飽蓄死亡幽影，

而那大海劇烈翻騰，

倒湧之水擾亂和諧，

在寒冷北方的伊伯尼亞（Hibernie），

四週波濤整片怒騰起來；

浪陣速度極快，漫過直布羅陀海峽，

淹沒卡迪茲的城牆。』

這種劇變做為交代小拉辛死訊的開場極為合適。作者勒·布罕先生和他的友誼甚篤，兩人不但年紀相彷而且意氣相投…

『回來啊！…大海向前猛撲…快停下腳步啊！

浪頭湧那麼高，你看，你快心生畏懼，你逃命吧！

浪頭打下來了！…天哪！暴風雨

從我慌張的目光前面將他攫去。

偉大的拉辛啊！不朽之靈魂啊！

你的兒子…他快斷氣；他呼喚你；

繆司、美惠三女神和愛神，你們飛過去吧；

他的嘴在呼喚各位，飛過去吧；

而你，更親愛的友誼女神，

快飛過去救他一命。』

最後這兩個詩節充滿真摯情感，而在詩中此種流露不止一處…勒·布罕的頌詩讓文壇對他寄予厚望，因為這個作品透露出了他的真材實料[35]。」

勒布罕（Ponce-Denis Écouchard Lebrun, 1729-1807）係一位抒情詩人，被法國前浪漫派的著名詩人攝尼葉（Chenier）評為「法國的品達爾」（Pindare），因此使他贏得世人所熟知的外號「勒布罕-品達爾」（Lebrun-Pindare）。儘管伏爾泰本人對於他的才華頗為推崇，但是《文學年度》的夫黑洪卻認定其詩句風格浮誇、惹人討厭。伏爾泰在寫給勒·布罕的信中提到：「那個不入流的夫黑洪不配感受你詩句的美[36]。」

一七五五年，勒・布罕同時也出版了一首名為〈里斯本廢墟之頌詩〉（Ode sur la ruine de Lisbonne）[37]，手法風格和那首悼念小拉辛之死的作品如出一轍：

「…凶暴的命運諸神已經

定下奪命的時刻：

桀驁不馴的復仇女神厲聲嘶叫，

那是你殞落的徵兆。

波濤怒吼，

暗黑漩渦颯颯作響，

風在空中脫韁似的，

高牆、巨塔、宮殿應聲搖晃、應聲倒塌；

瓦礫相互碰撞，

紛落在那驚沮之居民的身上。

萬事皆休：藝術、紅顏、勇氣；

地位、性別、年齡、希望不復存在：

唯存死亡或其意象；

想要逃避死亡，卻只能夠逆受死亡，反映死亡。

焰舌舞動，精神失常似的，

在那宮殿之中亂竄，

在那幽暗空中騰扭：

散亂而滾燙的灰燼

好似閃亮眩目的雲，

駭人尖叫將其穿透。…」

勒布罕的頌詩中用四個詩節講述一對愛侶令人哀嘆的厄運，顯然改編自利貝拉侯爵的軼聞：

「…他勇敢帶走自己的情人；

愛神可知道這雙愛侶面臨的危險嗎？

他擋下一艘漂盪的小船；

他想逃到異國彼岸；

希望之帆昇揚起來；

然而洶湧浪濤攔截它的獵物，

一面嗚吼，一面猛襲小船：

他們被葬送在同一處深淵裡；

這對情人因為渴望黃泉路上相伴，

彼此緊擁，沈入海中。」

夫黑洪在《文學年度》中提到，「這四個感人的詩節改編自利貝拉侯爵的一段遭遇。他在大地震來襲前幾天才和自己心儀的對象完婚。」接著他補充道：「我們這位詩人在一首描述里斯本大災難的敘事詩中運用那則軼聞做為素材。小拉辛的故事不比利貝拉侯爵的軼聞真實到哪裡去，應該也是隨興之所至編造出來的東西[38]。」不過，夫黑洪把勒．布罕的兩首頌詩混為一談，因為這四個詩節並非出現在《論小拉辛之死的頌詩》中。

不管怎樣，小拉辛這位昔日馬薩林（Mazarin）中學的同窗兼好友確實是靠〈論小拉辛之死的頌詩〉於二十六歲時便聲譽鵲起了。

「小拉辛」似乎只以這個稱呼傳世（也許還來不及有足夠時間讓自己的名字留在世人腦海！）。他是路易．拉辛（Louis Racine, 1692-1763）的獨子，而路易則是那位出名作家兼宗教詩人〔寫過《恩寵》（La Grâce）及《宗教》（La Religion）等等〕的次子。

洪戴（Rondet）在《有關里斯本大災難的反思》（Réflexions sur le désastre de Lisbonne）[39]中寫道：「那場突然掩至的大水奪走多少人的性命，其中吾人尤其悼念小拉辛先生。他是偉大劇作家拉辛的孫子，也是皇家純文學學院（Académie royale des Belles Lettres）院士拉辛先生的兒子。讓我詳細交代一下奪走他性命的那場不幸意外：拉辛先生聽完彌撒便和另一位年輕人乘馬車離開了…由於先前卡迪茲城的初震已教大家戒慎恐懼，這兩個人於是命車駛出城外。要是他們半途走運遇見果丹（Godin）先生[xii]，那麼應該會被攔阻下來，因為當時果丹正要去找省長，並且提醒對方：因為海面很快便會高漲起來，如果放任市民出城，那麼大家只有死路一條。當年秘魯利馬發生大地震時，情況便是如此，這是他的親身經歷。省長聽從這番勸告，下令關閉城門。怎奈兩位年輕人已經親自駕著馬車去到城外，而那僕人則是跟隨其後。他們走在路的中間。兩邊的洋面陡然昇高，然後淹沒他們，並將馬車掀翻。僕人被怒濤捲走後緊緊卡在灌木叢中，撐過波浪的猛烈拍打，親眼看到主人喪命，最後回到卡迪茲宣佈他們的死訊。眾人趕忙跑上大馬路，卻只發現小拉辛一絲不掛的屍首…那年他才二十一歲，本來計劃要在商場大顯身手，正因如此，他才搬到卡迪茲城定居。」

讀了小拉辛喪命的情境，我們不禁想起他祖父在名作《費德賀》（Phèdre）中的詩句。在第五幕的倒數第二景中，泰哈門尼（Théramène）描述了義波利特（Hippolyte）的下場。後者駕著馬車從城裡出來，正好遇上從海中竄騰起來的怪獸，拉車的馬受到驚嚇，馬車不但撞碎，義波利特也賠上了性命。

海怪是受到兼司地震的海神普塞東（Poseidon）所驅使才出現的，不妨將它視為海嘯的譬喻：

「這時，液態平原的背脊上，

伴隨巨大漩渦，拔出一座水之高山。

浪濤逼近，化成碎波，我們看見泡沫中湧出一匹盛怒的怪獸。」

---

xii 此處指的是我們在上文便已提過的果丹（Louis Godin）。

我們注意到了，將海嘯比喻成海怪的說法是各文化想象世界中的普遍現象。二〇〇四年十二月二十六日，一群印度人泡在泰國海邊的水中舉行宗教儀式時，被那場造成慘重傷亡的海嘯奪去性命。有位義大利的新聞記者寫道：「那些印度人一起向天空高舉雙臂，這時，水牆在他們身後高高隆起，並像一頭張開血盆大口的巨獸吞噬他們[40]。」

「小拉辛」之死令其父親悲痛欲絕，同時也是許多詩作的主題。

「在所有可憐的罹難者中，最使人感到切身之痛的，同時特別引起法蘭西詩壇關注的，莫過於小拉辛了。他的祖父即是偉大的劇作家拉辛，父親即是路易·拉辛先生。他生前寫得一手好詩[41]。」

蓬畢尼昂（Pompignan）公爵尚-賈克·勒夫杭（Jean-Jacques Lefranc, 1709-1784），曾經擔任審理間接稅案件之最高法院（la cour des aides de Montauban）的首席院長，此外也是一位風格頗受好評的詩人。他和啟蒙主義的哲學家們不甚友好，但和路易·拉辛的宗教情感則很契合。他曾寫過一首頌詩獻給後者，並於一七五六年五月刊登於《法蘭西信使報》[42]，且被《百科全書學報》（Journal encyclopédique）[43]讚譽為：「朋友向朋友吐露的肺腑之言，安慰他喪失摯愛兒子的痛苦心情…」

「遠離你的眼前，遠離他的母親，

獨自留在異國海灘，

遺體變成了波濤的玩物；

然而他的靈魂受到上天珍愛，

這點請勿存疑，並在他的祖國安享永眠。」

不過，在安慰人家喪子之痛的同時，作者也不忘記批判啟蒙主義的眾哲學家，因為後者堅稱，造成里斯本大地震的只是自然因素。

在《文學年度》中，吉（Guis）也為小拉辛一掬同情之淚[44]：

「我聽見的是什麼惡耗啊？迴盪在空中的又是什麼悲慘的叫嚷

和刺耳的哭聲啊！

厚實雲層將廣闊宇宙的大半

投入幽暗之中。

地表在我踉蹌的腳步下震動並且裂開；

冥河之神受到驚嚇，祂的河岸裸露出來；

風之眾神將自己那恐怖的呼嘯聲帶向遠方；

在深邃的洞窟之中，

海神被浪濤的狂吼激怒，

開始呼應地之搖晃。

…

暴風雨在其他國度

將你包圍，

那是里斯本的難兄難弟，

卡迪茲城猛然發出巨響。

…

在那些殘片之間、在那些死者之間，看那一片瘡痍裡面，

有具屍體沾滿血污、慘白駭人，

到底是誰？在海岸邊，

任水任風拍打。」

編輯在這首頌詩的後面補充說明：「吉先生係外省人士，因為出版過幾本饒富智慧的作品而為大眾熟知。如今他又作詩讚頌一件，對其祖國而言，實乃珍貴與光耀之事件。我要將他寄給我的一首手寫頌詩刊登於此。我想讀者將能看出它的意象以及光彩：

『路易國王的神已然甦醒，

是祂沒錯，我感覺到，我也看見，

祂賜予法蘭西一位英雄，

那受封於普羅旺斯的新侯爵，

亦是吾王美德尊嚴的繼承者。』」

《法西蘭信使報》一七五六年的二月號向讀者宣佈：「馬賽市的批發商吉（Guis，亦可拼成Guys）向本刊投稿有關普羅旺斯侯爵親王誕生及里斯本大地震的詩作。」

這位具有一定才能的批發商吐露自己的心聲時說道，自己年輕時曾寫過詩，可是「好長一段時間以來，已經轉而從事較嚴肅的志業。」

馬賽還有另一位寫過相關主題的詩人，那就是發表〈里斯本廢墟之頌歌〉（Ode sur la ruine de Lisbonne）、署名為B.D.M的作者。因有其作品的發表，一七五六年的各文學雜誌才熱鬧許多。

一七五六年七月號的《特亥伏報》指出：「關於里斯本大災難的悲情詩作仍佔大宗。馬賽市的巴特（Barthe）先生是位值得重視的作家，因他榮獲數個學院的獎勵。他以上述主題寫出的頌詩雖有若干瑕疵，但仍不失為天才橫溢之作。這裡刊出該詩的首尾二節：

『逃向何方才好？我感覺到大地動搖；

我看見居民們臉色慘白。

多教人驚恐的聲音！大地之無垠的腹側

響起轟隆雷鳴！

偉大的天主啊，祢的身上背負一雙火焰之翅，

是否要將恐怖的罪惡之城

夷為平地呢？

這種騷亂，這種淒楚呢喃，

在在是否宣告

你的腳步近了，而且末日不遠？

…

而你，富庶又好戰的都城啊！

我望著你昔日矗立之地，

如今僅剩僕僕塵埃；

你的高牆以及宮殿已成昨日回憶。

巧奪天工之藝術品被毀棄了，

多少財寶被吞入了地底，

多少屍首被壓在護牆板下面…

唉，里斯本，在此絕命的日子裡，

你所剩的只有這些而已！

你只徒留城名，還有灰燼以及瓦礫。』

此詩的收尾寫得十分精彩，因為它刻畫出一個意象。應該敦請作者充份發揮自己的天分，並且遵循嚴格的修辭規矩，以便更加清晰地表達理念。此外，作者應多注意文字結構是否精確以及修飾語的使用等等。能談的問題委實太多，這裡無法一一交代[45]。」

《學者報》（le Journal de sçavans）評論道：「這首頌詩出自一位聲名已然響亮的作者；他在描寫這樁永難從記憶中抹除的悲慘事件時，似乎十分擅長運用哀傷和驚恐的筆調，只看下面這一詩節便可窺知一二：

『女兒奔向母親，

母親出於憐憫向她展開雙臂；

姐妹依偎在兄弟的懷抱之中，

認為自己擺脫死亡威脅。…』

脆弱的人類由於不智的暴怒而令環伺的危險與不幸更形深重，這令作者倍感驚訝而且發出埋怨之詞；接著，作者又將這段怨言移用到另外一個特別的事端，厲言叱責敵方英國所發動的七年戰爭：

『你們應該害怕我方出手痛擊，趕快平息你們的狂怒吧。

趕快熄滅戰爭的火炬吧，

難道你沒看到，地表雖然搖晃（Ne peux-tu voir trembler la terre）

卻無增添不幸？』（sans multiplier ses malheurs?）

最後這兩詩句是否忠實反映詩人的想法呢？他真正想表達的會不會是：『目睹大地強烈震動，你仍要加添它的不幸嗎？』（Peux-tu en voyant trembler la terre, vouloir encore multiplier ses malheurs ?）若拿下文加以參照，這句話最自然的詮釋方式應如上述。有些文評家也許還會更進一步解釋：『大地搖晃以及人為增其不幸根本是兩碼事，前者乃是本義，後者只是象徵罷了。』儘管如此，此種輕微瑕疵根本不致影響讀者心中被激出的美感，正是所謂瑕不掩瑜，況且過失微不足道，優點俯拾皆是[46]。」

《百科全書學報》在刊出這首頌詩的全文後下結論道：「這首頌詩出自一位年輕詩人之手，它讓我們看到文壇未來最可喜的期待；以里斯本大地震為主題的作品中，這首頌詩可以算是個中翹楚，此一觀點我想無人反對[47]。」

最後，《文學年度》引述〈里斯本廢墟之頌詩〉中的三個詩節，同時仔細分析：「作者巴特先生是馬賽市的年輕人，從他的天份和品味看來，也不枉為馬賽人了，畢竟在這座海港城市裡，從最早的遠古年代直到今天，文學和藝術的發展都有最輝煌的成就…十一月初一萬聖節當天，人們聚集在各間教堂中，作者利用此一場面，寫出了傑出的詩節[48]。」

根據米修（Michaud）《傳記辭典》（Dictionnaire biographique）的記載，尼古拉-托瑪·巴特（Nicolas-Thomas Barthe, 1734-1785）曾寫過幾個曾被搬上「法蘭西戲劇院」（la Comédie-Française）舞台演出的劇本。「由於才智過人，他在社交場上很受歡迎，經常受邀參加種種餐會。他很勇敢接受一次外科手術，卻不幸因此喪命。在他死前，他的一位朋友為他送來普契尼《伊斐珍妮在托利德》（Iphigénie en Tauride）首演的包廂戲票，他向對方說道：『親愛的朋友啊，人家快把我抬去教堂，沒辦法到歌劇院了。』」

得·寇果瀾（De Cogollin）騎士葛賀（Joseph Cuers, 1702-1760）亦是一位文學作家。在皇家海軍服務十八年後，他轉到曼因（Maine）公爵夫人處供職，而後者在巴黎南郊索城（Sceaux）的宅邸中經常接待各方菁英。一七五三年公爵夫人死後，他搬到柏林居住，並成為普魯士學院的院士。他從德國寄一首詩投稿到《文學年度》，該作品名為〈在本地印刷之反唯物主義的詩〉（Un poème contre le Matérialisme, imprimé dans ce pays）：

「呈現在我這雙驚訝眼睛前的是何種景象呢？

我們是否重返渾沌的狀態了？世界末日是否降臨了？

令大海掀起巨濤並遮蔽星空的，

難道是羅馬哲學家呂克雷斯（Lucrèce）所盲信的偶發機遇嗎？

吞噬我們市鎮的是藏在女海神安菲特麗蒂（Amphitrite）懷中的偶發機遇嗎？

為使那厄運之神將箭悉數射罄，

亦是它教天神朱彼特臣服於海神內普頓（Neptune）的三叉戟嗎？

到底是誰暗中造成山河摧裂的呢？

誰又導致地心之火驚擾天地間的四種元素、

導致吾人腳下地球的南北極猛烈搖晃、

並使地球腹內響起雷吼之聲呢？

…

哎呀，在這些恐怖打擊的背後，

我認出了主人以及判官，那是因盛怒而激動的上帝啊！

祂在那合情合理之復仇的憤慨中

仍願歌手，聽從於自己寬厚本性的指引。

…

天主摯愛祂的兒女，表面似乎放棄他們，

但在懲罰同時，天主早已饒恕他們。」

這首同時寄往羅馬的詩，很得「基督教世界和平開明之領袖的青睞，這位饒富智慧之教皇對於得·寇果瀾騎士先生的表現十分稱許[49]。」這種反應並不令人驚訝。

十八世紀期間，文學作品經常以匿名的方式出版，或僅印上作者姓名的起首字母而已。有時，比方在B.D.M這個例子中，隱名埋姓的人最後身份都能曝光，但也不盡如此，M.A.La便是顯著例子。波爾多（Bordeaux）市的La將一首名為〈里斯本大地震之頌詩〉（Ode sur les tremblements de terre arrivés à Lisbonne）的作品投稿至《法蘭西信使報》。該詩由十五段詩節組成，起頭並加一句開場：「這是一名葡萄牙人的心聲。」全文如下：

「死神啊！祢那發洩仇恨的工具鐮刀

竟然只饒過我！

地底兇狠的烈焰啊！

我還活著，燒過來吧。

吞噬一切的大海啊！誰會阻擋你呢？

天空啊！何不直接砸裂在我頭上呢？

崩塌下來，在我頭上摔成碎片。

偉大的天主啊！祢是罪行的報復者，

拯救祢最後的一位災黎，

不要讓他死於驚恐。」

《法蘭西信使報》評論道：「這首頌詩寫得極好，但作者投稿時只稱其為習作；我們一點也不覺得驚訝，畢竟真天才總是謙遜的[50]。」

另外一位身份不詳的作者是哈米耶（J.D. Ramier）[51]。他自費出版了一首以十二音節詩行構成、分成十二篇章的長詩〈烏里席貝亞德〉（Ulissipeade）[xiii]。哈米耶將那場大災難歸咎於里斯本居民的淫邪和迷信以及宗教裁判所：

「啊！嗜血成性的神職人員，你們如此野蠻沒有人性！

你們向魔鬼學會了韃靼族的酷刑。

你們點燃火刑柴堆難道是替天主報仇？

你們犧牲猶太人和基督徒為的是要殺雞儆猴？」

對於大地震的描述運用了該文類的樣板手法：

「死神從四面八方攫取犧牲者，

不加揀選，善良的以及罪惡的全部一網打盡。

一切都變成祂宣洩怒氣的幫兇；火、土、水，

輪流從他手中接下凶刀。

巨岩震開，化成碎塊之後崩落，

大地發出嘶吼，同時裂開胸膛，並且塌陷下去。

灼熱的深淵吞沒了丈夫、妻子及其子女。

狂暴的大海令太加斯河河水後撤；

然而河水隨後猛湧回來，河水高漲，蹂躪

岸上原本看似安全無虞的一切。

沒有任何東西抵擋得住，全部都被河水沖走。」

最後，我們這裡還要介紹一首寓言詩，然後結束以里斯本大地震為創作主題之法國詩的回顧。這件作品於一七五六年七月發表在《法國信使報》中，標題為〈螞蟻窩的大地震〉（Tremblement de terre arrivé chez les

xiii 作者附帶說明：「里斯本古名烏里席貝（Ulissipe），今天其拉丁文名仍為烏里席柏（Ulissipo）」。

Fourmis）[52]：

「有棵橡樹被一泓出水甚多的清泉所環繞，

長久以來，螞蟻夫人們

便在附近擁有城市及田野。

在她們眼中，此一居所可比整個地球，

而那泓清泉便是浩瀚大海。

要是螞蟻群中出現一隻博學之蟲，

並且發明橫渡洋面的技術，

那麼清泉的對岸便是新世界了。

螞蟻夫人們隻隻都是天之驕婦，凡是點綴這世間的一切

都能給予她們樂趣，或者消除其苦悶的感覺：

黎明天光燦爛，那是為使她們雙眼為之一亮，

上天區別白日黑夜，也是為了她們設想；

上天同時創造四季。

這個微不足道的族類大言不慚：

『說實在話，我們真是萬物之靈！』

可是，她們本應該感謝造物主，

讓她們有麥稈可供活命。

突如其來的驚恐中止了她們傲慢的吱吱喳喳。

強勁的北風刮起，

將一顆橡實吹落在蟻窩上。

橡實砸死不止一隻螞蟻，

恐慌一直蔓延到了邊界地帶。

整個大自然充滿了凝重氣氛。

地表從東到西因此震動。

大姊，你可察覺到了？

然而全能天主珍視

我們脆弱的性命。

一切源於天主，但祂不求我們回報任何東西。

就讓我們感謝祂的仁慈寬容，

並且敬畏祂正義的怒火吧！

於是，傲慢被感恩取代了。

上天賞賜原先無法在其心中發生作用，

才一陣風便改變了情況。

人類何嘗不是這樣，

對於天主忘恩負義，

在祂眼裡，或許還比螞蟻微不足道。

天地間某一元素的脫序作用

能教人類在天主面前彎下腰，褪去自命不凡的傲氣。」

這首寓言詩的作者是修道院院長歐貝賀（Jean-Louis Aubert, 1731-1814），他並非啟蒙主義哲學家朋友圈子的人。一七六六年，歐貝賀出任《特亥伏報》的主編，且於一七七三年獲得皇家學院法國文學的教席。翌年，他接掌《法蘭西報》（Gazette de France）之編務。《法國傳記辭典》（le Dictionnaire de biographie française）以如下的文字描述他：「葛林姆在其書信中宣稱：『該名修道院長所寫的寓言詩由於深度不足，只配拿給小孩子看。』歐貝賀修道院長不但無知、妄自尊大而且缺乏創意，不過倒有點小聰明而且頗為機靈，在同時代文壇上起的作用相當可觀。」

值得注意的是：將大地震的罹難者比擬成螞蟻的手法並不是歐貝賀修道院長所獨創的。一七五五年十一月二十四日，伏爾泰在寫給特洪桑（Jean-Robert Tronchin）的信中曾經提過：「十萬隻螞蟻，我們的鄰居們，在我們這大蟻窩裡受到突襲而肝腦塗地[53]。」

三個劇本

《里斯本大地震》（Le tremblement de terre de Lisbonne）

上文我們曾探討過，里斯本大災難的主題激起許多詩人的靈感，令其藉由誇飾的詩句寫出天主如何表達震怒，災區的景象如何教人觸目心驚，而倖存者的命運又是如何教人同情。儘管十八世紀並非不知道「恐怖中找樂趣」的感受是什麼，但是我們仍難想像，作家可從大地震裡找出讓人開心的題材。關於里斯本大地震相關之文學作品能風靡一時的現象，布哈薩（P. Brasart）認為可以歸因於「恐怖的、嚇人的事物所引發的快感，這種奇怪品味專門尋求不安中的樂趣[54]。」啟蒙時期德國的哲學家孟岱爾松（Moses Mendelssohn, 1729-1786）在一七六一年曾注意到：「有許多人特別喜歡觀看大地震後里斯本滿目瘡痍的駭人景象[55]。」

如果必須提出證據，說明最悲慘的事件還是充作喜劇的素材，那麼出版於一七五五年、作者為「理髮匠安德亥師傅」（Maître André, perruquier）的五幕「悲劇」《里斯本大地震》（Le tremblement de terre de Lisbonne）應能算數[56]。

這齣悲劇取材自利貝拉侯爵那段真實性極可疑的軼事，且其情節相當簡單：葡萄牙大貴族羅德里格大人（Don Rodrigues）的兒子利貝拉侯爵愛上了佩德洛大人（Don Pedro）的女兒黛奧多拉（Théodora），而後者對他亦情有獨鍾。偏偏羅德里格大人反對兩人結縭，而女方的父親也打算把千金許配給宗教裁判所法官的姪兒拉瓦羅斯大人（Don Lavaros）。故事情節依循主僕各有一段愛情並相互對照的模式開展（例如《費加洛的婚禮》），侯爵的男僕杜彭（Dupont）和黛奧多拉的女僕泰瑞莎（Thérèse）也成為一雙愛侶。侯爵因擔心被關進宗教裁判所的大牢中，於是在杜彭的陪伴下逃至君士坦丁堡，但被當地穆夫提（mufti，伊斯蘭教教法說明官）的美麗女兒霍克桑娜（Roxane）看上，堅持非他莫嫁。侯爵逃回里斯本，危機已然解除，看來終於可以迎娶黛奧多拉（杜彭和泰瑞莎也是有情人將成眷屬），但是偏偏這時大地震來襲。侯爵、黛奧多拉和泰瑞莎率皆登船避難，在杜彭還來不及趕來與他們相聚之前，一陣強風吹起，將船推離了海岸。船隻隨後竟被浪濤拋向內陸，然後掉進一個無底大洞。最後，洞口閉合，將他們都活埋了。杜彭眼睜睜看著這場悲劇發生，只能哀嘆結婚無望，就像《唐璜》中的史嘉納亥勒（Sganarelle）目睹主人唐璜被拖進地獄後，只能哭訴自己領不到薪水的悲哀。

做為一個戲劇文本，這個作品是很受到歡迎的，但遲至一八〇四年才被搬上舞台演出（總共演了八十場）[57]。這個文本曾於一七五六、一八〇五、一八二六及一八三四年四度再版。不過，「科學與美術叢書」（Bibliothèque des sciences et des beaux-arts）卻如此抨擊它：「作者是個名叫安德亥的理髮師。他以里斯本大地震為題材，寫了這齣滑稽悲劇，只有動不動就笑的人才喜歡它，因為凡是內心還存著一點宗教感情以及人性的人，讀了這個作品只會感覺憤慨罷了[58]。」事實上，大地震在劇情中只有「機器神」（Deus ex machina）的功能，其作用只在為劇情收尾，何況遲至最後一幕的倒數第二景方才出現。

不容否認，這個劇本格調的高低有待商榷，然而「滑稽悲劇」（tragédie burlesque）的章法本就如此。它承襲了史卡洪（Scarron）及其名著《滑稽版魏吉爾》（Virgile travesti）的傳統，以夾雜拉丁詞尾的法文詼諧詩，對當代悲劇的經典「傑作」進行滑稽模倣，一如伏爾泰《札伊賀》（Zaïre）和《梅侯普》（Mérope）這兩個劇作的性質。夫黑洪看出這層意義，因此對於《里斯本大地震》這個劇本讚不絕口[59]，而葛林姆卻貶損道：「安德亥先生那個理頭髮的最近出版一本名為《里斯本大地震》的悲劇，因為庸俗乏味到了極點，反而耐人尋味[60]。」

他用的亞歷山大詩行欠缺平衡的結構，詩行中的頓挫安排全無章法，動詞常被扔到句尾，意象營造起來十分牽強，在高雅的大段獨白中嵌入俚俗套語，有些暗示教人一眼看穿，種種例子可謂不勝枚舉。例如，劇中人物霍克桑娜被冠上「穆夫提小姐」（Mademoiselle Mufti）此一外號，其實讀者一看便知，作者乃在揶揄路易十五的年輕情婦歐墨菲小姐（Mademoiselle O'Murphy）—那位因畫家布修（Boucher）一七五二年筆下那幅香閨畫而永垂不朽的歐墨菲。

對華麗莊重之文體〔例如拉辛、賀布（Reboux）和穆勒（Muller）等人的詩句〕的模倣乃是該劇的一個笑點[61]。現舉數例如下：

黛奧多拉：想到自己竟有情敵，我就傷心欲絕，時時刻刻就像馬兒生了瘟病似的通體發熱。（第一幕第四景）

侯爵（侷促不安）：父親大人，請容許兒因為一件不能等的急迫需求暫時告退小小片刻[xiv]。（第二幕第二景）

霍克桑娜：任何謝詞您不必說；這袋金幣拿去用，您可以。（第三幕第六景）

拉瓦羅斯大人：務必相信此番傳聞，真的；因為船上的人親口向我說起，已經。（第四幕第二景）

黛奧多拉：來吧，狠心的復仇女神啊，就從我的雙眼擠出洪流般的淚水，讓我兩人一併淪為波臣。（第四幕第二景）

杜彭：請你不要傷悲。難道你想哭得像條小牛，直到絕望透頂才舒坦

[xiv] 這個笑點實有前例可循。劇作家賀涅亞（Regnard）在喜劇作品《全部遺產繼承人》（Légataire universel, 1708）中已經用過。他藉由角色傑洪特（Géronte）的嘴說出如下的台詞：「哎，夫人，我必須向您說再見了！有件急得不能再急的任務迫使在下趕赴某個地方。」（第一幕第七景）

嗎？（第五幕第一景）

有關大地震的詩句值得我們較詳盡地加以探討。在第五幕第六景中，杜彭在婚禮舉行前夕去理髮師店裡燙頭髮時正好遇上大地震來襲：

杜彭：媽的！手俐落些，你已經燙傷我的一隻耳朵！真是笨手笨腳的討厭鬼，你怎麼渾身不停地抖？是不是酒喝多了？你快跌倒了哪。

理髮師：先生，對不起，我也不曉得為什麼就是抖個不停；地面確確實實在搖晃啊！真不明白到底是不是幻覺，我只看到整個房間、整棟房子都在搖晃。

杜彭：哎呀！天哪！真是這樣。哎唷！我也感覺到了，自己也是搖個沒完，你說得沒錯…主啊！房子塌下來了，逃到哪裡才好呢？我受不了了，泰瑞莎，到底要朝哪個方向去呢？我的身體沒有一寸不打哆嗦的。看樣子今天要死在這裡了，錯不了的。為什麼偏偏要等到正要和泰瑞莎結婚的時候才這樣，要像一隻臭蟲被壓死呢？

劇本最末一景是杜彭的大段獨白，將那慘事發生的始末做一交代：

杜彭：我在那條自己心之所繫的小船後面又是哭又是叫。一陣颶風刮起，彷彿在嘲弄我似的，將它朝我吹來，但同時又將它拱得很高。從海邊到陸上不過僅僅這樣一躍而起，這是我親眼所見的。我趕忙跑過去那條小船掉落的地點，可是費勁四下搜索一遍，卻始終找不到它的蹤影。僅僅看見地表裂著一個大坑，散發濃烈硫磺氣的大坑，原來小船已經摔進深淵的底部了。要是找得到入口的話，我也老早跳進去了。就在泰瑞莎呼叫我的同時，就在我打算和她同歸於盡的剎那，大坑竟然閉合起來，再也見不到任何痕跡。

最後，劇本以如下的文字結尾：

杜彭：我感覺到地面再度震動起來。我擔心如果繼續留在這裡，自己也會一命嗚呼；我要想辦法離開，趕快逃命要緊，反正遠遠躲開這裡便是。步行也好，乘坐馬車也罷，不管去了什麼地方，我都不會忘記這場婚禮的第一天。

這個玩笑作品表面上出自理髮師安德亥之手，但實際的作者卻是一位名叫馬賀商（Jean-Henri Marchand）的律師。我們無從得知這位後來成為出版品審查官的作者生於何時，然其死於一七八五年左右的史實我們倒能掌握。文壇一般認為他是一位愛戲謔又逗趣的作家，筆名「安德亥師傅」借自一位在巴黎凡納希（Vannerie）街開理髮店的安德亥（Charles André）先生。據說《里斯本大地震》走紅之後，他在陶醉之餘竟開始相信自己真是該書的作者。

這個劇本前面附了一封〈獻給傑出且著名之詩人伏爾泰先生的信〉（Épître à Monsieur l'illustre et célèbre poète M. de Voltaire），該信的開頭寫道：「親愛的同行，請容許我這個詩壇的新手大膽向您獻上自己的處女作；由於您日日皆有佳作面世，由於您的作品如此壯闊富麗，在下已認定您是當今泰斗。」伏爾泰據說提筆回了這一封信（這則軼聞或許是編造出來的）：「安德亥師傅，請您專心理髮，請您專心理髮，請您專心理髮…」四張信紙寫得密密麻麻，不過只有這個句子。

馬賀商曾在自己的暢銷書例如《伏××先生的政治遺囑》（Le Testament politique de M. de V***, 1770）中尖刻地刮了伏爾泰一頓，不過，儘管如此，馬賀商還是十分推崇對方的。巴洛維奇歐（Anne-Sophie Barovecchio）曾研究馬賀商論伏爾泰的那批文章。她在專書中寫道：「馬賀商和當年的一些同行不同：伏爾泰不曾對他動過肝火，說來奇怪，《伏××先生的政治遺囑》一書批判起這位偉人真也是不留情面的。至於在其他的作品裡，馬賀商對他倒是表露出深濃的好感…至於伏爾泰本人則經常在書信中提到《遺囑》一書。他在公開場合對於這篇冒犯他（甚至可說是褻瀆）的文字曾經表示不悅，但在思想上則相當歡迎、欣賞[62]。」

《里斯本大災難》（Le Désastre de Lisbonne）

一八二八年，有人突然興起將《里斯本大地震》濃縮成獨幕劇的念頭，一口氣砍掉九百多句詩行，為的是要避免觀眾感到無聊！這個被刪得支離破碎的版本沒有印行出版，也從不曾搬上舞台，不過手稿的前言清楚提到馬賀商的原著：「這齣奇特的五幕劇寫成於伏爾泰的時代，但直到一八〇四年才在林蔭大道區一家通俗喜劇劇院搬上舞台，然而與此同時，另有一齣名稱類似的喧鬧音樂劇（mélodrame à tracas）亦在聖馬丹城門戲院（la Porte-Saint-Martin）演出[63]。」

這齣「喧鬧音樂劇」指的正是《里斯本大災難》（Le Désastre de Lisbonne），是一本包含三幕的散文英雄悲喜劇，同時摻雜舞蹈和啞劇（pantomime）等等元素，由亞力克斯（Alex）譜曲、皮契尼（Piccini）編舞以及奧梅（Aumer）導演。皮契尼和奧梅都是帝國音樂院（Académie impériale de musique）的藝術家。這齣戲於共和曆第八年（一八〇四年）霜月三日在聖馬丹城門戲院首演[64]，作者為布伊（Jean-Nicolas Bouilly, 1763-1842），曾任巴黎議會的律師，一八〇〇年開始致力於戲劇文學的創作〔《手搖弦琴演奏者芳匈》（Fanchon la Vielleuse）這齣當年膾炙人口的輕喜劇（comédie-vaudeville）即為他與另一位劇作家班（Pain）的合作成果。〕

《里斯本大災難》的情節是沿著一對年輕人愛情故事的主軸鋪陳起來的，而大地震則在劇中起了根本性的作用。黛娜伊（Thénaïe）是里斯本市長阿勒豐斯（Alphonse）大人的獨生女，和她相戀的對象則是阿則默賀（Azémor）這位「日後由於戰功彪炳而被擢升為艦長的年輕水手」，而且兩人已經論及婚嫁。西班牙駐葡萄牙大使阿勒瓦賀（Dom Alvare）大人向黛娜伊告白仰慕之情，但為後者拒絕。阿則默賀率領軍隊凱旋回到里斯本，第一件事便是回家向父親歐爾撒諾（Orsano）請安。歐爾撒諾乃退役老兵，當時已在里斯本郊區的太加斯河河畔務農為生。黛娜伊和阿勒豐斯大人亦前來和這對父子相聚。兩位父親均向跪在他們面前的子女施予祝福。劇本的舞台指示在此處標示：「黛娜伊和阿則默賀站起身子，擁抱他們的父親，然後走到橘樹下的長凳坐好。芭蕾出場。歡樂曲子演奏過後響起淒涼音樂；每個人的臉上都浮現驚訝的表情，然後一動也不動地看著空中，以為那只是來得快去得也快的風暴。芭蕾繼續表演，但是片刻之後又被閃電以及恐怖雷聲打斷。」接續的對白如下：

阿勒豐斯大人：我們聽見什麼樣的聲音了？雷聲轟隆，似乎要打在我們頭上了。

黛納伊：這是多恐怖的惡兆，不禁讓人生出不祥的預感！

阿則默賀：只有背信忘誓的人才該害怕…親愛的黛納伊，讓我們寬心吧！

阿勒豐斯大人：你們難道聽不見嚇人的呼嘯聲？

歐爾撒諾：我快站不住，只覺得膝蓋不由自主要彎曲了。

阿勒豐斯大人：空氣怎麼到處都像著火似的，這處河岸地帶從未見過如此可怕的風暴。

（侍從急奔而至，驚沮之情全部寫在臉上）侍從（向阿勒豐斯大人道）：哎呀！大事不妙！大人啊，里斯本全毀了。

阿勒豐斯大人：你說什麼？

侍從：海面高漲起來並且淹沒我們的城牆；地表多處裂開，噴出的烈焰已使城區陷入火海…男人、女人、兒童、建築物轉瞬間都消失得無影無蹤，都被駭人的大坑吞噬了…大人，快逃命呀，只管逃命，說什麼也要躲過這場恐怖的大災難！

歐爾撒諾：天哪！我腳下的土地也搖起來了。

眾人：趕快逃命，快逃命啊！…（大海中央隆起一座火山，噴出石礫和火焰。幕徐下。）

到第三幕，布幕升起之後，呈現的是一片斷垣殘壁的破敗光景。正好走到附近的阿勒瓦賀大人把壓在石柱下面且身負傷的歐爾撒諾搶出來，然後扶起因體力透支而癱倒在瓦間的黛娜伊。後者推開對方，一心只想要擺脫他。為了解救很可能摔下懸崖的黛納伊，阿勒瓦賀大人於是將她攔腰抱住。阿則默賀在這緊要關頭突然現身，很顯然誤會了阿勒瓦賀的意圖：

阿則默賀：住手，你這個可惡的畜牲！

阿勒瓦賀大人（震驚貌）：我嗎？

阿則默賀：卑鄙的阿勒瓦賀大人，納命來。

歐爾撒諾現身並且衝上前去奪下他兒子手中的劍，然後告訴他兒子是阿勒瓦勒救了他和黛納伊的性命。最後是大和解的局面。歐爾撒諾號召大家前往里斯本城區拯救災民，劇末由他說出這段結論：

歐爾撒諾：只有互相伸出援手，只有大家彼此珍愛，你我才有機會逃過命運的捉弄，並且抵抗大自然中各種元素的暴力侵擾。

這齣以圓滿結局收場的音樂劇用上了我們討論過的所有俗套描寫，比方「地表裂出大洞並且吐出火焰」、「恐怖的深淵」，甚至連火山浮出海面的情節都有。在當代人的心目中，大地震經常會和火山爆發聯想在一起。

《里斯本人》（Die Lissabonner）

這是一齣獨幕悲劇，作者係普魯士詩人兼罕利希（Heinrich）王子之兵團的隨軍神父利伯昆（Christian Gottlieb Lieberkühn, ?-1761）。這齣全名為《里斯本人，一齣市民悲劇》（Die Lissabonner, ein bürgerlisches Trauerspiel）的作品當年應可令觀眾哭得涕泗滂沱[65]。這齣戲於一七五七年一月二十九日在布雷斯勞（Breslau）首演，並於翌年付梓。

它和當年啟蒙主義說教詩中大地震主題的神學發揮大相逕庭，因為就像作者在該劇的全名中點出的，那是一齣「市民悲劇」，也是當年在德國非常流行的劇種。

事實上，劇情發生的時間點是在大地震之後，也就是說，那場大災難只如佈景一般，提供利伯昆將一場主要的衝突呈現出來，亦即美德的市民階級和荒淫的貴族階級之間的衝突[66]。

第一景中，狄耶哥大人（Don Diego）在大地震後逃到自己位於鄉間的別墅裡避難。他不知道妻子和女兒的下落，因此悲嘆道：「啊，為什麼我沒有被那陰險大地所裂開的深淵吞噬呢？如能這樣，至少我能緊抱她們那已被烈焰燒得半焦的遺體！」這時，他女兒伊莎貝勒（Isabelle）的未婚夫佩得洛大人（Don Pedro）前來與他一起哀嘆造化弄人。後來，狄耶哥大人得知伊莎貝勒和母親艾勒維賀（Elvire）幸運逃過死劫。不過，佩得洛大人的欣喜沒能持續很久，因為狄耶哥大人告訴他，伊莎貝勒的母親受到來自蘇格蘭亞伯丁（Aberdeen）港卡爾爵士（Sir Carl）龐大財富的迷惑，竟答應將女兒許配給對方，而伊莎貝勒本人亦服從母親的命令。狄耶哥向佩得洛表示，自己還是願意選擇他做女婿。伊莎貝勒受到父親以及佩得洛的指責而回心轉意，並且痛下決心不再搭理卡爾爵士：「啊，但願這個名字永遠從我腦海移除，永遠被暗夜遮蔽！」在這期間，卡爾爵士因為一場船難而喪失財富。這個蘇格蘭人在伊莎貝勒女僕歐絲米德（Osmyde）的協助下，發誓要為自己復仇。故事結局簡直可以和莎士比亞最血腥的悲劇相提並論：伊莎貝勒喝下了原本用來毒殺她母親的飲劑，而她母親接著也用匕首自殺。後來，佩得洛又被卡爾爵士殺死，留下孤苦零丁的狄耶哥向歐絲米德交代道：「你留下來收屍吧！我回城裡去了。這裡充滿恐怖的回憶，在我看來，這鄉野間和丘陵上遍佈的血腥死屍都不及這棟房子教人毛骨悚然。」

三本小說

十八世紀的詩人可以毫無困難且幾乎是同步地以里斯本大地震為主題，寫出品質多少只算平庸的詩作。甚至悲劇也是，在上文中我們已經看到，相關作品亦不缺乏。

小說的情況就不同了。事實上，小說家必須構思一個能持續吸引讀者的情節架構，而且當中大地震的插曲必須自然，儘可能地避免牽強。也許這種先天上的限制可以解釋為何以大地震為情節主軸的小說作品如此稀少的原因（例如在下文中我們將探討的《憨第德》中，大地震只是一個次要插曲罷了），而且都在災後很長的時間方才面世。

這裡我們可舉三件為例：《智利大地震》（Das Erdbeben in Chili），作者為馮．克萊斯特（Heinrich von Kleist）。波特（Tobias Bott）曾經透徹地分析過：儘管書名指的是智利，然而故事情節描述的卻是里斯本大地震[67]；《里斯本大地震》（Das Erdbeben von Lissabon），作者為厄爾泰勒（Wilhelm Oertel）；《里斯本大地震》（O Terremoto de Lisboa），作者為葡萄牙人夏卡斯（Manuel Pinheiro Chagas）。

《智利大地震》（Das Erdbeben in Chili）

一八〇七年，德國作家馮．克萊斯特（1777-1811）發表了中篇小說

《智利大地震》[68]。故事的背景是一六四七年五月十三日那場毀滅智利聖地牙哥的強烈地震，不過很明顯的，其靈感完全來自於里斯本大地震。克萊斯特提到，當時整片城區陷入火海，而且河川溢出河床、淹進市內，這都是聖地牙哥大地震沒有出現過的景象。十八世紀文學慣用的一個手法是以古喻今，借用時空上遙遠的事來暗指時空上靠近的事，此舉可使讀者從比較超然客觀的立場來評斷作者想要傳遞的訊息[69]。《智利大地震》確定是以里斯本大地震為主題的作品中最優秀的一件。

雅絲黛隆小姐（Doña Josephe Asteron）的父親是一位富裕的貴族，有一回撞見女兒和年輕的家庭教師魯傑拉（Jeronimo Rugera）幽會，於是將她送進修道院裡。這對情侶仍暗中在修道院的花園中交歡，以至雅絲黛隆終於懷上魯傑拉的骨肉。她在參加宗教遊行的儀式時分娩，因此被判斬首酷刑。就在她被帶往刑場的途中大地震來襲了。大地震震壞監獄，魯傑拉因此得以脫逃。雅絲黛隆奇蹟似地找回自己的小孩，而魯傑拉亦趕來與他們會合。這對情侶於是帶著小孩和眾人一起逃出城外。

大地震的翌日，他們回到城裡，為的是要到大教堂裡聽一場向天主求恩典的彌撒。佈道者是一位地位崇高的多明我會修士（附帶一提，當年負責宗教裁判事務的即是該會人士）。在感謝天主饒過一些倖存者之餘，「他那滔滔不絕的口才接著轉而抨擊聖地牙哥墮落的道德風氣，痛批該城風俗敗壞，連所多瑪（Sodome）和蛾摩拉（Gomorrhe）都瞠乎其後，同時指出，若非天主心存寬厚，那麼聖地牙哥恐怕就此要從地表上徹底被抹去了。」

接著，多明我會的修士將那件發生在修道院花園中的姦淫重罪仔細描述一遍，並認為社會對該事件的容忍態度即是對天主的大不敬。接著，佈道者以連珠砲響也似的罵詞將那對愛侶連名帶姓地羞辱一頓，然後詛咒他們的靈魂將在地獄永世沈淪。這時，群眾當中有人認出這對情侶，於是瘋狂的市民開始對他們動用私刑。

這個情節不禁讓我們想到首相得．卡拉瓦約在里斯本所抨擊的那類煽惑人心的放肆佈道會，而且我們可以確信，聖地牙哥實際上並沒有發生過那樣的事。事實上，聖地牙哥的大主教得．維拉羅埃勒（Gaspar de Villaroel, 1587-1665）當年非常反對大地震後出現的各種佈道會和預言，甚至積極倡言，把大地震視為天主報復聖地牙哥居民的手段只是空穴來風的說法[70]。

《里斯本大地震》（Das Erdbeben von Lissabon）

厄爾泰勒（1798-1867）是德國的神學家兼作家，經常以筆名馮．合恩（W.O. von Horn）發表作品。一八四六年一月二十九日，杭斯魯克（Hunsrück）[xv]地區（厄爾泰勒的出生地）的萊茵河谷地發生地震。該場地震雖未導致可觀的破壞，然而卻引發民眾極度的驚惶，而那時距離里斯本大地震已經一百年了，可見它在德國民眾心裡的印象有多深刻。

在這件全名為《里斯本大地震，對德國人民及青少年說的故事》（Le tremblement de terre de Lisbonne, une histoire contée pour la jeunesse et le peuple allemand）的中篇小說裡，厄爾泰勒塑造了一位名為魏厄先生（Herr Weiher）的博學老者。許多被地震嚇壞的婦女及兒童都請其為他們解釋此種天災。魏厄先生於是利用這個機會暢談「一七五五年十一月初一侵襲里斯本此一富庶威赫之京城的大地震，讓葡萄牙首都突然成為千萬居民葬身之處的大地震。」故事開始於一七二〇年，而其主人翁不是別人，正是我們的舊識利貝拉，只是爵位從侯爵被抬舉成公爵而已。大地震來襲時，他

[xv] 震央位於聖果爾（Saint Goar）以西波帕爾（Boppard）和賓根（Bingen）之間的地區。震央的強度為VII級（第七級），南錫、布魯塞爾和法蘭克福都感受得到。

被一座掉落下來的陽台砸傷，因此他的妻子和三個小孩便在病榻旁照顧他。接下去的情節無庸贅述。

這件作品於一八九八年再版[71]。

《里斯本大地震》（O Terremoto de Lisboa）

夏卡斯（1842-1895）身兼演說家、歷史學家、小說家、劇作家、新聞記者及國會議員等多種職業，又曾於一八八三至一八八六年間出任葡萄牙的海軍部部長。他曾出版一套八大巨冊的《葡萄牙史》（Histoire du Portugal）以及歷史小說《里斯本大地震》（O Terremoto de Lisboa, 1874）[72]。

故事的起始點為一七五〇年，也就是約瑟王方才登基的時候。萬聖醫院失火之際，年輕的騎兵中尉路易茲・柯瑞亞（Luiz Correia）救出一位年約十三、四歲的孤女泰瑞莎（Thereza）。這位不僅姿色出眾而且絕頂聰慧的女孩，由柯瑞亞的母親加以收養。

五年之後，柯瑞亞向泰瑞莎表達愛意，而後者最後同意委身於他。可是稍後她又結識了得・曼多薩（Carlos de Mendoza）這位「嘴角帶著嘲諷笑意」的冷酷男人，而後者則教她深深迷戀到無法自拔的地步。在與柯瑞亞成婚的前夕，泰瑞莎和得・曼多薩私奔，只留下簡短的一句話：「唉，路易茲，請原諒我，原諒我用這種不好的方式回報你的高貴情感。」

泰瑞莎如今成為得・曼多薩的情婦，但他提議將對方送入宮中充做國王約瑟一世的寵妾。泰瑞莎憤慨地拒絕這項無理的要求，但這情夫向她坦承，自己其實是先王卓奧五世和一個吉普賽女子的私生手。泰瑞莎的生母其實也是一個吉普賽女子，這時得・曼多薩終於明白，自己和泰瑞莎原來是兄妹關係，所以兩人的情愛竟成了亂倫的大罪。泰瑞莎聞言慘叫一聲即癱倒地上，整個人彷彿遭受雷擊似的。

柯瑞亞從首相得・卡拉瓦約取得國王下令拘禁得・曼多薩的信函，但是後者不服，並向柯瑞亞要求決鬥以定生死。柯瑞亞眼看要被對方殺死的緊要關頭正好大地震來襲。得・曼多薩趁機劫走泰瑞莎，然後逃之夭夭。

里斯本城已成一片廢墟。「『天主垂憐』的哀嚎聲響徹雲霄。」柯瑞亞動身到貝倫鎮，在國王的手下聽候差遣。得・卡拉瓦約命令他負責維持災後的秩序。他發現母親的房子陷入火海，而早先已經回到該處的泰瑞莎也受了傷。得・曼多薩正是蓄意縱火的人，柯瑞亞舉起手槍向他瞄準，可是泰瑞莎卻哀求道：「不要殺他，他是我的哥哥！」得・曼多薩逮住機會立刻向柯瑞亞開槍，不料子彈卻射到泰瑞莎的頭部。

這本「歷史小說」（該書的副標題正是如此寫的）不禁讓人聯想到大仲馬的某幾本小說。它將約瑟國王統治初期里斯本的樣貌呈現出來。雖說大地震為故事提供了一個扣人心弦的情節及結局，但絕不像克萊斯特那本小說一樣，在作品中扮演最重要的角色。

chapter 5

第五章

歐洲宗教界對大地震的反應

巴黎議會律師巴賀比耶（Edmond Jean François Barbier, 1689-1771）曾在他的《歷史與軼事日誌》（Journal historique et anecdotique）中寫道：「本月初一發生了恐怖的自然災害，令科學家困惑且令神學家感覺丟臉的自然災害。就在葡萄牙首都里斯本發生了一場強烈搖晃長達八至十分鐘的大地震[1]。」

就算當年的神學家真的感到顏面無光，至少也還不到難以忍受的地步。無論如何，反正從針對這場大災難所寫的大量宣道文中是嗅不出什麼屈辱味道的。

當然，所有教派的神職人員都覺得自己和那場大災難具有極密切的關係，而且除了將它視為天主意志的貫徹外，再難提出其他解釋：「將許多區域震得天翻地覆的這場奪命災難變成佈道家凝聚宗教熱忱的點。上帝正義之鞭抽打下來，此舉鼓舞他們宣揚如下的觀念：反求諸己和移風易俗乃迫切需要的事[2]。」

我們在上文提過，大地震發生後，葡萄牙的天主教神父和僧侶紛紛發表預言[3]。一七五五至一七五九年間，葡萄牙有百分之七十出版品的內容談的不外乎神之震怒、人類罪愆以及悔罪之必要性等等主題[4]。

反觀法國，里斯本大地震似乎不曾令教會人士展現類似之滔滔不絕的激昂說教。在信奉新教的國家裡，牧師們則時興宣講以大地震為主題的道理，這在德國稱為「天譴佈道」（Strafpredigten），在英國的齋戒日裡施行的稱為「齋戒佈道」（fast day sermons）。其實，在喀爾文教派信徒及清教徒的眼裡，葡萄牙宗教儀式排場的奢華以及對聖徒雕像和畫像那幾近迷信的崇拜必然激起天主的憤怒。

葡萄牙的猶太人當然沒有機會公開對大地震表達看法，不過，荷蘭、英國、北德的葡萄牙猶太人社群則和天主教及基督教的觀點頗為一致，認為大地震是上帝施予的懲罰。因此，漢堡市貝特・以色列（Beth Israël）猶太教禮拜堂的會眾領袖（rabbin）巴珊（Jehacob de Abraham Bassan, 1704-1769）便在一七五六年宣佈將亞達月九日（le 9 Adar，亦即西曆二月十日）訂為祈禱及禁食日，以便用誠心感動天主[5]。從十八世紀開始，英國猶太教的會眾領袖便可以開始宣講與猶太信仰沒有直接關連的主題，例如尼耶托（Issac Nieto, 1687-1773）這位倫敦之葡萄牙猶太教禮拜堂的會眾領袖便曾進行其「齋戒佈道」[6]。

新教教會的佈道

遠早於里斯本大地震發生之前，英國以及美洲新英格蘭的清教徒便已在地震來襲後進行所謂的「地震佈道」（earthquake sermons）。儘管那些地震一般而言震度不大，但仍嚇壞當地群眾。

例如，一六九二年九月八日倫敦發生一場小規模的地震，長老教會牧師杜立陀（Thomas Doolittle, 1632-1707）便在一六九三年發表了一篇日後成為一六九三至一七五五年所有「地震佈道」之典範的文字[7]。在杜立陀的眼中，地震的原因並非神秘難懂的事，因為單純只是人類罪孽深重而已。

一七五〇年二月至三月間，倫敦發生兩場地震強度介於七至八級的地震，造成煙　倒塌、家中碗盤摔破，不過整體而言，所造成的恐慌比具體的災損來得嚴重。兩次地震讓牧師能有機會在頻繁的佈道中將地震形容為對於信徒的警告及訓誡，那是規勸他們要及時懺悔的訊息[8]。

里斯本大災難的消息傳到倫敦之際，英國民眾對於一七五〇年那兩場地震的記憶仍然清晰。一七五五年十二月十八日，王室頒佈敕令，宣佈將一七五六年二月六日明訂為悔罪、齋戒以及行善之日，以便感謝天主讓倫敦躲過類似里斯本大地震的駭人浩劫。到那一天，聯合王國（Royaume-Uni）全境的牧師都宣講了「齋戒佈道」，其主題一般而言都是：「你也難逃一死。牢記這點並要誠心懺悔[9]！」當然，許多佈道內容都不忘強調：里斯本的種種罪惡、人民諸多的迷信行為以及可恨的宗教裁判所便已足夠激起天主的憤怒[10]。

不過，樸里茅茲（Plymouth）附近聖布卓克（St. Budrock）教堂的牧師艾勒科古（Thomas Alcock）則在一篇佈道文中反問道：「如果說天主教的迷信和殘酷造成里斯本的毀滅，那麼羅馬為何仍然屹立不搖呢？」英國政治家華勒坡（Horace Walpole）擔任駐法大使期間，隨行的牧師貝特（James Bate, 1703-1775）則認為：上帝懲罰罪人的時候並非今生而是死後，因此，大地震的罹難者不一定全數都下地獄。

有關里斯本大地震所有的佈道文章或是宗教小冊，很少可像約翰・衛斯里（John Wesley）出版於一七五六年的小冊子《里斯本大地震所觸發的深刻思考》（Serious Thoughts Occasioned by the Earthquake at Lisbon）[11]那樣，引起如此熱烈的迴響，因為這個作品在出版當年便至少再版了五次。

約翰・衛斯理（1703-1791）為神學家兼牛津林肯學院的研究員，著名的事蹟包括與弟弟查爾斯（Charles, 1707-1788）及數位伙伴創立了「一支新的宗派，而外界出於嘲諷，則用『方法主義』（méthodisme）一詞來指稱其信仰，因為一般認為衛斯理宗派的信徒自認很有步驟在進行所有活動，而且絕不虛擲一天中的分分秒秒[12]。」衛斯理至少一剛開始還發願不會脫離英國國教教會，然而他的理論卻主張單由信仰獲得救贖、瞬間成聖以及與上帝和好等等。該宗派信徒那種勸人改宗的熱忱（特別針對工人階級）令該宗派得以在英國與北美殖民地迅速流行起來。

一七五〇年倫敦發生地震時，查爾斯・衛斯理便已對此進行一場佈道，並將佈道內容付梓[13]。該篇文章強調，地震是上帝遂行其意志的表現，而人類的罪則是此一災害的道德成因。他以雄辯的措辭回顧先前發生的九場大地震：一六九二年[i]西西里島的卡塔尼亞（Catane）；一六九二年牙買加的皇家港（Port-Royal）以及一七四六年十月二十八日秘魯的利馬。此外，他也認為，沒有人知道一七五五年的地震會不會再度發生或者震度會不會更強；要是下次地震來襲之時死傷慘重也不能怪上帝事先沒有預示。他唯一能給予世人的忠告是：痛改前非並相信福音書。

在他的《深刻思考》中，約翰．衛斯理開宗明義便舉出他弟弟提過的那三場大地震，接著才討論里斯本的案例。他認為上帝會懲罰這個城市其實一點也不意外，因為當地人受宗教裁判所迫害而流血竟和地上灑水一樣司空見慣，「不管就宗教層面或是人性層面而言都會激起憤慨」。

然而，衛斯里很奇怪地立刻把主題切換到另外一件他認為極重要的事情上：「那麼關於惠斯頓巨岩（Whiston Cliffs）的事應該如何看待呢？要不是因為英國人蠢得無以復加，否則長久以來早該從東岸沸沸揚揚地被議論到西岸了。」位於約克郡的惠斯頓巨岩是一大片的亂石堆，是走山現象所造成的。衛斯理鉅細靡遺地描述了一七五五年三月二十五日發生在該處的一件小事：幾個大石塊從高度大約三十公尺的懸崖上裂開，並發出雷鳴般的聲響一路滾落下來。民眾原本就不期待這個尋常的地方消息成為頭條新聞，而且很明顯地無法和里斯本大災難相提並論，可是衛斯理卻花費八頁的篇幅討論並同時證明：此一現象絕對不像火、水、風一樣單純只是自然因素所造成的。「那麼其成因究竟為何？歸根究柢，如果不是上帝，誰有能力令大地如此強烈地撼動起來呢？」他還表示：上帝挑選惠斯頓做為展現其威力的地點，因為在這區域每年都聚集許多貴族，而且岩崩現象就發生在英國數一數二繁忙的公路旁邊，多少旅人因此得以做為見證！

---

[i] 這一場摧毀西西里島卡塔尼亞的強烈地震發生於格列曆（calendrier grégorien）的一六九三年一月十一日，也就等於儒略曆（calendrier julien）的一六九二年十二月三十日（英國直到一七五二年都使用儒略曆）。

衛斯理接著以激昂的措詞分析一場大地震可能發生的情況：「大地虎視眈眈地準備吞噬你們。可是你們拿什麼保護自己呢？在成千上萬的金塊銀磚中你們找得到捍衛自己的工具嗎？你們無法飛翔，因為除非你們捨棄臭皮囊，否則豈能離開陸地？…地震來襲，屋頂搖晃起來！大樑都裂開了，地板都晃動著。地底深處傳出震耳欲聾的轟雷聲…現在向何處尋找救援呢？…那些尊貴但可憐的白痴，你們的頭銜、稱號到哪裡去了呢？有錢的傻瓜啊，你們的財神如今安在呢？就算仍有什麼東西可以幫助你們，那也只剩禱告而已。可是該向誰禱告呢？顯然不是天上的神，因為你們認為上帝與大地震沒有關連。你們堅持大地震純粹只是自然現象，要不就是大地本身生成，或者源於被閉鎖的空氣，或者來自地底的水和火。如果你開始禱告（這件事或許你從來不曾做過），嘴裡唸出來的不外乎是：『啊！大地，大地，大地，請聽你兒女們的心聲。啊！空氣啊，水啊，火啊！』這些元素聽得見嗎？你也知道不可能的。」

衛斯里那抒情式的勸誡並非人人皆表信服。坎托伯里（Cantorbéry）的大主教亥林（Thomas Herring, 1693-1757）[ii]在讀過約翰・衛斯理的小冊之後寫信給朋友時表示：這位作者使用的意象可能會驚嚇到某些軟弱的罪人，但這種方法無法教許多民眾誠心悔悟，就算他們有所改變，那也是暫時的。接著他又補充道：在我看來，那些嚇唬的話以及狂熱態度毫無用處；如果我真能恆常實踐基督徒生活的規範，那麼我就根本不必為未來憂慮[14]。

荷蘭的牧師則開導信眾：里斯本大災難便是告誡大家不可和葡萄牙人一樣陷溺在相同的罪行裡[15]。

德國說教文的基調和上述的那些大同小異：佈道者將大地震直接歸咎於

---

ii 今天我們可在倫敦泰特美術館欣賞霍甲斯（William Hogarth）於一七四四至一七四七年間為亥林所畫的肖像。

里斯本居民那重物慾且道德敗壞的生活方式，同時聲討天主教信仰、自然神教（le déisme）以及啟蒙主義的哲學[16]。羅夫勒（Ulrich Löffler）[17]對里斯本大地震發生之後德國的「天譴佈道」做了詳盡的分析。在漢堡這個和里斯本維持密切商貿關係的漢撒同盟都市裡，對於大地震的印象尤其深刻。葛茲（Johann Melchior Goeze, 1717-1786）是一位熱情洋溢的神學家，在那時候剛被任命為漢堡市聖凱撒琳教堂（St Katharinenkirche）的牧師。他在一七五五年的耶穌降臨節發表了幾篇帶有預言及啟示錄味道的佈道文。根據他的看法，上帝傳遞給里斯本的訊息不過只是最後審判的序曲而已。一七五六年三月十一日漢堡市民所感受的那場地震[iii]正好讓葛茲有機會呼籲各界共同參與一個盛大的懺悔日活動[18]。一般而言，漢堡市的佈道者在里斯本大地震一事上看出那是送給市民們的警示，因此他們特別強調悔罪的重要性。

普賀（Johann Samuel Preu, 1713-?）神父所寫的《地震神學隨筆》（Essai de sismothéologie）[19]於一七七二年出版。該書的論點是：耶穌既是大自然的主人，當然也掌控了地震。他依序證明了上帝崇高、萬能、良善和智慧的本質，而且上帝還藉大地震來彰顯他的意旨。

貝爾特杭（Elie Bertrand, 1712-1785）係地質學家兼瑞士伯恩法國教堂的牧師，並與好友伏爾泰經常書信往返。他的佈道文不以上帝復仇為主題，而是鼓吹行善與容忍。他在一七五五年十一月三十日針對《聖經》〈耶利米書〉二十二章八節發表〈為何上帝要毀滅這個大城市？〉的佈道文：「上帝降災於那片土地，那麼此項打擊由誰承受？難道不是由人承受？而最近剛經歷如此恐怖災難的人，經歷人類有史以來最悲慘災難的人，難道他們不是基督徒嗎？仁慈以及博愛，你們這兩位上天最可愛的女兒，你們這兩種超凡的美德啊！對於你們應該激勵的人心、應該加以佔滿並充實的

[iii] 這也許是一七五六年二月十八日發生在科隆地區那次地震的餘震。

人心，如今怎麼魅力盡失了呢？唉，要是我們無法拯救那些不幸的人，至少讓我們為他們祈禱吧！但願上天支持他們、安慰他們、補償他們、祝福他們。千萬不可讓任何事物減弱那最熾熱的憐憫之情，這種熾熱之情應該充盈於你我的；空間上的距離也不應該澆熄這份赤忱，難道我們不是生活在同一個星球上嗎？教派有別也無所謂，難道我們服侍的不是同一位上帝、同一位救世主嗎？支配者和從屬者的差異更不重要，難道我們每一個不都是統攝天地那位至上之君的子民嗎[20]？」

康德在自己那本有關里斯本大地震之專書的結論中同樣流露出這種慈悲的感情：「最近這場大地震對我們弟兄所造成的慘況應該激起我們的同胞愛，並在這場如此嚴酷考驗的不幸中分攤他們的愁苦。最要不得的謬誤是：把類似的命運視為上帝的懲罰，誤認由於他們犯罪，上帝才令都市毀滅。也不應該把罹難或是受災的人看成上帝復仇的對象，看成上帝正義之怒的宣洩之處。吾人實應大加撻伐這種蠻橫粗魯的意見，因它自不量力妄想揣度神的意旨，並以一己的偏狹判斷來詮釋那些意旨[21]。」

一位葡萄牙的異端：得・歐利維拉騎士

得・歐利維拉（Francisco Xavier De Oliveira, 1702-1783）生於里斯本，並在當地居住直到一七三四年。他出身小貴族階級，並於一七二九年受封為基督騎士團（l'ordre du christ）的騎士。在維也納停留一段時間後，他便移居至荷蘭，並在當地出版了幾本著作，但是都被葡萄牙的宗教裁判所列為禁書。一七四四年，他出發到英國，並在那裡認識了未來的葡萄牙首相得・卡拉瓦約。一七四六年，他改信新教。里斯本大地震給他許多靈感，讓他用法文及英文寫出反對宗教界排斥異己之現象的作品，尤其是批判葡萄牙宗教裁判所的那些文字。在這批作品中，最有名的首推《關於現今發生在葡萄牙之大災難的沉痛論述》（Discours pathétique au sujet des calamités présentes arrivées en Portugal）[22]，出版年代為一七五六年一月。

這部「獻給我的同胞，尤其是葡萄牙君主至誠王約瑟一世陛下」的作品附了一封寫給首相的信，信中請求他將該書獻給國王，並呼籲他「回應民眾的期待，同時公開保障這部論述所建議之棘手但重要的改革。」

上述的改革無庸置疑是很棘手的，因為它開口要求國王裁撤宗教裁判所這一機構！

歐利維拉直言不諱說道：「沒錯，首相大人，在葡萄牙，大家侍奉天主的方式恰巧是祂最憎惡的方式，也就是既迷信又崇拜偶像的方式…葡萄牙人對聖徒雕像和畫像的崇拜和異教徒對偶像的崇拜有何不同呢？…一切惡的源頭在於葡萄牙將通往上帝律法的入口全部堵死，禁止大眾對於聖經進行閱讀以及沈思，不准開課講授聖經。總而言之，不准以現代語文來出版聖經。此外，人民如果膽敢讀上幾句，那麼必定逃不過宗教裁判所法庭可能加在他們身上的千種折磨…葡萄牙淒慘現狀（里斯本尤其嚴重）的第二個原因是葡萄牙長久以來對自己大部份子民所施加之慘酷且恐怖的迫害，而劊子手便是另外那小部份的子民。這小部份的人監禁、羞辱大部份的人，沒收其財產，破壞其家庭，以無可掩飾的卑劣手段鞭打一些人，又教另一些人日漸萎頓，又將許多人放逐至外地。總之目的就在奪人性命，但在置人於死地前，還要折磨他們，教他們飽嚐酷刑。只要一想到這幕景象，哪個人不會驚慌失措而且心生厭惡？」

歐利維拉從常理出發做出如下判斷：「因為我揚棄羅馬教會的信仰，並且改宗新教，你們的偏見自然而然會教你們對我產生嫌惡，使我在你們的眼中變成憎恨的目標。」不過，他接著又先於伏爾泰的小說人物戇第德說道：「我要退隱到鄉下…將時間用來照顧一座小花園。」

然後，切入主題的核心之後，他的辯才全開並且質問：「你們這群受上帝詛咒又被全人類唾棄的孽種啊，你們這些葡萄牙的宗教裁判所法官…里斯本坍塌的建築物便包括宗教裁判所的華美大廈…看到你們口中所謂的『聖職部』（Saint-Office）被夷為平地，同時援引剛才本人提出的理由，我們難道還需懷疑，在上帝的眼裡，那機構根本就是個『魔鬼窩』嗎？它只配被地面裂開的大洞吞噬進去。」

在此論述的結語中，歐利維拉籲求國王：「陛下只需開口『朕下命令，這是朕的意願』，那麼宗教裁判所法庭就不會重建起來…陛下，這便是本人認為您應該執行的計劃，唯有如此，才算服從上帝那呼喚你的聲音。」

一七五六年十月八日，這本大膽的宣傳小冊被「聖職部」的法庭判成禁書〔同樣列上禁書名單的還有古達（Ange Goudar）的作品〕。我們應該不至太感驚訝。

宗教裁判所的記仇功力絕非等閒，而且對於所受到的冒犯通常吝於寬恕：一七六一年九月，也就是《論述》出版六年之後，歐利維拉騎士（他足夠聰明，所以往後不再踏上葡萄牙的國土）的芻像以及著作在史上最後一次的火刑儀式中被公開焚毀，同時被送上柴堆的還有馬拉格里達（燒的可是他實在的血肉之軀）。

那場火刑儀式教人寫出了一首短詩，但作者為伏爾泰的說法其實值得商榷（人總喜歡錦上添花！）：「啊，英勇的歐利維拉騎士，你的畫像在里斯本被焚燒，這是替你那管鵝毛筆所寫出來的異端小冊贖罪，那本激起憤慨的小冊…」

一位冉森派信徒：洛杭 - 艾提安．洪戴（Laurent-Etienne Rondet）

冉森教派（le jansénisme）強調上帝恩寵和「靈魂歸宿預定論」（prédestination），它和耶穌會的「從寬說」（laxisme）形成水火不容的態勢，並約莫在十七世紀中葉的法國達到如日中天的局面。在田野皇家港（Port-Royal des champs）修道院過著苦修生活的「隱遁者」（Solitaires）經常都是最傑出的知識份子，例如阿賀諾（Antoine Arnauld）及尼寇勒（Pierre Nicole）曾在該處寫出《皇家港邏輯學》（Logique de Port-Royal），巴斯卡的《外省人書》（Les Provinciales）也在此地完成，而拉辛則曾在其「小學校」（Petites Écoles）中就讀。

路易十四的耶穌會聽懺神父拉謝茲（La Chaise, 1624-1709）和勒泰利耶（Le Tellier, 1643-1719）曾慫恿國王以嚴厲的手段對付冉森派信徒。無論如何，冉森教派特有的獨立思想讓路易十四覺得它已對自己的權勢構成了威脅。經過許多波折之後，最後一批修女在一七〇九年被逐出修道院。到了一七一一年，所有的建築物被拆得一間不剩。阿賀諾死後，有位名為格內勒[iv]（Quesnel, 1634-1719）的奧拉托利會（Oratoire）會員於一六九四年成為冉森派的首領人物。到了一七一三年，在耶穌會士的推波助瀾之下（尤以勒泰利耶最為積極），教皇克萊門九世頒佈名為「上帝之獨生子」（Unigenitus Dei filius）的諭旨，譴責格內勒著作《有關新約的道德反思》（Réflexions morales sur le Nouveau Testament）中的一百零一點建議為異端邪說。冉森派的「籲求者」（appellants）拒絕接受此一諭旨，並要求召開一次由全體主教出席的會議，然而提議未獲採納。這些人包括侯蘭（Charles Rollin, 1661-1741），他是皇家學院的修辭學教授兼巴黎大學校長。

洪戴（1717-1785）是一位博學的哲學家，也曾是侯蘭的學生，所編輯的聖經版本曾引起廣泛的注意。他十分眷戀皇家港的「隱遁者」以及「籲求

[iv] 伏爾泰那件出版於一七六七年的短篇小說《天真漢》（L'Ingenu）講述一名北美印第安休倫人（Huron）在巴黎的遭遇。此小說的副標題竟是「取材自格內勒神父手稿的真實故事」（Histoire veritable tirée des manuscrits du père Quesnel）！

者」的種種事蹟，同時對耶穌會懷有刻骨銘心的仇恨。

一七五五年的大地震可以說是搗毀了一個可被視為耶穌會領地的城市，因此對洪戴而言簡直就是反擊耶穌會的絕佳時機。早在一七五六年，他就已出版了《有關里斯本大災難及其他伴隨或踵隨該場大地震之現象的反思》（Réflexions sur le désastre de Lisbonne, et les autres phénomènes qui ont accompagné ou suivi ce désastre）[23]。

第一個反思針對如下幾個命題加以發揮：「是上帝令大地震動起來的」、「雖然在這些普遍性的大災難中，正義之士和罪人同受波及，但這些大災難仍不失為呈現上帝憤怒的徵兆」、「上帝之鞭抽得越狠，表示上帝憤慨越深」、「大災難便是上帝給予的警告」。

論述至此其實尚未出現什麼原創性的想法，然而在接下去的文字中，洪戴的才華開始橫溢出來，並且以高超的修辭技巧提出好幾個問題：「上帝之手重重打下，但祂打的是誰？上帝將那憤慨之鞭揮向世間，然而處罰對象是誰？祂的怒目一瞪，里斯本城隨之傾覆，葡萄牙則舉國為之震動，也令西班牙大部份領土天搖地動。可是里斯本、葡萄牙和西班牙有何共同特點呢？」

答案是顯而易見的：「葡萄牙和西班牙都是宗教裁判制度橫行的國家。一旦摧毀里斯本和塞維亞，上帝便除掉了宗教裁判制度的兩個大本營。在這種制度嚴格執行的年代，它因不正當而且急就章的程序招人嫌惡，同時也以血腥殘暴的執行手段惹人痛恨，甚至自從該制度變得稍微和緩之後，它仍因所產生的兩項後果（無知與虛偽）而不減其危害特性。虛偽導致瀆聖，而無知則造成腐敗。里斯本大地震前城裡充斥各種敗德行為，因此，它的毀滅還需向他處尋找原因嗎？上帝會將該城夷為平地，那是因為該城累積了太多可憎的判決、太多流弊惡習、還有太多醜聞。」

不過，最重要的還是：「葡萄牙是耶穌會的搖籃。該會在那裡設立了自己第一間修道院，所以，葡萄牙不僅是可恨的宗教裁判所上演血腥戲碼的舞台，而且也是耶穌會的大本營，這個辱沒了那個自封之尊貴名字的『耶穌』會…上帝降禍於里斯本和魁英布拉，也就等於搗毀耶穌會的老巢。」

作者又說：「莫里那v有關上帝恩寵的新理論也是從葡萄牙里斯本流行起來的。」「上帝摧毀里斯本，同時把那惹人憎惡的莫里那思想一併斷送。」「上帝嚴懲西班牙及葡萄牙，等於阻絕那敗德的源流。」

最後：「上帝出手痛擊，但挑的是哪個時間點呢？」「一個莊嚴的節日且在舉行彌撒聖祭的節骨眼上。」「我還需要多做解釋嗎？這個日子還有這個時間點讓我不禁想起上帝的敵人昔日對神聖的田野皇家港修道院所下的毒手…你看上帝將耶穌會大本營所在的城市夷為平地，因為該會始終自認為是那個神聖教派誓不兩立的敵人。」

一七〇九年十月三十日，最後一批修女被逐出皇家港修道院，那正是萬聖節的前夕[24]。當然，人家或許要問，那麼上帝為何要等到四十六年後才出手呢？可是洪戴卻沒有提出這個問題。

葛林姆男爵只用一句話便打發了洪戴的《反思》：「好個平庸枯燥的道德說教，根本提不起勁去讀[25]。」

v 路易斯·莫里那（Luis Molina, 1536-1600）係西班牙籍的耶穌會修士，也是在葡萄牙艾佛拉（Evora）教神學的教授。他曾寫過一篇標題名為〈自由意志與上帝聖寵、神的先見、神意、靈魂歸宿預定論與永罰之間的和諧〉（Accord du libre arbitre avec le don de la grâce, la prescience divine, la Providence, la prédestination et la réprobation）的論文，引起一場和多明我派修士的論戰。

chapter 6

第六章

里斯本大災難以及樂觀主義論戰

樂觀主義與神正論

著名的數學家兼百科全書作者達朗貝（D'Alembert, 1717-1783）曾在《方法論百科全書》（Encyclopédie méthodique）中對「樂觀主義」（optimisme）一詞下過定義：「該主義認定：吾人所居住的世界乃上帝可能造出來的最好世界。馬勒布杭施（Malebranche）神父和萊布尼茲是促使此一觀念流行起來的關鍵人物。」達朗貝接著表達了自己的意見：「在這個最好的世界裡，人類為什麼會相互殘殺呢？如果所謂的最好世界僅止於此，那麼上帝為何仍要費神加以創造呢？…吾人不得不挑明了講：『樂觀主義』這個玄想實在空洞得很[1]。」

憨第德向僕從卡康柏（Cacambo）解釋之「樂觀主義」的定義就簡單多了。針對後者所提的問題：「樂觀主義是什麼呢？」憨第德回答道：「明明生活過得十分糟糕，卻狂熱地硬說一切都好。」

因里斯本大地震的發生，樂觀主義論戰導致了啟蒙主義哲學家陣營的分裂。嚴格來講，雖然「樂觀主義」一詞遲至一七三七年才出現在《特亥伏論文集》（Mémoires de Trévoux）中，但此一哲學思想實際上已經存在很久了。其實我們可以將其上溯至早期基督教教會教父（Pères de l' Église）的伊黑內（Irénée）與奧古斯丁[2]。不過，要等到一七五五年里斯本大地震發生後，該主義的尖銳點才在如下這基本的問題中呈現出來：如何使下列三個命題不致產生扞格[3]：

（甲）上帝是愛而且無限地善；

（乙）上帝萬能；

（丙）人間存在著惡以及痛苦？

這裡可以看到，此一哲學和神學的疑問已經遠遠超過如下這點：上帝是不是因為里斯本居民的罪行或是宗教裁判所才降禍於里斯本呢？

萊布尼茲（Gottfried Wilhelm Leibnitz, 1646-1716）於一七一〇年為後來被稱為「樂觀主義」的思想奠定了基礎。這些奠基的文字出現在他的著作《有關上帝仁慈、人之自由與惡之起因的神正論評述》（Essai de théodicée sur la bonté de Dieu, la liberté de l'homme et l'origine du mal）[4]中，而撰寫該書的文字係法文而非拉丁文，這表示它面對的讀者是具文化素養的大眾而非神學家。「神正論」（théodicée）是萊布尼茲新創的字，係由兩個希臘文的字根組成：「神」（théo-）與「審判」（-dicée），整體可以理解成「對上帝的訴訟」（procès de Dieu）[i]。擁有法學博士頭銜的萊布尼茲自己也曾明白表示：「我們為上帝的立場辯護」[5]。他想回應「貝勒先生[ii]那本了不起的辭典中將宗教與理性描寫成互鬥之戰士的說法」。

萊布尼茲認定「可能的世界有無窮多個，上帝必然挑選最好的那一個，因為祂只依據絕對理性[6]」以及「假設發生在這世界上任一個最小的惡沒有發生，那麼，這世界就不再是這世界。因為無論如何，造物者既選擇了它，它就被認定是最好的了[7]。」

在下文中，萊布尼茲又說：「上帝的智慧不僅只滿足於掌握所有可能的世界，祂還進一步加以深入理解、加以比較、加以掂量對照，以便估算出來完美或缺陷的等級，估算出來強面、弱面，估算出來善面、惡面；祂從而在想像當中組合出無限多的可能性，每一種可能性都包含無窮多的創造物；藉由此一方法，神的智慧又將自己個別想像出來的所有可能性安排佈

---

i　萊布尼茲並未解釋此一新字的來源。布倫什維克（Brunschwig）在上述版本的引言中提到：「因此產生一個有趣的結果：有不少與萊布尼茲同時代的人（而且都還不是泛泛之輩）在讀了他所寫的《神正論評述》（Essai de théodicée）（容我提醒讀者，該書並未印上作者姓名）之後，竟老實地把神正論誤認為人名戴奧狄塞，並相信那是萊布尼茲用來遮掩其真實身份的化名。」

ii　貝勒（Pierre Bayle, 1647-1706），法國哲學家，《歷史批判辭典》（Dictionnaire historique et critique）（1695-1706）的作者，並以寬容政策及自由思想的捍衛者自居。

置成同樣繁多的周延體系，然後再將這些體系加以比較。經過此番比較以及思考，上帝在所有這些可能的體系當中選出最理想的，那是全然可滿足其慷慨大度之胸襟的抉擇，也正好是現在我們這世界的局面…仔細考量這些情況之後，我希望大家對於神性完德（perfections divines）之偉大，尤其對於上帝智慧與仁慈之偉大，能產生另一番觀感。那些硬說上帝沒有原因、不講理由就盲目創造世界的人是不可能理解這層道理的。除非他們承認上帝抉擇之時真有理由做為憑藉，而且這些理由源自祂的仁慈，否則本人就看不懂，他們心裡如何才能避免產生很奇怪的感覺。上帝做出抉擇之後必然導致一個結果：被選上的比沒有被選上的多了神恩加持的優勢，因此前者一定是所有的可能性裡最好的那一個。此一最理想之可能性比起其他的可能性受到更多仁慈的關照，而且並非有人宣稱上帝不會竭盡所能，祂的威力就會受到限制…本人覺得我們已經確認，在世界各種可能的體系當中，必有一個勝過其他，而且上帝並沒忘記將它挑選出來[8]。」

有時我們會聽人說：萊布尼茲的上帝直接挑出「最好的世界」，然而，這和我們在上文中所讀到的是頗有出入的：上帝其實先對可能的世界進行了一番評估和比較，有點像是精明的家庭主婦上市場買菜一樣（暫且寬待一下這種不敬譬喻），最後才從「所有可能的世界當中挑出最好的那個」。

對於萊布尼茲而言，「世間之惡」可說是不成問題的問題：「有人會說，若和世間之善相比，世間之惡不但頻繁而且嚴重。這話就不對了。由於我們沒能注意細察，世間之善因此顯得稀少。必須要有少許惡的存在，這種注意能力方能復甦起來。」

萊布尼茲理論的一大支柱來自猶太神學家兼哲學家梅莫尼德（Moïse Maimonide, 1135-1204）。萊布尼茲寫道：「猶太教的會眾領袖梅莫尼德（有人說這是猶太教第一位不再蠢話連篇的會眾領袖，但這仍不足以說明他的優點）同樣認為世間的善遠遠凌駕於惡之上，這種判斷極有道理。在他的著作《迷途者指南》（More nevukhim）當中即可讀到：『學養不足的人腦中老是盤旋一些念頭，以至他們常誤以為世間惡多於善…』梅莫尼德為他們這離譜的謬誤找出了原因：他們錯認為大自然只為他們一己而被創造出來，凡是與他們自身無關的，都被視為微不足道。因此，當事情在與其意志相衝突的情況下發生時，他們立刻妄加推論：『世間萬事皆惡』[9]。」

摩洛哥菲茲（Fès）城的猶太教會眾領袖阿爾法西（Isaac Alfasi, 1013-1103）曾編纂過一部著名的猶太教法典選集。他認為世間的惡比善多，而且生命本質即為懲罰。梅莫尼德不遺餘力聲討此一見解：「凡是白癡都會以為整個世界只為他而存在，好像除他自己以外，世界彷彿空無一物。只要事與願違，他就武斷認定：『世間萬事萬物無一是善』。不過，如果他願意觀照並且理解世間既存的一切，並認清自己微不足道的事實，那麼真理在他眼前必定清楚呈現出來。他將明白，人類對世間諸多的『惡』所存之定見其實都有源頭，與天使、星體、元素（以及其組合物）、巨岩、植物或是動物無涉，而是相對於某個特定的人而言的[10]。」

我們可以在康德關於里斯本大地震的專書中讀到上述思想的忠實反映：「人類過於自戀，因此以為自己是上帝一切設計的唯一依歸，彷彿除了人類之外，那些設計別無其他用途，彷彿這樣便足以將世界治理好了。我們知道，大自然的整體才夠資格做為上帝的智慧及其一切設計的對象。人類只是其中一個環節，可卻癡想成為全部。他們不從大處著眼，思考大自然的完美其規則是什麼，只認為一切都必須以人類為目的。他們想像，世間萬事萬物都為增進吾人之安逸以及享樂而存有，而且大自然它除非為了懲罰人類、為了警告他們或是為了向其報復，否則不會造成任何引發麻煩的大改變[11]。」

關於此點，值得我們注意的還有出版於一七一二年、作者佚名的自由思想著作《三騙徒論》（Traité des trois imposteurs），因為其中的要旨和上述康德的思想並無太大的出入：「人類在習慣大自然所賦予的諸多便利舒適之餘，如果遭遇例如暴風雨、大地震、疫病、饑荒、乾旱等破壞生活愉悅的災害，他們通常不會得出『大自然並非僅為人類而被創造』的結論，反而將一切的禍事歸因於上帝的憤慨，認為必定是自己的罪行激怒了祂[12]。」

康德在《樂觀主義初探》（Premières réflexions sur l'optimisme）（約一七四七年）中對於樂觀主義做過摘要式的描述：「樂觀主義的觀念在於將世間之惡視為正當並且認定其為合理，同時假定存在一位無限完美、既仁慈且又無所不能的上帝。儘管矛盾之處昭然若揭，大家依然堅信：『由這位無限完美的上帝所挑選出來的東西必定是所有可能的情況中最好的，而惡的存在不能歸因於上帝出於喜好而做出的抉擇，反而應該視為與完美事物本質有關之無可避免的缺陷、必然的缺陷。既然上帝在毫無差錯的情況下，將這些缺陷導入造物的計劃中，那麼，祂的智慧與仁慈必然會讓上述缺陷以最理想的方式運作，以至於當我們將其逐項檢視之時，雖覺得不愉快，但是若從整體來看，上帝的仁慈會加以報償，缺陷因之得以彌補[13]。」

康德接著便舉出樂觀主義的弱點：

「萊布尼茲將他自己的學說命名為『神正論』（即為神的正義立場辯護）其實很有道理，因為該套學說旨在證明上帝所做所為均屬合理（假定世間之惡容或出自其手）。此番辯護言詞要向世人保證：只要上帝造惡，一切為善，或者至少說明：如果事物無法根據人的期盼而有完善發展，那也不是上帝的錯。

這種觀念破綻太過可觀，以至於不可能前後連貫。萊布尼茲認為善的規律若是施行起來必會彼此扞格，因此在他看來，例外乃必然之缺陷。由於上帝做的抉擇都在善面，那麼為惡之舉也就符合其智慧了，好比水手不惜犧牲一部份商品以確保船隻安全以及另一部份商品免遭損失…

上帝若是憎恨惡及痛苦，若是惡及痛苦不是上帝所欲求的，祂只是容許之，那麼為何惡的存在是必然的？就算有人曾經提出惡之所以無法被排除就是怕排除之後會引發更大的惡這樣的說法來解釋。此一藉口確實可用來免除對於上帝過失的指責，但它卻也無法消除如下這極大的困惑：為什麼這基本且必然的惡違反上帝的整體意旨，並在祂不情願的情況下迫使其隱忍呢？所有的癥結都可以用如下的原因解釋：萊布尼茲最理想世界的藍圖一方面具備獨立的特質，另一方面卻又屈從於上帝的意旨[iii]。上帝看見這張藍圖，加以省思，加以審視。祂一方面評估事物各自不同的完善面，二方面又考量事物彼此間的連繫，總之全然受到事物內在的特質所指引。經過一番比較，上帝方才做出決定[14]。」

儘管這位出生於科尼斯堡（Königsberg）的哲學家曾合理批判過樂觀主義，然而不久之後（里斯本大地震發生四年之後），他還是毫無保留地公開宣稱：「因此，我願相信（或許我的一些讀者和我一樣）自己身處已臻至善之境，同時也很高興置身其中…在時間與空間的無窮無盡中，也許只有全知上帝才能一眼看盡創世紀的豐富。吾人囿於己身觀點，憑著所聊備的那一點薄弱的理解能力，儘可能放眼張望四周的一切，同時學習更進一步探究：我們身處的世界已經儘可能最理想了，而且，就這個世界的體系而言，萬事萬物皆已恰如其分[15]。」

然而，到了一七九一年，康德終於察覺：「在『神正論』的領域中，所有哲學理論的新嘗試都失敗了[16]。」他先提到：「一說到『神正論』，

[iii] 這裡所提到的所有作者中，唯獨康德做出此種批判。在我們看來，這是對於萊布尼茲的神正論所能做出之最精要的批判。

大家的理解是：為造物主那無上的智慧辯護，反對理性對它所提出的指控」，然後再對該理論的遊戲規則進行剖析：「所以，『神正論』領域的作者同意將這件事放到理性此一法庭當中接受審判，並且以律師的身份自居，先替被告進行辯護，再以合乎法律的程序反駁原告所有的控訴。情勢不允許他隨心所欲，指責人類理性此一法庭不具有管轄權，進而在訴訟的過程中抗拒原告的控訴。」康德鋪陳並且批判了『神正論』擁護者的論述，然後下結論道：「如下便是哲學此一法庭對於這起訴案件的判決：不管誰提出來的神正論一概無法兌現其所承諾的事。換句話說，上述任何學說都無法為『世界乃由神的智慧加以統治』此一命題進行有效辯護，無法消弭針對神的智慧所湧現的疑惑，由人世實際的經驗所激發的疑惑。」康德以不偏不倚的立場補充說道：「不過話說回來，這些如同反對意見的疑惑也無法證明反面為真。」

萊布尼茲式的神正論至少在德語地區大受歡迎。就在里斯本大地震發生的那一年，詩人烏茲（Johann-Peter Uz）即曾為自己的一首說教詩（一七五五年）冠上「神正論」的標題。

根據普魯士王國皇家科學與文學學院一七五三年六月七日的記錄[17]，在大會的公開場合中，「公佈一七五五年論文有獎競賽的題目：試申論『萬事萬物皆已恰如其分』之命題中波普的思想體系[iv]。論文探討方向如下：一、根據作者的假設釐清上述命題的真義；二、比較該命題與樂觀主義（或曰神之最佳抉擇），以便指出兩者關係以及相異之處；三、提出你認為最有利的理由，足以鞏固或駁倒波普之思想體系。」

學院最終收到二十二篇論文，篇幅長短彼此差異極大，撰文語種包括德文、法文和拉丁文。

[iv] 參見下文，第190頁。

一七五五年二月十三日，「學院秘書〔佛賀梅[v]〕報告，院長〔莫貝賀突伊（Maupertuis）〕邀請哲學組的成員擔任評審，負責審查當年投稿參賽的論文。」

在一七五五年六月五日星期四大會的公開場合中，「終身秘書主持開幕儀式時宣佈：今年被哲學組選為首獎的係編號七號的作品，標題為一格言：『人定勝天』（Nil mortalibus arduum est）。密封名單打開，裡面寫著萊茵哈特（Reinhard）[vi]先生的姓名。他是梅克朗布賀-斯特亥里茲（Mecklembourg-Strelitz）公爵大人的司法顧問。另外，獲頒獎狀的作品計有編號三號、六號以及八號的三篇佳作。」

榮獲首獎及佳作的論文一律印刷刊行…只是後來全遺失了。學院的檔案室裡已經無跡可尋，而收錄萊茵哈特法文論文[18]的那一本書也不在學院的圖書館裡。

萊茵哈特那篇論文的立場並不贊同樂觀主義，而將首獎頒贈給他的決定也引發一些爭議。事實上，哲學組必然包括支持萊布尼茲和馮．伍爾夫的成員，就像必然也包括反對他們的人一樣。

馮．伍爾夫（Johann-Christian von Wolff, 1679-1754）曾任哈勒（Halle）大學的數學與哲學教授，並曾在一七一三至一七一五年間出版一本數學教程。他於一七三三年被巴黎科學院選為國外院士。曾對他發表贊詞的該學院終身秘書福奚（Grandjean de Fouchy）[19]寫道：「馮．伍爾夫先生如果僅為數學這門學問引入條理以及體系，並且別硬要把當時日耳曼的哲學弄得和數學一般講究方法而且條理分明，那麼他的日子也許好過一些…馮．伍

[v] 佛賀梅（Jean Henri Samuel Formey, 1711-1797）出生於移居柏林的一個法國新教徒家庭，曾擔任柏林法國教堂的牧師及柏林皇家學院的終身秘書。由於秘書的身份，他曾為包括莫貝賀突伊在內的許多重要人物發表過贊詞。

[vi] 萊茵哈特（Adolf Friedrich Reinhard, 1726-1783）曾在布佐烏（Bützow）教授法學，後被賦與維茲拉爾（Wetzlar）國家法庭的要職，同時受封為貴族。一七五六年八月二十六日學院開會時曾提及他那外國院士的身分。

爾夫先生於一七二〇出版了形而上學的第一部分。在他看來，這套形而上學將是所有科學以及神學的基礎，而這觀點也是確實無誤的。但是他的敵人即在此處準備迎戰他了。」

孔多塞（Condorcet）因為沒有撰寫贊詞的壓力，因此論及相關問題時就不像福奚那麼溫和。他在自己的《反迷信年鑑》（Almanach antisuperstitieux）中寫道：「他的見聞廣博而且學養深厚。他接收萊布尼茲的思想體系以及盛名，卻沒能夠遺傳到對方的天才，他只不過為大師的想像添上沈悶的注釋罷了。然而單單他的名聲便足以激起神學界的嫉妒心。因為他曾贊美中國人的倫理道德，所以被扣上無神論者的帽子。馮．伍爾夫的敵人曾經勸告普魯士的先王，他的學說極可能引起士兵的叛逃，於是他被下令在二十四小時內離開哈勒，否則便要受絞而死[20]。」馮．伍爾夫於是只好逃往馬爾堡（Marburg），不過到了一七四〇年，他又受到普魯士國王腓德烈二世的邀請返回哈勒。

米湼（Migne）修道院院長談起馮．伍爾夫也沒什麼好話：「他讓萊布尼茲的思想體系葬送在亂七八糟的書堆中，用辯證、推論以及引文的洪水淹沒它[21]。」伯特蘭．羅素（Bertrand Russell）曾寫道：「康德的《純粹理性批判》尚未出版時，馮．伍爾夫始終是德國哲學的大師級人物，但他卻將萊布尼茲著作中最值得關注的部份棄置不顧，並將對方的學問變成枯燥的、學院式的思想[22]。」

瑞士人昆茲利（Künzli）[vii]是佛賀梅這位支持伍爾夫之終身秘書所栽培的新手，但他只獲得獎狀。學院院長莫貝賀突伊[viii]似乎曾對佛賀梅施壓，以

[vii] 昆茲利（Martin künzli, 1709-1765），佈道家、作家及評論家，生於溫戴突爾（Winterthur），亦卒於該地。

[viii] 莫貝賀突伊（Pierre-Louis Moreau de Maupertuis, 1698-1759），法國數學家及力學專家，曾發現「最小作用量原理」（le principe de moindre action）。身為巴黎科學院院士，他和克雷侯（Clairaut）以及攝勒席宇（Celsius）遠征至北極圈測量緯度。此次探險行動（加上另一次秘魯之行）證明南北極的

便後者將首獎的票改投給萊茵哈特。

該學院哲學組的成員哲學家舒爾茲（Johann Georg Sulzer, 1720-1779）（一七七六年出任哲學組組長）以德文寫信給他的同鄉[ix]昆茲利道：「那個名叫普亥蒙瓦勒（Prémontval）[x]的人和他的同黨梅希安（Mérian）[xi]俱已屈服在莫貝賀突伊的淫威之下。以後者為首的圈子一心要向萊布尼茲和馮・伍爾夫報復，因為這些日耳曼人竟膽敢躋身一流哲學家與一流數學家之列，竟膽敢搶了法國人的鋒頭。因此，那一批乳臭未乾的小子總愛嘲弄馮・伍爾夫派的哲學家，並且從中取樂。不過話說回來，和那兩個『被收買的奴才』（Lohnknecht）相比，馮・伍爾夫也強不到哪裡去[23]。」

佛賀梅很顯然無法原諒萊茵哈特。在為後者獲獎論文所撰的書評中，那篇於一七五六年收錄在《新日耳曼叢書》（Nouvelle bibliothèque germanique）裡的書評中，他評論道：「萊茵哈特將波普以及萊布尼茲的哲學體系做了一番陳述，堅決為兩者觀點的一致性辯護。證明兩者看法如出一轍之後，他即著手摧毀樂觀主義思想體系，而我們只需拭目以待，看看他要如何玩下去。他的炮火首先射向『完善理論』（Théorie de la Perfection）以及從該理論衍生出來的概念，尤其是其中各規律間可能產生的扞格現象。但他並沒有交代論證過程，只是宣稱得出一條基本原則。

地表是平坦的。一七四六年，他受腓德烈二世的邀請，出任柏林學院的院長。

ix 舒爾茲和昆茲利一樣，都出生於瑞士的溫戴突爾，是名著《美術理論概說》（Théorie généraledes beaux-arts）的作者。

x 普亥蒙瓦勒（André Pierre Le Guay de Prémontval, 1716-1764），教育學家，一七五二年被選為該學院院士，曾寫《神意之下的偶然性，制止現代宿命論的良方》（Du Hazard Sous l'empire de la Providence, pour server de preservative contre le fatalism moderne）來批判「萊布尼茲式的宿命論」（le fatalisme Leibnizien）。

xi 梅希安（Johann Bernhard Merian, 1723-1807），瑞士人，法國學校（Französisches kollegium）的哲學教師，於一七五〇年被選入該學院，並於一八〇七年昇任哲學組的主任。

以下便是他說的話：『智慧的神因為傾向將至美的特質賦與每一件創造物，所以在執行祂為自己設定的目標及原則時，可能找出多種都能符合自己意圖的方法，因此這些方法各自的完善程度都是不相上下，以至選擇哪條途徑於他而言並無差別。』這個觀點說明萊茵哈特先生否定了『萊布尼茲命題』（proposition Leibnizienne）。此命題的要旨是：在上帝所有可能的行為和執行方法中，比較起來，僅有一種會比其他各種都更完善。由於捍衛『萊布尼茲命題』的人主要把『充足理由律』（Principe de la Raison suffisante）視為觀點的礎石，因此萊茵哈特先生便毫不留情攻擊這塊礎石，嫌它令人目眩神迷但卻空泛模糊。可是他不直接針對問題仔細建構自己的反對意見，反而傾其全力，轉而挑剔起『唯一至善論』（Dogme de la plus grande perfection unique）了[24]。」

早在一七五七年，為了讓萊茵哈特的論文廣為人知，有人即把它譯成德文，而且附上譯者回應佛賀梅之批評意見的文字[25]。

其他未獲獎的論文並非就不值得注意。這裡就舉出其中一篇所下的結論。

根據記錄，編號九號的作品是由一位名為達賀傑（Darget）[xii]的人在一七五四年九月二十三日所寄出的。該篇論文的結語如下：「樂觀主義實為一套放肆荒唐的思想體系，因為它貶損了無限偉大的上帝，助長人類的傲慢氣焰，甚至讓人類說出他們無法做出的判斷。人類一向只對圍繞在自己四周的事物具有知識而已，況且還是很膚淺的知識，只因比較過和自己一樣智識有限的同儕，他們就產生出對於自己極不完整的體認，但此體認足以使他們彷彿突然化身為巨人似的。難道他們因此就能夠做出最非凡的發現？足以估量無限偉大的上帝以及祂的傑作？他們因此就能探知上帝傑

xii 達賀傑（Claude-Étienne Darget, 1712-1778），國王的私人顧問及秘書，一七五五年獲選為該學院的國外院士。

作的規模？還是就能安排各種因果關係？就能判斷何謂完善？上述便是樂觀主義的目的，那是過激之想像力發作時所孕育出來的畸胎。不妨這麼說吧，為其前導的不過是一股盲目的熱忱，完全禁不起理性檢驗的熱忱。這種熱忱好比鬼火。鬼火乃是白晝散逸之氣所構成的，到了黑夜便會凝聚現形，然而才隨氣流飄忽遊走片刻，終要自行耗盡於無形了。如果樂觀主義尚未走上自我毀滅之途，那麼至少此種危機已現端倪，而且在那一些願意費心思考此一問題的人眼裡，樂觀主義的下場必將如此啊[26]。」

編號四號作品（全文不過四頁）的結論也毫不客氣：「世界之續存只靠如此薄弱的東西維繫，只要有個印度人不讓載著神像的車輪輾過以榮耀其神明，或是臨死的時候沒有手抓牛尾巴以乞求死後的福祉，所有一切就會毀滅。真是荒唐到了極點！對這個體系我們唯一可以總結的，就是人類思想要有多瘋狂就可以多瘋狂，竟然拿虛假的嚴謹去評斷永恆的智慧，去撰寫律則，妄想去打破上帝用以制裁人們脆弱的理性、要他們安份屈服的那些可畏的黑暗[27]。」

菲特（François Fejtö）曾指出：「魔鬼的權力被賦予極大的重要性之後，上帝對於世間之惡的責任即大大減輕。這事非同小可，因為此一神話正好幫助基督教會人士及神學家脫離這個位於『神正論』核心位置的困境[27]。」然而，萊布尼茲也好，神學家們也罷，後來當他們針對里斯本大地震而尋思「世間之惡」的問題時，誰也沒要魔鬼來揹黑鍋。

另外，值得吾人注意的還有：聖經雖然在許多章節中提到，當世間發生災難時，便是上帝對人類偏差行為所施予的制裁。聖經在不少寓意深遠的段落中強調：上帝殊難理解，而且祂的意圖諱莫如深[28]。這是事實，〈約伯記〉的內容尤其如此。〈傳道書〉（Qohéleth）也接受「義人所遭遇的，反照惡人所行的；又有惡人所遭遇的，反照義人所行的。」（〈傳道書〉八章十四節）最後，上帝也透過先知以賽亞的嘴明白昭告世人，是祂造出了惡：「我是耶和華，在我以外並沒有別神；除了我以外再沒有神。我造光，又造暗；我施平安，又造災禍；造作這一切的是我—耶和華。」（〈以賽亞書〉四十五章五及七節）[29]。

從這個角度切入的話，很明顯的，所謂「為上帝的立場辯護」之觀點就全然不可思議了。

至於無神論者就不在相關問題上傷腦筋了。我們很少看見他們在里斯本大災難的問題上有何著墨，不過他們的觀點倒可以在霍爾巴赫（Holbach）[xiii]男爵的著作中清楚地被摘要出來（在男爵的「小集團中聚集了當代許多思想界的菁英份子：狄德羅、葛林姆、馬賀蒙泰勒（Marmontel）、亥納勒（Raynal）修道院院長等等」）。霍爾巴赫和他自己許多自然神教的朋友不同，因為他是徹徹底底的無神論者。他那本一七七二年出版於倫敦的《常識》（Le Bon Sens）過了兩年（一七七四年）即遭宗教裁判所列為禁書，並在巴黎市議會的命令下被焚毀。他在書中說道：

「不幸事件一般常被視為對人類罪愆的懲罰。災難、疾病、飢荒、戰爭以及地震都是上帝藉以懲罰邪惡之輩的手段。因此，大家不假思索便把這些不幸歸因為正直公義之上帝所表現的嚴厲態度。然而，難道我們沒有看見，這些禍事不分青紅皂白同時降臨在惡人和義人的頭上，同時打擊不虔誠的和虔誠的人，打擊清白無辜的人和罪孽深重的人？所以，人家如何能教我們在這種擺佈中崇敬神的仁慈與大度呢？儘管如此，神的這種既定形象對於諸多不幸的人而言，為何又是如此能夠撫慰心靈呢？必定是這些不

---

xiii 霍爾巴赫男爵（Paul-Henri Thiry, baron d'Holbach, 1723-1789）常在巴黎設宴招待歐洲各地的知識份子與學者，曾負責撰寫《百科全書》中的數個詞條，也被大家冠以「哲學界首席膳食總管」（le premier maître d'hôtel de la philisophie）的外號。盧梭在《懺悔錄》中埋怨自己被「霍爾巴赫的小圈圈」所欺壓。

幸的人被自己的厄運搞到神智不清了，因為他們竟然忘記：自己景仰的上帝乃是萬事萬物的仲裁者，乃是世間所有情況的支配者，在這種前提下，他們非但不會怨恨上帝造成的不幸，反而還想投入祂的懷抱。不幸的父親，你竟想在神的懷抱之中療癒喪失愛子之痛或是喪失愛妻之痛，那位生前為你帶來幸福的愛妻！難道你沒看到，是上帝奪走了他們的性命？你的上帝令你變得如此淒慘，祂以令人髮指的手段打擊你，而你卻寄望祂來安慰你！

神學中的那些虛幻或離奇的觀念在人類的心裡成功地打亂了最簡單、最清楚、最自然的想法，以至那些虔信的人既然無法指責神有惡意，於是習慣把命運最不堪的打擊視為神恩無可置疑的證明。他們明明身陷苦難，別人卻命令他們相信神愛世人的道理，還說神來訪察他們，神來考驗他們。因此，宗教達成了指惡為善的目標。有位教外人士說得很好：『如果慈悲的神竟以這種手段對付祂所愛的世人，那麼我要立刻拜託祂別理會我。』[30]」

波普、伏爾泰與盧梭

毫無疑問，伏爾泰所寫的那首包括二百三十四句亞歷山大詩行（每個詩行十二個音節）的作品〈論里斯本大災難之詩〉（Poème sur le désastre de Lisbonne）[31]可以說在啟蒙主義的哲學家之間點燃了導火線，將「樂觀主義論戰」（querelle de l'optimisme）變成一項公共議題。

這首可被歸類為「教訓詩」（didactique）的作品以長篇的序言開場並附加大量的註釋，出版日期為一七五五年十二月十六日（亦即大地震新聞在歐洲造成轟動之際）。它是伏爾泰與盧梭之間論爭的引爆點，由於雙方都是大名鼎鼎的人物，這場論爭一般被誤解為關於「樂觀主義論戰」的總結。事實上，大部份探討里斯本大災難[32]的學術性文章幾乎專門（所以重覆性必然很高）處理這場發生在這兩個立場對立又難分難解的人物間的知性決鬥的細節。

這首詩的完整標題如下：〈論里斯本大災難之詩或是對「一切皆善」之公理的細究〉（Poème sur le désastre de Lisbonne ou Examen de cet axiome: 「Tout est bien」）。伏爾泰的序言評論了「著名的波普」在《論人》著作裡所寫下之「新公理『一切皆善』」所引發的迴響。波普在「自己不朽的詩句中」發揚了萊布尼茲的觀念。

英國天主教詩人亞歷山大・波普（Alexander Pope, 1688-1744）於一七三四年出版了獻給哲學家兼政治家波林布洛克爵士（lord Bolingbroke）亨利・聖約翰（Henry St. John, 1678-1751）那一共包含四首「書簡詩」（épître）的長篇哲學詩著作《論人》（An Essay on Man）。

第一首書簡詩的主題是人在宇宙此一廣大系統中的地位。我們在其中可清楚看到萊布尼茲思想的影子。

波普告誡我們，人類不應該以自己微不足道的理性妄下判斷，因為此一理性不過只受事物之通則所支配。如果我們認定，在所有可能實現的系統中，神的無限智慧必然創造了最佳的那個系統[xiv]，那麼很顯然的，在龐大的生態之中，一定有人類的立足之地。關於人類，被我們所稱為「惡」的可以是也應該是「善」，因為那和整體息息相關[xv]。我們的錯誤在於自豪，愛推理的自豪[xvi]，正因如此，當我們遭遇不幸時，便會埋怨上帝不公不義，並且想要審判祂的立場，意圖要做上帝的神。

[xiv] 英文原文：Of systems possible, if'tis confest / That Wisdom infinite must form the best …（第四十三～四十四詩行）

[xv] 英文原文：Respecting man, whatever wrong we call, / May, must be right, as relative to all.（第五十一～五十二詩行）

[xvi] 英文原文：In pride, in reasoning pride, our error lies.（第一百二十三行）

總之，如果大地震或是其他自然災害毀滅了整座城市或是整個國族，這不過是上帝的意志根據通則而非特例在行事罷了。

該首長詩的最後一行為：「真理極其清楚：凡存在的都對」（One truth is clear, Whatever is, is right）。後面半句譯成法文常是："tout est bien"（一切皆善），其實譯成如下文字應會更好（就算風格不見得更高雅，但文義至少更貼切）："Quoique ce soit qui est, est comme il convient"（事物無論如何，都是最適當的）。

在他的序言中，伏爾泰說明讀者應該如何解讀他的作品，而且強調自己並非攻擊波普，而是指正別人濫用了波普的那則「公理」（axiome）。

「如果事物無論怎樣，就像人家說的，都是最適當的，那麼，人類天性墮落的說法便是錯誤的。如果普遍通則要求一切都應維持現狀，那麼人類天性就沒有所謂變質的問題，因此也等於無罪可贖了，不需救世主了。如果這個世界的現狀便是一切可能實現的世界中最好的那一個，那麼，我們即不可能期待更美好的未來。」

霍爾巴赫（Holbach）男爵說的也是這樣：「所謂的樂觀主義者即是認為世間萬事萬物皆已恰如其分的人，只知天天在你我耳邊不停叫嚷『我們活在所有可實現之世界中最好的那個』。要是他言行一致的話就不應該禱告，更重要的是，他也不應該期待出現另一個能使人生更快樂圓滿的世界。怎麼可能還有一個比『可實現之世界中最好的那個』更好的世界呢[33]？」

不過，伏爾泰和霍爾巴赫畢竟不同，因為後者是無神論者，而伏爾泰卻信仰自然神教（déïsme），在這裡以救贖和永生的捍衛者自居。一七五六年二月十八日，他在寫給貝賀特杭（Élie Bertrand）牧師的信裡面幾乎用同樣的措辭將上述的觀點重新論述一遍：「因為，如果世間萬事萬物皆已恰如其分，皆以其應該存在的方式存在，那麼何來所謂墮落變質的問題呢？

可是，反過來講，如果世間有惡，那就表示墮落腐化曾在過去發生，而且未來將有矯治改善…然而，我所熟知、所敬愛的、可憐的波普兄可憐的駝子啊！是誰告訴你的，上帝造你的時候無法讓你背上不要長出那團東西呢？樂觀主義真是教人失望。這是一種名稱能夠撫慰人心，但本質卻很殘酷的哲學思想。唉！如果『萬事萬物皆已恰如其分』指的便是一切都在受苦受難，那麼我們也不妨活在其他千百個一切已臻完善但大家卻仍受苦的世界裡[34]。」

伏爾泰在序言中繼續說道：「〈論里斯本大災難之詩〉的作者絕非故意挑釁大名鼎鼎的波普，更何況後者還是他始終敬愛與尊崇的對象。他和波普幾乎在所有議題上見解相同。不過，由於他對人類的不幸感觸良深，因此對於濫用『萬事萬物皆已恰如其分』這句古老公理的人，他認為有必要加以撻伐。他寧可採信如下這個較為悲觀且更為古老的真理（也是所有人都認同的真理）：『世間有惡』。他認為『萬事萬物皆已恰如其分』這一句話如果斷章取義同時又對未來不抱期望，那就僅是對於我們生命苦痛的侮辱了。一七五五年十一月，當里斯本、梅基內茲（Méquinez）、戴土安（Tétuan）以及許多其他都市連城帶人被吞入地底下時，如果出現一群哲學家對著好不容易才死裡逃生的人叫嚷道：『萬事萬物皆已恰如其分；死者的繼承人可以增加財富；泥水工因重建房舍能賺到錢；牲畜可以飽餐埋在瓦礫堆底下的死屍；這都是必然歷程的必然結果；你們各自的痛苦哪算什麼呢，因為你們共同造就了普遍的善』。這種說法當然和大地震同等殘酷、一樣令人沮喪。這就是〈論里斯本大災難之詩〉作者的肺腑之言。」

伏爾泰的那些詩行很明顯比上文提到的巴賀特（Barthe）、基（Guis）以及其他詩人的詩作層次高超許多。雖說我們在其中也找得到經典的套語，例如「大地咧開巨口」或是「孩子在母親的胸脯上被壓得血肉模糊」，但是瑕不掩瑜，該詩靈感橫溢，訊息清楚且溫馨地成功傳達。這也許部份說明了該詩膾炙人口的原因。說來奇怪，這首詩並沒有任何葡萄牙文的譯本，而伏爾泰其他的作品，不論是詩或者散文（包括小說《憨第德》！），都早被譯成葡萄牙文了[35]。

伏爾泰在這首詩中的說話對象是「你們這些高喊『萬事萬物皆已恰如其分』的哲學家、大錯特錯的哲學家」：

「趕快跑去看看那些駭人的廢墟吧！

多少殘塊，多少碎布，多少不幸的死難者，

那些婦女，那些兒童，屍身交相堆疊，

斷肢四散，被壓在破裂的大理石下；

大地殘害十萬不幸的人，

他們遍體鱗傷、渾身是血，仍存一絲氣息，

埋在自家的屋頂下，無人前去救援，

將悲慘的時日葬送在恐怖的磨難中！

聽見他們那氣絕前的微弱呼救時，

難道你們會說：『這是永恆法則的作用啊！

自由且仁慈的上帝據此做出抉擇』？」

波普早先已曾寫過：「如果我們遭遇不幸，就會埋怨上帝不公不義，那是我們心中那份傲慢，愛推理的傲慢，致使我們犯這錯誤」；伏爾泰直截了當回應波普，並且向他質問：

「根據你的看法，人因傲慢（煽惑性的傲慢）所以宣稱：

世間由於有惡，所以才能更好。

請你去質問太加斯河的河岸；

請你挖掘這場血腥破壞後的瓦礫堆吧；

請你問問瀕死的人，在這驚怖的處境中，

是不是這份傲慢在叫喊『神啊，救救我吧！

神啊，請同情人類的苦難！』

你說：『萬事萬物皆已恰如其分，而且萬事萬物皆有存在必要。』

什麼！如果沒有這個醜惡深淵，

如果里斯本城不被摧毀，整個宇宙還會更糟是嗎？

…

你以哀戚的聲音高喊道：『萬事萬物皆已恰如其分。』

宇宙中的真實情況和你說的背道而馳，而您的心

已經千次百次反駁你思慮上的大錯誤。

天地間的元素、禽獸、人類全都處於衝突對立狀態。

必須承認，世間有『惡』。」

接著，伏爾泰提出最基本的問題，而且坦言，他拿不出任何解決之道（也同時在字裡行間流露對愛好空想之士的不滿）：

「一堆矛盾混雜起來，多麼教人吃驚啊！

上帝前來安慰我們受苦難的族類；

祂到人間走了一趟卻完全不加改變！

有個傲慢好耍詭辯的人告訴我們：『上帝無法如此』；

另外一個卻說：『祂能夠做，只是不願意做；

未來或許祂會樂意。』就在大家推理的過程中，

地底下的霹靂已經吞噬了里斯本。

…

萊布尼茲根本沒有說明清楚，

在我們這個一切均已盡可能上軌道的世界裡，

恆常的失序、災難的混沌卻將

極真實的苦楚摻入我們空虛的享樂中；

他也不曾解釋，為何清白無辜的人必須和那罪人

一起承受無可避免的惡。

我真無法想像，萬事萬物如何皆已恰如其分？

唉！其實本人什麼都不知道。

…

我是什麼？我在何處？要去哪裡？從何而來？」

最後，伏爾泰還是下了一個在他看來唯一可能的結論，一個所謂「樂觀主義」式的結論，亦即今天我們賦予這個詞的含義：

「但願將來萬事萬物都能變得恰如其分，這便是我們的期待：

今天如果你說：『萬事萬物皆已恰如其分』，那就是錯覺了。」

說實在話，伏爾泰並不是對於現今的一切始終抱持著負面的態度。在短篇小說《世界即是如此》（Le Monde comme il va, 1746）中，精靈伊杜希耶勒（Ituriel）責成斯基泰人巴布克（Babouc）調查波斯大城佩爾塞波利斯（Persépolis）（實則影射巴黎），並向他報告該城的善惡情況。聽完巴布克的報告後，伊杜希耶勒下結論說道：「如果一切尚未盡善盡美，那麼就還過得去呀[36]！」

伏爾泰私底下才不拐彎抹角說委婉話。一七五六年三月，日內瓦的一位行會理事杜．龐（Barthélémy du Pan）與人通信時寫道：「我沒有讀過他那首有關里斯本的詩作，不過我知道，里斯本震毀後，伏爾泰對著去了聖讓（Saint-Jean）的維內（Vernet）教授說道：『唉，教授先生，有關這次的大災難，上帝丟臉丟到家了。』這是他的評論[37]。」

一七五六年一月一日，葛林姆在書信中寫道[38]：「人家從日內瓦寄信來告訴我，有關里斯本大地震的那首詩至少有兩百行，還有，萊布尼茲的樂觀主義被狠狠批判了一頓。不過，這作品的基調不夠虔誠，以至無法確保作者能引發信徒的熱烈迴響。」葛林姆在同一天也引用了「據傳是伏爾泰評論里斯本大災難的詩作」，同時強調：「我不知道這些文字是否真的出自伏爾泰的手筆。」

「操控我們這大災難的神究竟是誰？

祂將我們壯麗的城市丟入地表洞開的深淵裡！

悲慘的里斯本，上帝決意將你毀滅；

你的市民、你的宮殿都被吞噬，

轉瞬之間化為烏有。

城裡那群受居民尊敬的僧侶[xvii]，

他們對你有何用處？

…

啊，上帝！啊，崇高的奧秘啊！

若是我們沮喪的心有時迷失在祢的深淵中，

那是因為那隻打擊美德的手

沒能至少先從懲治犯罪開始。」

一七五六年二月十五日，《百科全書學報》[39]亦刊出這首詩，同時告知讀者：「我們只在此處登出這首書簡詩的幾行，因為很多居心不良的人硬說這是伏爾泰先生的作品。這位偉人的名聲如此響亮，以至為了讓大家迫不及待搶讀一首出自他人手筆的詩，並且使它迅速流傳開來，只需印上伏爾泰先生的大名即可。」

這首詩作的反教會立場極其鮮明而且很容易被誤認為出自伏爾泰手筆。其實真正作者是一位天份不高的年輕文學家席曼內茲侯爵（marquis de Ximenès）奧古斯丁-馬利（Augustin-Marie, 1726-1817）。

早在一七五六年四月一日，伏爾泰的詩作就已有人加以評論。在那時候《百科全書學報》刊出了〈論里斯本大災難之詩或是對「一切皆善」之

---

xvii 原文做 pénaillon，通常是描寫僧侶的貶義詞〔參見 Flammarion 出版社的《百科辭典》（Dictionnaire encyclopédie）〕。

公理的細究，作者伏××先生〉，並且附上一段通知：「本刊抱持保留態度公佈此篇詩作，我們認為此一態度必不可少。我們附上另篇詩作予以回應，它比大家所有的意見或許更有價值[40]。」

〈回應伏××先生又名為「一切皆善」之公理的辯護〉：

「難不成輪到你來評斷上帝嗎？

難不成你敢譴責祂所做的決定嗎？

先哲有言：『萬事萬物皆已恰如其分』，因為此係上帝意旨

…

奴隸難不成有權質問主人嗎？

…

本項研究足以昭告世人

神的印記即使在祂所創造的最小事物之中亦有存在

…

總之，理性賦予我們光明，

我們才可看到，大自然中，萬事萬物皆已恰如其分。」

這篇〈辯護〉不知作者是誰，內容平淡無奇，單勸世人凡事逆來順受，甚至沒有提及萊布尼茲在自己那篇出色的辯護中所挑明的問題。總之，這是針對伏爾泰那篇詩作相當典型的回應，虔誠信徒的回應。

葛林姆同一時間在不偏袒任何一方的情況下寫道：「總而言之，主張『萬事萬物皆已恰如其分』的人錯了；提倡『萬事萬物並非恰如其分』的人也沒道理。如果想要知道答案，就必需先搞清楚上帝的鉅作，然而誰敢吹噓自己懂些什麼[41]？」

到了七月一日，他發展出了自己的觀點，但基本上受梅莫尼德和萊布尼

茲的啟迪相當可觀：「當萊布尼茲與夏福斯伯里（Shaftesbury）紳士[xviii]以及宣揚他們思想的名人波普告訴我：『世間萬事萬物皆已恰如其分』時，我想反問他們道：『關於這點，你們知道什麼？』他們極有可能永遠回答不了這個小問題。伏爾泰先生因為里斯本被大地震摧毀而否定上述那則原理，相較之下，伏爾泰遠不及他們樂天認命，因為他將一些人的不幸和死難視為世間的惡。也許我會問他：『您怎麼確定某些人的不幸和世間的惡是同一回事？』出於傲慢，您才認為自己在浩瀚宇宙中佔有一席之地，才因為丟了幾條人命，您就批判起普遍的通則了。您關心起那些喪生的人，只因本能令您不由自主反觀自己以及您的脆弱狀態，畢竟您和他們是相同的物類，或者因為您和他們一樣，都有一條性命，都感知自己的存有，所以才意識到自己暴露在相同的危險中？…在普遍的通則裡，幸福並不等同於善，苦痛也不等同於惡，至少我們在這方面一無所知。幸福或是苦痛僅由某甲某乙的個別情況而定。然而這個情況雖屬必然，對於宇宙秩序而言實在無足輕重。幸福與苦痛源於具體事件與心靈狀況的相互連串，源於二者的定數，源於二者無可避免的協作。反過來看，善與惡則起自普遍的通則，改變與統攝宇宙的通則、確保秩序與和諧得以持續下去的通則。在回答道德的善與惡是否存在之前，難道不需先知道那些普遍的通則為何？又是什麼力量奠定了那些通則？又是誰在負責操縱？憑良心講，您認為我們有可能洞悉其中的一點什麼嗎？

…然而，如果我們願意直視事物的本質，那麼我們將會發現，大自然的所做所為全都為了自己，絲毫沒有為了我們。它所考量的唯有物種的保存

[xviii] 夏福斯伯里伯爵（Anthony Ashley-Cooper, earl of Shaftesbury, 1671-1713），英國哲學家。米涅（Migne）在《基督教傳記辭典》（Dictionnaire de biographie chrétienne）中評論他道：「據他宣稱，每個人的惡加總起來即為整體的善，因此，換句話說，沒有所謂的惡。」

及其整體福祉，所以全然不考慮個體的安危[xix]⋯凡是存在的都是應該存在的，事物存在的理由便是它已存在。這就是唯一說得過去的原理[42]。」

盧梭在《懺悔錄》交代自己為何而且如何回應〈論里斯本大災難之詩〉：「我生病尚未痊癒時便收到一篇有關里斯本毀滅的詩作，我猜是作者寄給我的。如此一來，我不得不回信給他，並向他表達我對那件作品的看法。那封信過了很久之後在未獲我同意的情形下被刊印出來，下文我再回頭說這件事。他這個人多可憐啊！明明可以說是功成名就、榮華富貴，卻仍要酸楚地抗議人生的苦難，並且始終認為世間唯有一個『惡』字。於是，我自不量力想出一個能教他深切反省的計畫，向他證明世間一切皆善的計畫。伏爾泰似乎一直都信奉上帝，然而實際上他只認同魔鬼，因為他口中所謂的神不過只會做惡使壞。根據他的看法，他的神只有處處為難人類方才開心。明眼人一下子便看出來，他那觀念的荒謬之處由於他本人輕鬆飽享各種資源而更教人反胃；他被幸福環繞，卻要用自己完全沾不上邊的各種災難場景、各種殘酷可怕意象來嚇唬同儕，令其絕望沮喪。本人深覺自己更有資格細數與掂量人生的種種苦處。進行公允的檢討後，我要向他證明：關於人生種種的苦難，上帝沒有任何一件需要負責，而且都是人類濫用自己的才智方才導致那種惡果，甚至和大自然的干係極少。在我寫給他的那封信裡，我以尊敬的態度對待他，遣詞用字十分委婉，禮貌上可以說是面面俱到了。不過，由於我深知他的自尊心很強，動不動脾氣就竄上來，所以我並沒有直接把信寄給他，而是指名由他的醫生兼好友特洪桑（Tronchin）先生代收，由後者全權決定是否該把我的信轉交給他。我的信果真到了伏爾泰的手裡。他的回信僅有寥寥數語，只說自己生病，同時乏人照料，所以改天還會來信答覆。至於我的問題，他是隻字未提⋯後

---

xix 這個觀念二百多年後又將重見天日，出現在道金斯（Richard Dawkins）的著作《自私的基因》（The Selfish Gene, Oxford, 1976）中。

來，伏爾泰把答應給我的回信直接交付出版，而非先寄給我。那封信的內容不過就是他那小說《憨第德》的翻版。因為我沒讀過那本小說，也就不便發表意見[43]。」

在上面這段文字中，我們又看到盧梭人格的典型特徵：喜歡自艾自憐，並對伏爾泰表現出染有妒意的憎惡。有趣的是，盧梭拿自己的失意與不幸去對照伏爾泰的得意與幸福，而在這《懺悔錄》的同一章裡，他一度還為本身的命運沾沾自喜呢（於他而言，此一反應實屬罕見）：「我的住所偏僻孤立，那份寂寥教人歡喜〔指他位於艾賀門農維勒（Ermenonville）的隱遁處〕；關起家門就我最大，可以隨心所欲依照自己的方式過日子，沒有人來監督批評。」此外，他責備伏爾泰的話中多少流露出惡意，因為他說對方明明名利雙收卻還覺得世間處處是惡。大家知道，伏爾泰從未抱怨過自己的命運，他只是對里斯本大地震不幸的罹難者表達憫憐之意。倒是盧梭一心只想到自己個人的時運不濟，全然沒有對他們流露任何同情關懷。

誠如布萊特曼（Brightman）所言，我們不妨認定：盧梭比較難以忍受伏爾泰此一人物對他所造成的不幸，而不在乎發生於里斯本的悲劇[44]！

盧梭寫給伏爾泰的那封信通常被稱為〈論天意之書簡〉（Lettre sur la Providence），標示的日期為一七五六年八月十八日[45]。他對大地震罹難者的不幸加以相對化：「我在《扎迪格》[xx]讀懂道理，而且大自然日復一日向我證明：驟然降臨的死並不見得就是真正的惡，甚至有時還可被視為相對的善。在那麼多被壓死於里斯本瓦礫堆下的罹難者中，也許有好多人因此得以避開更恐怖的不幸。儘管對於大地震的相關描寫確有感人之處，而

---

xx 在《扎迪格》（Zadig, 1747）中，伏爾泰實際表現出些微樂觀主義的調調。在第二十章裡，扎迪格抱怨道：「所以說，世間的不幸和罪行都是必要的嗎？善人遭逢不幸也是必要的嗎？」天使傑斯哈（Jesrad）答道：⋯每一種惡都會產出善。」扎迪格追問道：「為何世間無法全部是善而不要惡呢？」傑斯哈又答道：「如此一來，這個地球就不再是同一個地球⋯」

且提供許多詩作素材，不過我們也無法確定，罹難者迅速喪命是否真的要比自然死亡受更多苦？通常在自然死亡的過程之中，臨終者在嚥下最後一口氣前，得要歷經很漫長的瀕死階段。明明藥石罔效的人卻硬要對其施予無用的治療，代書和繼承人又不讓他自在喘息，醫生紛紛來到病榻前面好整以暇地折磨他，何況還有殘忍的神父以精湛老到的技巧令他飽嚐死亡的滋味！這些場面難道還不夠慘？」

當然，盧梭這話頗有見地，但問題的重點在於：盧梭沒有讀通伏爾泰的那首詩。伏爾泰並未提及「驟死的人」，而是「遍體鱗傷、渾身是血、仍存一絲氣息，埋在自家屋頂下，無人前去救援，註定將悲慘的時日葬送在恐怖磨難之中」的人。

為了糾正大眾對於啟蒙世紀失之過簡的看法，布哈薩（P. Brasart）寫道：「希望大家注意：是伏爾泰這位嘴角掛著譏諷微笑的所謂『無　之徒』在他那被自己謙稱為『訴苦經』（jérémiade）的詩文中，以最磅礴的氣勢讓人感受到他人所受之苦難的悲愴…反過來看，盧梭這位所謂『最有感性的人』在他那封一七五六年八月十八日的著名信函裡，對於大地震的罹難者竟無表露憐憫的隻字片語。他甚至以自己的失意與不幸做為掩護（『我是、既貧困又沒沒無聞的人，永遠擺脫不了災禍的折磨啊！』），掉頭過來對人橫加指責，只圖為那天意脫罪[46]。」

誠如伯特蘭・羅素（Bertrand Russell）所言[47]：「盧梭本人覺得不過才發生一場地震，沒有理由這樣大驚小怪：這世界上偶爾有人死於天災也是完全合情合理的事。」

盧梭一如往常，認為該怪罪的是社會而非大自然。他所做的建議不禁讓人聯想到亞雷（Alphonse Allais）提倡在鄉野建立城鎮的事：「說到里斯本，您應該會同意我的看法：並不是大自然硬要將二萬棟六至七層樓的房子集中興建起來的；此外，如果這座大城市的居民能夠平均分散開來，而且住所不要這樣層層相疊，災損也許便會降至最低，甚至毫無災損亦有可能。地表剛一震動，所有人便可輕易逃生，到了隔天，人家便會看見他們已在離城二十里遠的地方，快樂如常的模樣彷彿大災難不曾發生過似的；然而實際的情況是：災後市民仍舊頑固地守在受損的家屋附近，暴露在餘震來襲時喪生的危險中，因為拿不走的比拿得走的更值錢。」

盧梭繼續寫道：「您也許希望（誰又不希望呢？）大地震不要發生在里斯本，而是發生在某片沙漠的最偏僻處。我們怎麼知道沙漠裡就不會發生地震呢？只是我們不加談論而已，因為那種地震不會對都市裡的紳士們造成傷害，而那些紳士又是大家唯一在乎的人。」

盧梭行文至此，邏輯推理又開始走偏了：如果地震發生在「沙漠的最偏僻處」，那麼地震將不會對任何人造成傷害，不但不會傷害到都市裡的紳士，也不會傷害到鄉間的村夫，因此不管怎樣，「世間之惡」這問題的也就沒有談論的理由了。

在這封信中，盧梭相當清楚地總結了樂觀主義者普遍的觀點：「先生，回到您所批判的體系上面，我想除非先仔細辨別兩種不同的惡，否則誰也無法適當地檢視該一體系：一種是個別的惡，沒有哪位哲學家會否定其存在的惡；另一種是普遍的惡，是樂觀派所否定的惡。問題不在於知道我們每一個人是否受苦，而在於世間有苦是否為善，在於我們受苦受難對宇宙的構成是否不可或缺。因此增添一篇文章應有助於釐清此一命題。與其強調『一切皆善』（Tout est bien）倒不如改說『整體為善』（Le tout est bien）或是『若為整體，一切皆善』（Tout est bien pour le tout）更適切。所以，很顯然的，沒有任何人可以提出支持或反對的證據，因為我們必需徹底了解世界的構成方式以及造物主的目的，而這種認知無庸置疑並非人類智力所能掌握…不可否認的是：『惡之起源』的問題乃是由天意（la Providence）的問題衍生出來的。」

此外，盧梭抱怨伏爾泰令他灰心失望：「您怪罪波普和萊布尼茲因擁護『萬事萬物皆已恰如其分』的看法而藐視了人類所受的苦難。您如此放大了人生苦難的景象，以至加重了吾人對那些不幸的感受。我原本期待獲得安慰，您卻反倒加深我的苦惱。」然而，伏爾泰不是曾寫信告訴過貝賀特杭：「樂觀主義教人失望沮喪。這是一種戴著安慰人心之面具的殘酷哲學」？難道他在詩的結論中沒有說出如下心願：「但願將來萬事萬物將會變得恰如其分，這便是我們的期待」？雙方完全無法理解對手，彼此立場根本誓不兩立。

我們在柏林方面聽到響應盧梭的聲音。路易・得・伯索布賀（Louis de Beausobre, 1730-1783）是以撒克・得・伯索布賀（Issac de Beausobre）之子。以撒克是避難到柏林的法國新教徒，後來擔任普魯士國王腓德烈二世（Frédéric II）的御用牧師，同時專注於年幼路易的教育問題。路易・得・伯索布賀因哲學、經濟學和心理學方面的著作而聞名。里斯本大地震發生三年後，他在柏林出版《論幸福之隨筆又名關於人生福禍之哲學反思》（Essais sur le Bonheur, ou Réflexions philosophiques sur les biens et les maux de la vie）[48]，宣傳「無條件接受上帝之不變意志的安排」。

他在書中說道：「我在這裡無意借用萊布尼茲那無可反駁的樂觀主義做為我論述的證據。一般人的公民胸襟不夠開闊，以至看到一己的私利必須受制於公益時，都難免要口出怨言。因此，難道他們就能心平氣和地眼睜睜看著大自然將一些苦痛不幸派給他們承受？而其理由竟是：這些苦難在上帝唯一可選擇的最佳世界中都是不可或缺。難道他們會認為自身的殘疾有助於使世間一切臻於完善並且因此倍感欣慰？我想，誰若是想向其證明這個世界乃是所有可實現的世界中最理想的，因此他們的狀況也是所有可實現的狀況中最理想的，是唯一適合最完善世界的狀況，此舉恐怕只是白費心機而已。」

伯索布賀因此另闢蹊徑，試圖找出其他論點，同時多少模倣盧梭的方式回應伏爾泰道：「那麼我們如何看待全面性的災禍？瘟疫、戰爭、飢荒、還有好幾次的地震！什麼，被壓在瓦礫堆下的里斯本哪能快樂得起來！田野之中躺的不是屍體便是瀕死的人，到處都是被遺棄的孤兒和悲痛的寡婦，山河被慘烈的災禍蹂躪，多淒涼的景象啊！都是一些無法證明什麼的誇張說法。上帝震怒之餘所降下之災厄不算是惡，有誰曾否定過此一真理？…命喪瓦礫堆下的人就是死人；如果好多個人同時斷氣不比死神在無法覺察的情況下將其一個個分別帶走更加不幸，那麼，前面那種情況如果伴隨一些大事發生，難道會更可悲？如果在大動盪之中絕命很是悲慘，那麼在安定的環境中長逝就不悲慘了嗎？我們腳下的大地裂開所呈現出的死亡況味一定比圍繞在臨終者四周的悲傷氣氛更醜惡嗎？被埋進地底的財寶和遺失的財寶沒有兩樣，都是可以割捨掉的東西。被震塌的城市和被毀壞的建築相同，都是可以重修起來的。」

也許有很多人雖然沒有踏進神學-哲學的詭辯中，卻表現出和歌德（1749-1832）在回憶錄中所流露的情感完全相同：「震驚全世界的里斯本大地震首度干擾了我幼年溫馨的寧靜[xxi]。等到我們獲悉這場大災難所有的恐怖細節，虔誠的心靈便開始專注於神聖的默想，哲學家們迷失於茫然的推理，佈道者勸告大家深切懺悔。我個人最早接受的宗教教育告訴我：上帝是公正與仁慈的中流砥柱，可是後來我卻身不由己地體認到，世界的造物主並非始終以好父親的形象示人的，這點教我驚訝得難受極了，因為祂不分青紅皂白以同樣嚴酷的手段打擊善人以及惡人[49]。」

[xxi] 歌德當時年僅六歲，就算他未來是位了不起的天才，我們也會強烈質疑：六歲小童是否已有能力思考天意此一主題。歌德於一八一一年寫下與里斯本大地震相關的回憶。

《憨第德》

最後該來談談《憨第德》了！一七五九年年初出版了小說《憨第德又名樂觀主義，譯自拉勒夫（Ralph）博士的德文作品，本書添加了博士其他的一些資料，這些資料是博士於主後一七五九年在明甸（Minden）過世時從他衣服的口袋中找到的》。

所以，伏爾泰並非以作者的身份出版《憨第德》的，此種作法在當時相當常見，不過，很明顯的，在這個特例中，並沒有人信以為真。儘管如此，伏爾泰還是在往後的數月中，繼續玩著這小遊戲，斷言自己和該小說毫無瓜葛，甚至還站在非難指責的立場。

一七五九年二月二十五日，伏爾泰寫信給日內瓦的書籍出版銷售商加布里耶勒・克哈梅（Gabriel Cramer）及腓力貝・克哈梅（Philibert Cramer）時談到：「那本名叫《憨第德》的小冊子究竟是什麼玩意兒呢？據說是從里昂傳過來的，大家滿懷憤慨談個沒完沒了。我還真想開開眼界。兩位先生方不方便給我寄來一冊精裝本呢？據說有人很是蠻橫無禮，硬把我抹成那本書的作者，那本連我自己都還沒見過個影子的書。我請求兩位告訴我，那本書的內容在講什麼。」三月一日前後，伏爾泰又寫道：「那本《憨第德》到底搞什麼鬼？難道我竟無緣見識這臭名昭著的貨色[50]？」然後，同一天裡，他終於說：「我剛才總算讀完了《憨第德》。我覺得這本逗趣的書格調十分特別，但我覺得完全不是寫給法國人看的[51]。」

三月十五日，他寫信給提布維勒侯爵（le marquis de Thibouville）時提到：「親愛的公爵，我終於讀了上次聽您說起的《憨第德》，但我笑得越開心，就越氣人家把我當成它的作者[52]」。同一天他在寫給日內瓦一位牧師維爾納（Jacoh Vernes）的信中以更激烈的措辭自我辯護：「我總算讀過《憨第德》了。給我亂扣帽子、硬說我是這種爛書作者的人一定神經出了問題。謝天謝地，幸好我還有正經事可忙[53]。」最後，三月二十四日，他向科爾瑪（Colmar）城阿爾薩斯議會的律師杜蓬（Sébastien Dupont）宣稱：「我從未讀過有關樂觀主義的書，唯一的例外是得・穆伊騎士（Chevalier de Mouy）所寫名為《憨第德又名樂觀主義》的那本竟也配稱為小說的東西[54]。」

在一七五九年四月一日那封信裡，他將玩笑琢磨得更別緻（該不會是為了慶祝愚人節吧？）。他對列日（Liège）城《百科全書學報》的主編盧梭（Rousseau）[xxii]寫道[55]：

「各位先生，

你們在三月份的學報中介紹過一本稱為小說的作品《論樂觀主義又名憨第德》，又指出其作者為伏××先生。我不知道你們影射的伏××先生是誰，但我可以鄭重告知各位，我那現今擔任駐布倫什維克軍團上尉的兄弟戴馬先生才是那本書的作者。我這兄弟不但是軍團裡的開心果，還是好基督徒。他利用冬天在軍營裡的閒暇時間寫寫小說自娱，主要目的在於規勸索契尼派信徒（Sociniens）[xxiii]改宗。那些異端份子不僅囂張地否定三位一體和地獄永苦的教義，甚至宣稱：上帝必然將我們這世界創造成儘可能理想的樣子，因此萬事萬物皆已臻於至善。此種邪說顯然悖離了原罪的理論…那些異端份子最好不要出現在我兄弟的面前，否則他會教對方看清，

[xxii] 和《懺悔錄》的作者讓 - 賈克・盧梭（Jean-Jacques Rousseau）完全無關。這封信刊登於一七五九年七月十五日的《百科全書學報》上，並在頁面附有註腳：「這封信原本寄錯地方，過了很久以後才送到我們的手上。我們設法想找出作者戴馬（Démad）先生〔布倫什維克（Brunswick）軍團的上尉〕的相關訊息，最終只是白忙一場。」

[xxiii] 索契尼派：雷里歐・索契尼（Lelio Socini, 1525-1562）及其姪兒佛斯脫（Fausto, 1539-1604）所創立的基督教宗派。其教義基本上復興了阿里烏斯派教義（arianisme）的異端思想，否認三位一體以及上帝化身為人的說法，同時也排斥原罪、聖寵、靈魂歸宿預定論以及聖餐變體（transsubstantiation）〔譯註：亦即聖餐中麵包和葡萄酒變為耶穌的身體和血〕等理論。他們同時受到新教徒和天主教徒的迫害。

世間一切是否皆已臻於至善。

戴馬

查斯特魯（Zastrou），一七五九年四月一日」

讀者當然沒這麼容易就唬得過去。《憨第德》才一出版便引起熱烈迴響。一七五九年四月三日，伏爾泰寫信給克哈梅時說道：「《憨第德在巴黎》印到了第五版，最後終被查禁〔當局於二月二十五日開始扣押《憨第德在巴黎》〕，但是人家立刻又開始準備印行第六版[56]。」

主人翁憨第德和他那信奉萊布尼茲樂觀主義的老師潘格羅斯—專門教授揉合了形而上學、神學及宇宙蠢蛋學之綜合學問（métaphysico-théologo-cosmolo-nigologie）的潘格羅斯—等二人的事蹟已是膾炙人口，因此我們無需在此贅述一遍。我們只想花一點篇幅來探討憨第德在里斯本的不平凡遭遇。首先，值得注意的是，作者對於大地震的描寫僅有寥寥幾行，而里斯本居民的悲慘命運（〈論里斯本大災難之詩〉的主題）竟以一句話便打發過去：「三萬市民，不分年齡，無論性別，都命喪於瓦礫堆下。」很明顯的，憨第德和潘格羅斯不幸落入宗教裁判所虎口中的插曲正是伏爾泰反對樂觀主義的論點。

潘格羅斯在安慰幾名里斯本市民的過程中不斷說服他們：「事況只可能如此，不可能是另外一種樣子」，因為他說：「這一切已經達到最理想的境界了；因為，如果里斯本有一座火山，那麼這座火山就不可能位於他處；因為，一件事物既在甲地，就不可能不在甲地；因為世間萬事萬物皆已恰如其分。」站在他身旁的一個皮膚黝黑的矮小男人（和宗教裁判所淵源頗深的男人）很有禮貌地接話說道：「看樣子這位先生顯然不相信原罪；因為假設世間萬事萬物皆已恰如其分，那麼也就沒有墮落和懲罰的問題了。」潘格羅斯以更加有禮貌的語氣回答對方：「容許在下謙卑地請求閣下包涵，因為人類的墮落以及對他們的詛咒必然也是最理想世界中不可或缺的成份。」那個和宗教裁判所淵源頗深的男人又追問道：「所以先生您不相信自由囉？」潘格羅斯回應道：「還請閣下指教；自由可以和絕對的必然共存，因為我們的自由必不可少；最後，因為堅定的意志…」可是，對方此時覺得已聽夠了，於是命人逮捕潘格羅斯和憨第德，因他指控前者妖言惑眾而後者聽取妖言，然後命人將師徒二人帶往一個極陰涼的房間裡，一個絕對不被陽光干擾的房間裡。一個星期過後，兩位都已換穿刑衣，頭頂戴上紙質三角錐帽。憨第德的刑衣以及紙帽上面繪有顛倒的焰舌以及無尾無爪的魔鬼，而潘格羅斯行頭上的魔鬼則有尾有爪，焰舌則為正立。他們就這樣一身打扮被人推去遊街示眾。最後憨第德被痛打一頓屁股，而潘格羅斯則在一場盛大的公審儀式中被吊死。伏爾泰在先前的《史卡曼塔多的遊歷故事》（Histoire des voyages de Scarmentado, 1756）已曾對西班牙塞維亞的一場公審儀式做了極類似的描述。

之所以舉行這場盛大的公審儀式是「因為魁英布拉大學認為抓幾個異端份子來用慢火燒死即可防止大地震的發生，且這秘方肯定有效。」而實際上，如同第一本葡萄牙文版《憨第德》的譯者在註釋中所言，一七五五年並沒有舉行目的在於防止大地震發生的盛大公審儀式，何況正是在約瑟一世的統治期間，宗教裁判所的勢力開始受到撼動[57]。

不管怎樣，反正「當天，大地再度震動起來，並且發出駭人的轟隆聲。憨第德嚇呆了、愣住了、發狂了，而且渾身是血、心臟砰砰亂跳，只能喃喃自語：『如果這種場面叫做最理想的世界，那麼其他世界又該如何？』」

《憨第德》出版的時間點可謂恰當，因為條件已經成熟。莫里茲（André Morize）寫道：「里斯本大災難發生後不久，伏爾泰在一七五六年的〈論里斯本大災難之詩〉中首要批判的對象即是波普：他在一七五九年以日耳曼西發里亞的潘格羅斯取代波普是否正確呢？法國民眾是否深受萊布尼茲與馮．伍爾夫流派的形而上學吸引，以至能夠津津有味欣賞伏爾泰的諷刺與嘲弄呢？若想回答這些問題，只需看看當年相關出版品的數量多麼龐大即可。這些出版品在不同的層次上以樂觀主義與天意的問題為核心，牢牢抓住法國輿論的注意力。此外，日耳曼形而上學所提出的解答亦是該國輿論密切觀察的對象。事實上，萊布尼茲的思想不論以何種媒介呈現出來，徹底都是當時最熱門的話題。相關的書報刊物或是學術著作一波接著一波出版，完全不見中斷。里斯本大災難促使這類文學產生回春活化的機會。《憨第德》所批判的是日耳曼形而上學的思想，因為後者與時事緊密相扣，換句話說，很趕得上流行…比起萊布尼茲，馮．伍爾夫更加風靡一時[xxiv]：繼佛賀梅（Formey）的《伍爾夫美女》（La Belle Wolfienne）之後出現了之伍爾夫哲學通俗化最重要的著作，亦即戴商（Jean Deschamps）的《伍爾夫哲學課程講義》（Cours abrégé de la philosophie wolfienne）[58]。」

佛賀梅那本作品[59]的正文前面附有一篇告讀者文：「馮．伍爾夫先生的哲學廣受大家討論，在日耳曼尤其如此；不過，請容許我大膽直言，真能窺其堂奧的人有如鳳毛麟角。極少人能鼓起勇氣，凝聚全副精神細讀幾大巨冊，以幾何學家精準方法寫出的幾大巨冊。本人努力要為這整套的理論體系排除障礙，就算無法悉數消滅，至少清除那幾個主要的，並讓一般讀者皆能企及。」

這本書和當代一些旨在普及哲學與科學知識的著作不同，因為後者常以老學究教導貴婦的情節做為架構，而前者卻塑造出「伍爾夫美女」的形象來替代老學究，由這位芳齡十九、渾身上下散發優雅氣息的美女艾斯蓓

[xxiv] 例如卡薩諾瓦（Casanova）即讓克萊蒙汀（Clémentine）這位成為他「戰利品」的年輕女子「走上品賞伍爾夫哲學的道路」（Mémoires de Jacques Casanova de Seingalt, Bruxelles, J. Rosez, 1980, tome V, p. 301）。

杭斯（Espérance）在柏林夏爾洛騰堡（Charlottenburg）公園散步時向作者講解伍爾夫的深奧哲學。這套書第六卷包括馮・伍爾夫的《自然神學之精義》（Abrégé de théologie naturelle），讀者在其中可以一窺萊布尼茲的理念：「所謂『神的知性』（entendement divin）即是一種能力，或者乾脆稱為一種無休止的行為，藉由此一行為，上帝想像一切既存的以及可能的事物，在適合於上述事物的所有組合中加以想像，在上述事物與其最高完善狀態的關係中加以想像…既然目睹了可能事物間的不同組合模式，那麼即能產生所謂對於每種可實現之世界的清晰想像；此種想像對於上帝而言乃是基本且必要的，因為設若沒有此種想像，那麼神將無法認知何謂『至善』（le meilleur）。『至善』即為完美之最高等級，事物之本質容許事物可被提昇到的頂點。」

最近有人提出一種嶄新看法[60]：潘格羅斯並非僅被塑造出來諷刺萊布尼茲或馮・伍爾夫，或許同時也把當年極受歡迎之科普書籍《大自然之光景》（Spectacle de la Nature, 1732-1750）的作者布呂施修道院院長（abbé Noël Antoine Pluche, 1688-1761）一併加以嘲弄，因為該書帶有「目的因」（causes finales）的哲學思想。例如那位修道院院長在教導一位年輕騎士認識大自然之美時談起海嘯：「在造物主的眼中，海水永不止歇地翻攪具有另一項好處：海水不致變成死水，不至因為滯留同一地點而散發腐臭味[61]。」不過，布呂施並不像萊布尼茲一樣，認為應該「為上帝的立場辯護」。事實上，對於修道院院長而言「為上帝的行為辯護既不理智且不合宜。上帝的行為不需要我們替它找藉口[62]。」

里斯本大地震發生過後二十幾年，狄德羅在一七七八至一七八〇年間在《文學通訊》（Correspondance littéraire）中連載了他那篇幅不長的小說《宿命論者賈克及其主人》（Jacques le fataliste et son maître）。堅信宿命論的主角賈克那句最喜歡的口頭禪「老天早就註定好了」正可以呼應潘格羅斯的樂觀主義。當賈克告訴主人，自己的兄弟已和一位同伴出發前往里斯本城，主人問道：「他們去里斯本做什麼呢？」。賈克回答：「尋找一場沒有他們就發作不起來的地震，然後被壓死、被吞沒、被燒焦，就像老天早就註定好的那樣[63]。」

伏爾泰專家貝斯特曼（Théodore Besterman）點出了樂觀主義和宿命論之間的關係：「英國詩人〔波普〕在堆砌俏皮的挖苦話之餘並沒覺查出來，樂觀主義必然招致宿命觀點，而且對於上帝或是對於人類而言，此一信念幾乎沒有更加討喜[64]。」

有文學素養的讀者對於《憨第德》很迅速地便做出回應。早在一七五九年四月二十八日，普魯士國王腓德烈二世（Frédéric le Grand）便已寫信給伏爾泰說道：「在下十分感謝您讓我認識了憨第德先生這個角色，他就像換穿時裝的約伯啊！說老實話，潘格羅斯先生無法論證他那些虛有其表的假說，什麼『所有可能的世界當中最好的那個』其實非常彆腳非常不幸。此種小說是唯一值得讀的，不但饒富教誨意義，且比三段論法更能證明[65]。」

在同一年，這位普魯士國王也寫了〈詩論憨第德〉：

「憨第德是個小無賴，

既無頭腦又沒羞　；

根據這些特徵，我們相當容易便認出，

他是那個處女[xxv]的弟弟。

他們的老爸爸為了恢復青春

想必願意付出可觀代價；

青春將會恢復，

---

xxv 《聖女貞德》（La Pucelle d'Orléans, 1730）是伏爾泰所寫的包括二十個篇章的淫穢長詩。

他寫年輕人的作品。

『萬事萬物皆非完善』；讀讀那本作品，

每頁都可找到明證；

你們甚至可以看到，在那本作品中

『一切皆惡』，誠如作者自己所言[66]。」

整體而言，日耳曼的諸多相關評論一般皆為負面[67]。

《憨第德》出版五十年後，史塔埃夫人（Mme de Staël, 1766-1817）附和盧梭的觀點時寫道：「他〔伏爾泰〕的脾氣古怪，所以目的因、樂觀主義、自由意志等等他都看不順眼，對於所有抬高人類尊嚴的哲學觀點也都一概駁斥；他寫出《憨第德》這本充滿惡毒戲謔的作品，因為這小說似乎出自一位天性異於常人的作家之手。這位作家對於我們的命運漠不關心，對於人類所受的苦難十分滿意，好像魔鬼或是獅子似的嘲弄人類的不幸，嘲弄與他沒有任何共通之處的人類[68]。」

《憨第德》肯定是伏爾泰筆下最膾炙人口的作品，也是文壇上少數經得起時間考驗的一本傑作。一九五三年，美國女作家赫爾曼（Lillian Hellman, 1905-1984）邀請作曲家柏恩斯坦（Leonard Bernstein, 1918-1990）將《憨第德》改編為輕歌劇。赫爾曼在宗教裁判所和參議員麥卡錫的反共整肅行動中看出雷同之處。這齣由詩人威爾布（Richard Wilbur）負責撰寫歌詞的「諷刺輕歌劇」於一九五六年十月在波士頓首演，由莎劇名導演古崔（Tyrone Guthrie）執導，而且擔任主要角色的演員都是百老滙當年的大牌，如倫塞維勒（Robert Rounseville）和庫克（Barbara Cook）等。但這齣戲並未在報紙上獲得好評。評論家寇爾（Walter Kerr）在《先鋒論壇報》上寫道：「三位當今我們劇場界最頂尖的人物（赫爾曼、柏恩斯坦和古崔）聯手將伏爾泰的《憨第德》改編成慘不忍睹的輕歌劇。」該齣輕歌劇從一九五六年十二月一日到一九五七年二月二日期間總共在紐約上演七十三場。「憨第德」（其中的序曲成為柏恩斯坦數一數二受歡迎的作品）後來經過修改，又曾多次在各地演出：倫敦（一九五九年）、紐約（一九七三及一九八二年）、格拉斯哥（一九八八年）和倫敦（一九八九年）。最後於一九九七年再度回到發源地紐約，但這一場演出側重故事的喜劇（？）面向。

十八世紀下半期的哲學界主要被如下的論戰所吸引：贊成或反對樂觀主義以及「世間之惡」存在或不存在，但論戰各方其實再也提不出什麼新論點了。這種局面一直維持到法國大革命爆發之後才因新議題的浮現而改觀。不過，在樂觀主義的論戰中，里斯本大地震此一事件仍在歷史學家及文學家的心目中佔有相當大的份量。甚至到了今天，各界對於它仍未形成一致共識，我們只需看看下面兩段引文便知分曉：「因此，一七五五年後，人們很容易便成為悲觀主義者，或者，至少不再是樂觀主義者[69]。」以及「如下的見解真是大錯特錯：在啟蒙時代剛開始時，其擁護者應該都是樂觀主義者，但由於里斯本大地震的緣故，他們都變成悲觀主義者了[70]。」

不管怎樣，二、三個世紀以來，只要一提起里斯本大地震，大家就不禁聯想起伏爾泰的名字，就像湯瑪斯．曼（Thomas Mann）一九二四年《魔山》（Montagne Magique）中某一段文字所反映出來的情況。在這段文字中，理性主義者塞坦布里尼（Settembrini）向小說的主人翁卡斯托普（Hans Castorp）說道[71]：

塞坦布里尼：您有沒有聽人說過里斯本大地震呢？

卡斯托普：沒有…大地震是嗎？我又不讀這裡的報紙…

塞坦布里尼：您沒弄懂我的意思。您誤會了，我提到的天災並不是最近才發生的，而是一百五十年前的舊事…亦即一七五五年里斯本遭逢的那場天搖地動…您知道嗎？伏爾泰因此發出不平之鳴。

卡斯托普：這話怎麼說呢…什麼？您說伏爾泰因此發出不平之鳴是嗎？

塞坦布里尼：沒錯，他因此而義憤填膺。他無法接受這種粗暴的命運天數，不願甘心服輸，只想藉聖靈與理性的名義抗議大自然駭人聽聞的凶行。由於它的放縱沒有節制，一座繁華都會被毀掉四分之三，幾千條人命白白犧牲掉了…

chapter 7

第七章

里斯本大地震之遺緒

卡拉布里亞與麥西納大地震（一七八三年）

一七八三年大地再度強烈搖撼，這次受災的地方是波旁家族統治的兩西西里王國。在那時候，人們對於里斯本大地震的記憶猶新，而其所引發的哲學與宗教的論戰尚未止息。這次總計包括連續的五次強震（二月五、六、七日；三月一日及二十八日），最大地震強度為第IX至第XI級（第九至第十一級），摧毀卡拉布里亞（Calabre）地區至少一百八十座村落。西西里島上的商貿大城麥西納（Messine）幾乎整個被震成廢墟。崩落的土石阻斷河流形成堰塞湖，餘震持續至一七八六年[1]。

該次大災難所造成的損害可以和里斯本大地震的損害相提並論。根據估計，罹難人數高達三萬人，其中多數是婦女及兒童。義大利南部及西西里島的人民一向非常虔誠，就像一七五五年的葡萄牙人一樣，他們堅信大地震是上帝令其發生的。

對於麥西納的居民而言，災後的第一要務便是將一尊被埋入瓦礫堆下的聖母雕像挖掘出來。該城的大主教知道那些「救難人員」（還有那尊聖母雕像）暴露在被坍塌牆壁壓死的危險中，因此嘗試阻止該次行動。由於群眾拒不讓步，大主教只能轉請市政當局出面勸阻，可是市政當局也抵不過群眾的壓力，最終只好妥協[2]。接連好幾個月的時間裡，遊行及懺悔活動不斷舉行，然而餘震仍然繼續發生，造成群眾惶惶不可終日。許多神職人員因此下了定論：由於倖存者又過起昔日的敗德生活，上帝的復仇怒火始終無法平息。的確，大地震發生後，根據當地法院的記錄，犯罪行為有增多的現象，殺人案件遽增尤其令人驚異。

自然而然，「世間之惡」存在的問題重新又被拿出來探討，而大地震究竟為自然現象抑或上帝旨意的爭論亦再度成為焦點。米納西（Girolamo Minasi）在一篇記敘大地震始末的文章中高聲疾呼：「永恒的天主啊，要到何時我們才不再是祢復仇的對象呢？」同時令他百思不得其解的是：為何上帝奪走如此多條清白無辜的性命，卻又讓作惡多端的人逃過死劫？信仰虔誠的米納西因此不得不回到「神正論」的領域，並做出自己認為合理的結論：既然上帝無限慈悲，那麼大地震極有可能不是源於祂的意旨，而是大自然正常運作過程中的一個環節罷了[3]。

就像里斯本大地震發生後的情況一樣，詩人也會抒發己見。我們在同時代的義大利詩歌中看到與一七五五和一七五六年法國頌詩中相同的表達手法[4]。《文學年度》針對一首標題為〈麥西納大災難，別名火山〉的「哲學詩」進行極為嚴厲的評論：「什麼『哲學頌詩』！喂！詩人先生，怎麼哲學也不饒過頌詩了。這種了不起的詩種竟然得看哲學那冷峻的臉色了！有個疑惑真教本人左右為難：作者是哲學家詩人嗎？一點兒沾不上邊；或是詩人哲學家囉？更加徹底不是。但我還是擔心作者會以後面這種身份自居[5]。」這篇評論的作者毫不客氣地統計出詩中用到的陳腔濫調（「例如，光『恐怖』（affreux）一詞便用了五次之多」）。

我們在此也要提一下卡斯戴羅（Ignazio Paternò Castello）這位比斯卡利（Biscari）王子所寫的一首田園牧歌風格的詩作。該首詩描寫山林水澤的仙女群和眾牧男以及畜群受到驚嚇：「逃吧，是的，快快避開激動之朱彼特的怒火[6]。」布拉卡尼加（Placanica）認為最後那句詩行包含了該時代文學書寫麥西納大地震遭毀滅時動不動就用上的修辭手法：「麥西納不過只是一個地名：／我們可以說：『昔日它曾矗立在這裡』[7]。」我們在上文曾經交代過，相同的說法在有關里斯本毀滅的詩文中一再被用上。

雖說麥西納大地震在哲學、宗教及文學上所引起的反響和相隔三十年的里斯本大災難全然相同，但在科學領域中情況則很不一樣。

事實上，自然科學在十八世紀下半葉已有長足的進步。當然，大家仍把地震的形成歸咎於地底的燃燒現象以及越來越流行的電學因素，但是地質學家也開始明白田野觀察的重要性。卡拉布里亞大災難發生後，許多學者親赴該地觀察大地震所造成的地貌變異。在這批人當中，我們特別要介紹法國的地質學家得・多洛米厄（Déodat de Dolomieu, 1750-1801）：「一七八四年二月和三月間由於風勢因素，我被困在卡拉布里亞的西岸地帶…於是我便利用機會深入這個不幸省份的內陸區域…我只專注於觀察迄今為止較受忽略的部份，也就是地貌變異的情況，並且歸結出伴隨大地震所發生的主要現象。我的目的在於破除某些迷信觀點，亦即相關記敘文字中談到如下的自然現象時慣用的超自然觀點：山陵彼此碰撞、整片田野被搬移到相當遠的距離或是從山谷的此坡被震離到山谷的彼坡。這些乍聽之下難以置信的現象差不多都是真實無誤的，而且不是某一地的特殊景象，而是一旦掌握地殼的相關知識後便解釋得通的。」多洛米厄鉅細靡遺地描述地貌的變異情形以及走山滑坡和谷地覆蓋等等現象。這些文字至今深深吸引現代的地震地質構造學學者[8]。

從許多面向來看，西西里王國和葡萄牙相當不同，更何況麥西納也不像里斯本一樣具有首都的地位。然而，就像得・卡拉瓦約之於葡萄牙，波旁政府也打算利用大地震的機會進行大規模的改革。在啟蒙主義者的眼中，改革重點應該是重新徹底檢討卡拉布里亞土地所有權被教會及貴族地主壟斷的不公平現象。一七八四年五月成立一個名為「神聖基金」（Cassa Sacra）的組織，專門徵收教會及貴族所擁有的土地然後將其出售，以便籌措重建村落以及都市所需的龐大資金。此項重建計劃的背後有嶄新的都市計劃理念與土地利用制度做為後盾[9]。我們不難想像，此一計劃必然立即引發教會和貴族地主的強烈敵意…和得・卡拉瓦約在里斯本施展的鐵腕手段不同，波旁政府對於上述反動根本束手無策。這項野心勃勃的計劃只實現了極小的部份，並在往後的數十年中被打不盡的上訴官司癱瘓掉了。

和里斯本的案例一樣，麥西納的重建工作亦是一條漫漫長路。大災難發生過後四年，歌德在一七八七年五月十一日抵達麥西納時，發現市區依舊滿目瘡痍：「我們在廢墟之間騎行了一刻鐘，只見到處一片瓦礫，最後抵達當天投宿的客棧時才發現那是附近一帶唯一重建起來的房舍。上樓推窗一看，舉目盡是只有斷垣殘壁豎立的荒涼景象。這處房舍之外不見任何人畜通行。到了夜裡，四周寂靜得教人毛骨悚然…麥西納這場駭人聽聞的大災難奪走一萬兩千條人命，其他三萬名災民也根本找不到可供棲身的避難所；大多數的房舍都被震垮，倖存的房舍牆壁均有裂痕，也非可供留宿的安全處所。市民匆促在城北一帶的平原上以木板克難築起臨時房舍…災民就這樣渡過三年時間。這種湊合的陋室日子、帳篷生涯對居民的性格發揮決定性的影響。面對可怖大災難的驚懼、擔心大地震再度來襲的恐慌，在在使居民養成以無憂無慮的態度享受當下歡樂的人生觀[10]。」

一七八三年這場大地震的強度和里斯本的那一場不相上下，不過後者可以說已經把啟蒙時代歐洲知識份子的精力消耗光了，不到三十年後，哲學家和文學家們對於有關里斯本的世紀辯論幾乎已經無話可說…而伏爾泰才在五年前剛過世！所以，麥西納大地震發生後，歐洲各地的反應明顯沉寂許多，對其抱持較大興趣的大概只有拿玻里和西西里當地的哲學家。不過，上文提過，卡拉布里亞大地震倒是引起各方地質學家的重視。

十九世紀，形成了一個雙重趨勢：一方面是對於神正論問題幾乎無人再有興趣，而且不再探索大地震背後的宗教意義，另一方面是對於地震地質學及物理學觀察的興趣方興未艾，至十九世紀末及二十世紀初達到了頂點。

後續也發生大地震的地區包括一八五七年義大利的巴席里卡特（Basilicate）、一八八七年西班牙的安達魯西亞、一八九一年日本的美濃尾張、一九〇五年的卡拉布里亞、一九〇六年的舊金山及一九〇八年再度上榜的麥西納。這幾次強烈地震—有些造成大量傷亡—由於電報設備的發達，在歐洲的輿論界引起高度重視，然而再也看不到任何哲學辯論，不過那卻是現代地震學發軔的階段。

二十一世的地震大災難

就在本章的撰寫工作接近尾聲之際，二〇〇四年十二月二十六日在印尼蘇門答臘西北部亞齊省的外海發生了地震規模高達九級的超級地震，所引發的海嘯（tsunami）[i]侵襲了印尼和泰國的沿海地區，淹沒馬爾地夫的島嶼，重創印度南部及斯里蘭卡，最遠到達肯亞及索馬利亞岸邊，總計奪走三十萬條人命。儘管里斯本大地震的罹難人數遠不及南亞大海嘯的奪命規模，但我們仍不禁要將兩者加以比較。

首先，我們注意到的是，里斯本大地震在葡萄牙及摩洛哥沿岸地區所引發的海嘯並不是致死的主因，這和蘇門答臘的案例相當不同，因為後者在環印度洋的沿岸地區雖然無人感受得到震動，卻造成如此慘重的傷亡。此外，受蘇門答臘大地震重創的都是第三世界的群眾，而不是一個繁榮京城的居民。

此外，如果我們想要比較當年人們對於里斯本大地震的反應和今天在大地震發生時（比方蘇門答臘大地震或甚至強度遠不及它的例子）我們這些見證者的反應，那麼現代世界無遠弗屆的快速通訊方式也許是最需要列入考量的一點。

在十八世紀中葉，里斯本大災難的消息得等上大約十五天的時間方能傳到歐洲各國首都。今天，世界上任何角落所感受到的地震都可以立刻透過報紙、電視和網路傳播開來。只要某場地震稍微造成了災損，甚至殺傷力

---

[i] 附帶一提，透過新聞和電視等管道，這場大災難也開始將 tsunami 一詞引進法文的日常用語中，而原先表示海嘯的 raz de marée 便逐漸被取代了。

遠不及一七五五和二〇〇四年的那兩場，記者便立刻搭機趕赴現場進行報導，並向當地倖免於難的人詢問其感受。電視新聞節目把災區房舍毀壞以及屍體橫陳的景象公諸於眾，並且保留數分鐘的時間給應邀前來鏡頭前面解釋該場地震成因的地震學家與板塊運動理論學家。

相反地，我們再也看不到詩人借題發揮或是文學雜誌刊載有關大地震的頌詩（對於其他的天災人禍亦復如此）。馬爾克斯（William Marx）[11]曾比較詩壇在里斯本大地震發生後和奧許維茨集中營解放後的反應時指出：「第二次世界大戰一結束，詩壇毫不誇張地立刻發現自己被奪去了撫慰心靈的作用力，而多少代以來，這種作用力始終是詩歌最基本的賣點。」馬爾克斯以詩歌此一文類的危機和馬拉美（Mallarmé）以降詩歌和現實脫鉤的情況來解釋上述的轉變：「自從生活的現實從視野中消失後，留存在詩歌中的唯有反覆贅述的套套邏輯。這標幟著詩歌的語言自我封閉起來，並且斬斷與外在世界的關係…不管發生什麼巨大的天災人禍，都無法再令詩歌發出哀傷的呻吟…十八世紀時，世人認為完全合宜得體（甚至不可或缺）的事到了二十世紀竟變成教人憎惡的東西：詩人再也無法將天災人禍置於詩歌的核心位置。」

一七五五年過後數年，里斯本大地震依然算是鮮活的時事。時至今日，資訊的快速傳播造成不可避免的後果：任何新聞不消多久便不再是報紙的唯一頭條，而且很快就被其他後來居上的消息掩蓋過去。儘管亞齊省的大災難發生過後一週，報紙仍持續刊登相關圖片以及目擊者的描述，一般而言，其他的地震就算破壞力再如何強大，也無法長時間抓住閱聽大眾的注意力，因為還有許多其他水災、戰爭以及恐怖攻擊的新聞可以滿足他們。

資訊傳播速度加快之後還產生另一個作用，不過這一次是正面的：國際援助立刻大量湧入。里斯本大地震發生後，英國的救濟船隻花了四個月的時間才將已經變質敗壞的食物及用品運抵里斯本港。反觀今天，貨機一架又一架地降落在受災地區，運來毯子、帳篷、食物以及藥品。醫療以及救援團隊毫不計較付出，忙著照顧傷患或在瓦礫堆下尋找倖存的人。各國政府不論和受災國的關係如何，要是沒有慷慨解囊與他國政府一較高下，就會被輿論痛批一頓。一九九九年八月，土耳其的伊茲米特（Izmit）才剛受到地震襲擊，卻能在不久之後向遭受另一場地震蹂躪的希臘提議給予協助。對於亞齊省大災難的救援行動更是拉高到令人嘆為觀止的全球動員層級，這絕對不是里斯本大地震的時代見識得到的。西方國家走在街上的路人甲都深刻體會自己和遠在數千公里之外災民的傷痛是息息相關的，而私人的捐獻金額也衝到史無前例的數目。全世界所有的電視台不斷報導該次慘劇，這與世人後來無可比擬的大方出手肯定是因與果的關係。

話說回來，受災國家當局在某些面向上和往昔處於相同困境的政府其實也有頗多相似之處。統治階層和以前一樣，必須讓大眾覺得他們能夠苦民所苦。摩洛哥國王的表現即可說明這點。二〇〇四年二月二十四日，大地震襲擊該國北方的阿勒-侯塞馬（Al-Hoceima），奪走五百七十一條人命，國王立即宣佈親臨災區巡視，並且和數千位無家可歸的災民一樣、只住在帳篷裡面[12]。國王此番作為模倣了當年葡萄牙國王的舉措，因為後者事後被人民尊為能夠與民共苦的仁君（其實他也沒有什麼選擇餘地，畢竟他的豪華宮殿也已塌成一片瓦礫堆了）。

在過去幾個世紀中，大家沒有習慣揪出必須為此類大災難負責的人，即有埋怨也是間接為之（例如王公貴族的敗德行為激起神的義憤或是責怪像猶太人那樣現成的代罪羔羊[ii]）。時至今日，一般人已不把地震歸因於上帝的操縱，又因為二十一世紀的人認定自己享有免於危險的權利，於是大災難過後，一定要釐清責任歸屬的問題。

[ii] 例如一三四八年奧地利維拉賀（Villach）發生大地震時，猶太人便被誣賴在地下水裡下毒才引起該場大災難。

當然，這並不是說必須控訴政府或是地方當局，責怪他們造成地震，而是責怪他們災前防範措施擘劃不周或是災後拙於善後工作。災民往往很難沉得住氣，很難不教他們抱怨，而他們所表達的委屈經常有憑有據，比方救援人力不足或是來得太慢、安置災民的方法遲遲拿不出來等等。此外，所謂豆腐渣工程的那些質量低劣的建築經常是致死率最高的因素，而且經常證據確鑿地可以歸咎於建商的偷工減料或是市政官的貪污腐敗或是監管單位的人謀不臧。

至於在基督教國家中，宗教界的反應一般而言是微乎其微的，而且根據我們的了解，神學家們也不時興上電視台或在平面媒體高談闊論。也許在受災的國家中，宗教界人士（不管何種宗教）對於事件並非無動於衷，反倒是民眾對於大地震可能包藏的宗教意涵沒有感覺。但在信奉伊斯蘭教的國家中，情況不見得必然如此，例如二〇〇三年六月二十四日《世界報》（Le Monde）中即刊出一篇名為〈五月二十一日的大地震在阿爾及利亞造成熱烈的宗教復振現象〉的文章。該名作者提到：大地震發生過後的一個月，首都阿爾及爾各清真寺都擠滿了人，而且「很多人都相信這場大災難是真主施予的懲罰，目的在於讓社會更加重視祈禱，同時祛除放縱以及墮落敗德。」更近的例子是，二〇〇四年十二月二十六日的大地震和大海嘯發生後，教皇的反應僅止於為死難者祈禱而已，可是我們卻讀到「在班達亞齊的老清真寺中，上星期五信徒齊聚禱告，期盼獲得阿拉寬恕。有位宣道者對他們說：『我們變得傲慢，已經偏離祂的訓誨』[13]。」

是否朝向新的「神正論」發展？

今日各地發生的自然災害、火山爆發、特大洪水以及強烈地震並不比十八世紀要少。然而，里斯本大災難引發了樂觀主義的論戰，並將「神正論」的議題推上時代論辯的火線，相較之下，對於現代神學家在自然災害及其緩解之道的探討中幾乎不露臉的現象，我們不禁感到詫異。

在如下的省思中，我們借用了地質學家兼神學家契斯特（David Chester）的高見[14]。根據他的看法，神學界面對天然災害時所表現出的默不吭聲態度委實難以理解，畢竟無辜者受難這個主題是跨文化的，而且數千年來始終吸引哲學家和神學家的關注。對於現今這種漠不關心的情況，契斯特看出兩個原因：其一，過去提供解釋的「神正論」並未完全從里斯本大地震的衝擊中恢復過來；其二（這點尤其關鍵），自從二十世紀後半葉以來，神學家的注意力已經從天災轉移到人禍。

德勒茲（Gilles Deleuze）已經表示：「那場大地震在歐洲所扮演的角色除了納粹集中營以外，我找不出重要性可以與之比擬的…奧許維茨集中營曝光之後輿論界便迴盪著一個疑問：怎麼可能對人類的理性仍保有一絲一毫的樂觀態度呢？在里斯本大地震發生後，怎麼可能依舊相信（哪怕只有那麼一丁點）上帝是講理的[15]？」

誠如羅素所寫道的：「人類所遭遇的不幸可以分成二類：首先是非人為之環境施加的，其次是他人所造成的。隨著人類知識與科技的進步，第二類的不幸其比重與日俱增。」[16]

無神論的哲學家翁夫亥（Michel Onfray）呼應霍爾巴赫（Holbach）男爵的意見於二〇〇五年寫道：「有神論者最愛煞有介事地玩弄玄奧的字眼以便將世間的惡合理化同時肯定神的存在，一個萬事萬物皆在其掌控下的神[17]！」

契斯特建議針對自然的災害提出新的神正論，亦即將那些事件的社會面向納入考量的神正論。他提醒我們，現今自然危機的一項重要指標為人口壓力。目前暴露在上述危機中的區域經常是人口壓力過大的地方，尤其是第三世界（我們想起了盧梭的論證）；因此，在世界上開發程度最低的國家中，約有百分之八十六的大都市都有可能遭遇自然災害的事件。也不僅是大都市才面臨那種危險，例如被二〇〇四年十二月二十六日的大地震與大海嘯摧殘的人口便是生活在貧窮線之下的漁夫和農民。

貧窮與易受自然災害蹂躪兩者習習相關的想法觸發了新神正論的出現，但其精神是奧古斯丁式而非萊布尼茲式的，因為它導入「自由意志」（libre arbitre）的要素：神把它留給人類，而人類可以妄加濫用。「世間之惡」（mal sur terre）或許就是人類行為的後果。契斯特認為：「人類的罪愆表現在自然災害中，但這罪愆並非衛斯理觀念中的那種。」而是全球在財富、貧窮與權力極端不公平的落差下所導致的「結構性罪惡」（péché structurel），一如南美洲「解放神學家」（théologiens de la libération）所認定的那樣。契斯特認為，「結構性罪惡」亦可用於已開發國家，例如二十世紀末襲擊義大利的大地震便發生於幫派組織興盛且貪污盛行的地區，建築法規形同具文，受災戶的補助款被侵吞了。

最後的結語中，我們要提出和契斯特相同的觀點：在自由意志的框架下，「結構性罪惡」的概念對世界上由自然災害所引起的苦難提供了相當令人滿意的解釋。

出處註

導論

1. Brasart, P., « Le désastre de Lisbonne », *L'Âne, le magazine freudien*, avril-juin 1987, p. 43-44.

2. Guidoboni E. et Poirier J.-P., *Quand la terre tremblait*, Paris, Odile Jacob, 2004.

3. Ligne, C. J. de, *Mémoires*, Paris, Mercure de France, 2004, p. 403.

4. Löffler, U., *Lissabons Fall-Europas Schrecken. Die Deutung des Erdbebens von Lissabon im deutschsprachigen Protestantismus des 18. Jahrhunderts*, Berlin, W. de Gruyter, 1999, 721 p.

5. Kendrick, T. C., *The Earthquake of Lisbon*, Philadelphia, J. B. Lippincott Co., 1955.

6. Barreira de Campos, I. M., *O grande terramoto (1755)*, Lisbonne, Éditorial Parceria, 1998.

7. Del Priore, M., *O mal sobre a terra*, Rio de Janeiro, Topbooks, 2003.

8. Carvalhão Buescu, H. et Cordeiro, G., *O grande terramoto de Lisboa : ficar diferente,* Lisbonne, Gradiva, 2005.

第一章

同時代人眼中的里斯本大災難

1. França, J. A., *Une ville des Lumières, la Lisbonne de Pombal*, Paris, SEVPEN, 1965.

2. Fielding, H., *The Journal of a Voyage to Lisbon*, Oxford U. Press.

3. Gastinel, G., « Le désastre de Lisbonne », in *Revue du XVIIIe siècle*, oct.-déc. 1913, p. 396-409 ; jan.-mars 1914, p. 72-92.

4. Couto, D., *Histoire de Lisbonne,* Paris, Fayard, 2000.

5. Gastinel, G., *op. cit.*

6. *Ibid.*

7. Chantal, S., *La Vie quotidienne au Portugal après le tremblement de terre de Lisbonne de 1755*, Paris, Hachette, 1962.

8. Baretti, J ., *Voyage de Londres à Gênes passant par l'Angleterre, le Portugal, l'Espagne et la France*, Amsterdam, 1777. Lettre XXXI

9. Merveilleux, Charles-Frédéric de, « Memórias instrutivas sobre Portugal (1723-1726) », in *O Portugal da JoãoV visto por três forasteiros*, Lisboa, 1983.

10. Hazard, P., « Esquisse d'une histoire tragique du Portugal devant l'opinion publique du XVIIIe siècle », in *Revue de littérature comparée*, 1938, p. 59-68.

11. *Journal étranger,* ouvrage périodique par M. Fréron, décembre 1755, 1er volume.

12. Merveilleux, Charles-Frédéric de, *op. cit.*

13. Ruines de Lisbonne gravées, *L'Année littéraire*, 1758, tome 3, p. 22-24.

14. Barreira de Campos, I. M., *O grande Terramoto (1755).*

15. Mémoire joint à la lettre du comte de Baschi du 20 juillet 1756. Archives du ministère des Affaires étrangères, correspondance politique, Portugal, Reg. 88, fol. 216.

16. Procès-verbal des séances de l'Académie des sciences, séance du 20 décembre 1755, archives de l'Académie des sciences.

17. *Lettre d'un négociant de Lisbonne à son correspondant de Paris, contenant une Relation fidelle du Tremblement de Terre arrivé à Lisbonne ce 1er novembre 1755*, BNF, cote : Oy29.

18. *Seconde lettre de Lisbonne écritte à un Ambassadeur, qui contient un détail très circonstancié du furieux Tremblement de Terre qu'il y a eu lieu cette année dans le Portugal*, BNF, cote : 4° Oy 30.

19. Relation anonyme d'un témoin direct écrite en français, in *O livro e a leitura em Portugal : subsidios para a sua historia*, se Fernando Guedes, Lisboa, Editorial Verbo, 1987 [reprise dans « Lisbonne », *Autrement* HS, n° 107, avril 1998].

20. Copie [manuscrite] d'une lettre sur le tremblement de 1755, écrite par Mr Pilaer, témoin oculaire, communiquée par son petit-fils, Mr Pilaer, consul gl des pays-bas à Lisbonne, Bibliothèque Sainte-Geneviève Δ8° 54659.

21. *Le Tableau des Calamités, ou description exacte et fidèle de l'extinction de Lisbonne par les Tremblemens de Terre, l'Incendie et la Crüe excessive des Eaux par un Spectateur de ce désastre*, aux dépens de l'Auteur, 1756. Les exemplaires seront signés et paraphés : G. Rapin.

22. Ratton, J., *Recordaçãos e memorias sobre ocorréncias do seu tempo*, London, 1813.

23. Letter from Abraham Castres, esq. in *The Lisbon Earthquake of 1755. British Accounts*, Lisboa, Lisoptima, 1990. Également *The Gentleman's Magazine*, déc. 1755, vol. 25 et *Gazette d'Amsterdam*, 16 déc. 1755.

24. « A genuine letter to Mr. Joseph Fowkes, from his brother near Lisbon », in *The Lisbon Earthquake of 1755. British Accounts*, Lisboa, Lisoptima, 1990.

25. « An account of the earthquake at Lisbon, Nov. 1, 1755, in two letters from Mr. Wolfall, surgeon, to James Parson, MD, FRS. », in *Phil. Trans. Roy. Soc.*, vol. 49, p. 402-408.

26. « An account of what happened to Mr Thomas Chase at Lisbon in the great earthquake : written by himself in a letter to his mother, dated the 31st of december 1755 », in *The Gentleman's magazine*, vol. 83, jan.-juin 1813, p. 105-110, 201-206, 314-317.

27. *The Lisbon Earthquake of 1755. British Accounts*, Lisboa, Lisoptima, 1990.

Reprise partiellement dans *Terra Nova* [vol. 3, p. 670-672, 1991], cette lettre, donnée comme d'un auteur anonyme dans la référence ci-dessus, est citée par Reid (1914), puis Kendrick (1955) comme étant d'un négociant anglais M. Braddock et publiée en 1797 par le Révérend Charles Davy.

28. Lettres citées, en partie, par H.-J. Lüsebrink, « Le tremblement de terre de Lisbonne dans des périodiques français et allemands du XVIIIe siècle », in *Gazettes et information politique sous l'Ancien Régime*, H. Duranton et P. Rétat, éds, université de Saint-Étienne, 1999.

29. Arnaldo Pinto Cardoso, Mons., « O terremoto de Lisboa (1755) Documentos do Arquivo do Vaticano », in *Revista de História das Ideias*, vol. 18, 1996, p. 441-509.

30. Broberg, G., « Den mediala katastrofen : Lissabon 1755 », in *Mare nostrum-Mare Balticum*, mélanges en l'honneur du professeur Matti Klinge, Helsinki, Raud, 2000, p. 622.

31. *Ibid.*, p. 640, n. 15.

32. Battelli, G., *Il terremoto di Lisbona nella memoria degli scrittori italiani contemporanei*, Coimbra editora, 1929.

33. Senato, Dispacci Spagna, filza 168, Archivio di Stato di Venezia.

34. Homem Leal de Faria, A. M., « O Terramoto de 1755 visto por um diplomata holandès em Lisboa », in *Clio, Revista do Centro de História da Universidade de Lisboa*, 1997, p. 195-199.

35. Archives du ministères des Affaires étrangères. Correspondance politique, Portugal, Reg. 87, fol. 224-225.

36. *Ibid.*, Reg. 87, fol. 227.

37. *Ibid.*, Reg. 87, fol. 230-235.

38. *Ibid.*, Reg. 87, fol. 236-240.

39. Voltaire, *Correspondance*, lettre 4283, « Bibliothèque de la Pléiade », Gallimard, 1978.

40. Lettre de Rouillé du 13 jan. 1756, Correspondance politique, Portugal, Reg. 88, fol. 8-11.

41. *Ibid.*, Reg. 87, fol. 283.

42. Lüsebrink, H.-J., « Le tremblement de terre de Lisbonne dans des périodiques français et allemands du XVIIIe siècle », in *Gazettes et information politique sous l'Ancien Régime*, H. Duranton et P. Rétat, éds, université de Saint-Étienne, 1999.

43. *Relation d'une lettre arrivée de Madrid, confirmant le tremblement de terre arrivé dans l'Espagne et en Portugal, le 1er novembre 1755*, Bibliothèque municipale de Toulouse, cote : V-10 (34).

44. *Gazette d'Amsterdam*, 19 décembre 1755. Cette lettre est identique, à quelques coupures près, à une lettre imprimée : *Extrait d'une lettre écrite de Lisbonne par l'ambassadeur de France, le 24 novembre 1755,* Bibliothèque municipale de Toulouse, cote : V-10 (46).

45. « A copy of part of two letters, written by John Mendes Saccheti, MD, FRS to Dr De Castro FRS dated from the Fields of Lisbon, on the 7th of November, and the 1st of December 1755 », in *Phil. Trans. Roy. Soc. London*, vol. 49, p. 409, 1755.

46. Lüsebrink, H.-J., *op. cit.*

47. Belo, A., « *A Gazeta de Lisboa* e o terremoto de 1755 : a margem de não escrito », in *Analise social*, vol. 34, 2000, p. 619-637, Instituto de Ciências Sociais de Universidade Lisboa.

48. Manaster, J., « *The Gazetas de Lisboa* : Introduction to an Eighteenth-Century Newspaper Archive », in *Iberian Studies*, vol. 16, 1987, p. 103-114.

49. Oliveira Trovão e Sousa, José de, *Carta em que hum amigo da noticia a outro do lamentavel successo de Lisboa*, Coimbra, na officina de Luis Secco Ferreyras, 1755.

50. Remedios, Antonio dos, *Reposta a carta de José de Oliveira Trovão e Sousa...*, citée par Pereira de Sousa, *op. cit.*, p. 551.

51. Morganti, B., *Carta de hum amigo para outro em que se dá succinte notícia dos effeitos do terremoto succedido em o primeiro de Novembro 1755*, Lisboa, na officina de Domingos Rodrigues, 1756.

52. *Nova e fiel relação de terremoto que experimentou Lisboa e todo Portugal no 1 de Novembro de 1755 com algumas Observaçoens curiosas, e a explicação das suas causas, por M. T. P.*, Lisboa, na officina de Manuel Soares, 1756.

53. *Comercio de Portugal*, 31 octobre et 6, 7, 11 novembre 1886.

54. Pereira, E. J., « The great earthquake of Lisbon », in *Trans. Seism. Soc. Japan*, vol. 12, 1888, p. 5-19.

55. Baptista, M. A. *et al.*, « The 1755 Lisbon tsunami ; evaluation of the tsunami parameters », in *J. Geodynamics*, vol. 25, 1998, p. 143-157, table 2.

56. Mendonça, Joachim Joseph Moreira de, *Historia Universal dos Terremotos que tem havido no Mundo de que ha noticia,*

desde a sua creação até o seculo presente, Con huma Narração individual do terremoto do primeiro do Novembro de 1755 e noticia verdadeira de seus effeitos em Lisboa, todo Portugal, Algarves, e mais partes de Europa, Africa, e America, aonde se estendeu, E huma Dissertação Physica sobre as causas geraes dos terremotos, seus effeitos, differenças e Prognosticos, e as particulares do ultimo, Lisboa, na officio de Antonio Vicente da Silva, 1758.

57. Galbis Rodríguez, José, *Catálogo sísmico de la zona comprendida entre los meridianos 5° E. y 20° W. de Greenwich y los parallelos 45° y 25° N.*, Madrid, 1932.

58. *Histoire de Paolo Giovio, Cômois, Evesque de Nocera, sur les choses faictes et advenues de son temps en toutes les parties du monde, traduite de latin en françois et recueillie pour la troisième édition par Denis Sauvage, seigneur du Parc-Champenois, Historiographe du Roy, à Paris, 1581*, tome II, 29e livre, p. 191.

59. Lettre à l'auteur du *Mercure* sur le tremblement de terre arrivé à Lisbonne, le premier novembre 1755 ; par Mr l'abbé Montignot, chanoine de Toul, membre de la Société royale de Nancy, *Mercure de France*, février 1756, p. 149-163.

60. Babinet, « Sur le désastre de Lisbonne de 1531 », in *C. R. Acad. sciences, Paris*, vol. 52, 1861, p. 369-370.

第二章

大地震的因與果

1. Relation anonyme d'un témoin direct écrite en français, *op. cit.*

2. *Le Tableau des Calamités…, op. cit.*

3. « An account of what happened to Mr. Thomas Chase at Lisbon in the great earthquake… », *op. cit.*

4. Voltaire, *Correspondance*, lettre à Tronchin, 17 décembre 1755, « Bibliothèque de la Pléiade », Gallimard, 1978.

5. Goudar, A., *Relation historique du tremblement de terre survenu à Lisbonne le premier novembre 1755, précédé d'un discours politique sur les avantages que le Portugal pourrait retirer de*

son malheur, dans lequel l'Auteur développe les moyens que l'Angleterre avait mis jusque-là en usage pour ruiner cette Monarchie, à La Haye, chez Philanthrope, à la Vérité, 1756.

6. Lettre du 15 déc. 1755, Correspondance politique, Portugal, Reg. 87, fol. 283.

7. Lettre du 13 jan. 1756, Correspondance politique, Portugal, Reg. 88, fol. 12.

8. Lettre du 2 mars 1756, Correspondance politique, Portugal, Reg. 88, fol. 73.

9. Chester, D. K., « The 1755 Lisbon earthquake », in *Progress in Physical Geography*, vol. 25, 2001, p. 363-388.

10. Pereira de Sousa F. -L., « Sur les effets, en Portugal, du mégaséisme du 1er novembre 1755 », in *C. R. Acad. sciences de Paris*, vol. 158, 1914, p. 2033-2035.

11. Chester, D. K., *op. cit.*

12. Pereira de Sousa, F.-L., *O Terremoto de 1° de Novembro de 1755 em Portugal e um estudio demográfico*, Lisboa, Serviços Geologicos, 1928.

13. Martinez-Solares, J. M., Lopez Arroyo, A., « The great historical 1755 earthquake. Effects and damage in Spain », in *J. of Seismology*, vol. 8, 2004, p. 275-294.

14. *The Lisbon Earthquake of 1755. British Accounts*, Lisboa, Lisoptima, 1990.

15. *Seconde lettre de Lisbonne écritte à un Ambassadeur*, *op. cit.*

16. *Histoire de la guerre de Sept Ans*, in *Œuvres* de Frédéric le Grand, Berlin, Decker, 1853, tome IV, p. 25.

17. Décembre-Alonnier, *Dictionnaire populaire illustré*, Paris, 1864.

18. Correspondance politique, Portugal, Reg. 87, fol. 224-225.

19. Vilanova, S. P., Nunes, C. F., Fonseca, J. F. D. B., « Lisbon 1755 : A case of triggered onshore rupture ? », in *Bull. Seismological Soc. of America*, vol. 93, 2003, p. 2056-2068.

20. *The Lisbon Earthquake of 1755. British Accounts*, Lisboa, Lisoptima, 1990 [repris partiellement dans *Terra Nova*, vol. 3, p. 670-672,1991].

21. Reid, H. F., « The Lisbon earthquake of November 1, 1755 », in *Bull. Seismological Soc. of America*, vol. 4, 1914, p. 53-80.

22. Chester, D. K., « The 1755 Lisbon earthquake », *Progress in Physical Geography*, vol. 25, 2001, p. 363-383.

23. M. T. P., *op. cit.*

24. Pereira de Sousa, F.-L., « Le raz de marée du grand tremblement de terre de 1755 en Portugal », in *C. R. Acad. sciences Paris*, vol. 152, 1911, p. 1129-1131.

25. Baptista, M. A, Heitor, S., Miranda, J. M., Miranda, P., Mendes-Victor, L., « The 1755 Lisbon tsunami : Evaluation of the tsunami parameters », in *J. Geodynamics*, vol. 25, 1998, p. 143-157.

26. Galbis, *op. cit.*

27. Roux, G., « Note sur les tremblements de terre ressentis au Maroc avant 1933 », in *Mémoires de la Société des sciences naturelles du Maroc*, 1932, p. 51-55.

28. Pline, *Histoire naturelle*, II, 82, trad. E. Littré, Paris, Firmin-Didot, 1855.

29. Poirier, J.-P., Taher, M. A., « Historical seismicity in the Near and Middle-East, North Africa and Spain, from arabic documents (VIIth-XVIIIth century) », in *Bull. Seismological Soc. of America*, vol. 70, 1980, p. 2185-2201.

30. Levret, A., « The effects of November 1, 1755 "Lisbon" earthquake in Morocco », in *Tectonophysics*, vol. 193, 1991, p. 83-94.

31. Pereira de Sousa F.-L., « Sur les mégaséismes au XVIIIe siècle dans les environs de l'effondrement en ovale lusitano-hispano-marocain », in *C. R. Acad. sciences Paris*, vol. 163, 1916, p. 709-711.

32. Roux, G., *op. cit.*

33. Levret, A., *op. cit.*

34. Roux, G., *op. cit.*

35. Levret, A., *op. cit.*

36. Kant, I., « Histoire et description des plus remarquables événements relatifs au tremblement de terre qui a secoué une grande partie de la terre à la fin de l'année », traduction et com-

mentaires de J.-P. Poirier, in *Cahiers philosophiques*, vol. 78, 1999, p. 85-121.

37. Boscowitz, A., *Les Tremblements de terre*, Paris, Roy, sd.

38. Reclus, É., *La Terre*, Paris, Hachette, 1874, p. 680.

39. Procès-verbal des séances de l'Académie des sciences, séance du 10 décembre 1755, archives de l'Académie des sciences.

40. Casanova, G., *Histoire de ma fuite des plombs*, Paris, Éditions 10/18, 1999.

41. Procès-verbal des séances de l'Académie des sciences, séance du 19 novembre 1755, archives de l'Académie des sciences.

42. Bertrand, E., *Mémoires historiques et physiques sur les tremblemens de terre*, à La Haye, chez Pierre Gosse, 1757.

43. *Philosophical Transactions*, vol. 49, part 1, 58, p. 351, 1756.

44. Letter 1, from Mr. John Robertson FRS to Tho. Birch DD Secr. RS, in *Phil. Trans., ibid.*

45. Letter 6, from Cranbrook in Kent to William Tempest, esq. FRS, in *Phil. Trans., ibid.*

46. Letter 21, to John Stevenson, Physician at Edinburgh, in *Phil. Trans., ibid.*

47. Kant, I., *op. cit.*

48. Fontane, T., *Wanderungen durch die Mark Brandenburg*, Berlin, 1861.

49. Boschi, E., Guidoboni, E., Ferrari, G., Valensise, G., Gasperini, P., *Catalogo dei forti terremoti in Italia del 461 a.c. al 1990. 2.*, Istituto Nazionale di Geofisica, Storia geofisica ambiente, 1997.

50. Rondet, L. E., *Réflexions sur le désastre de Lisbonne, et sur les autres phénomènes qui ont accompagné ou suivi ce désastre*, En Europe, 1756.

51. Boschi *et al., op. cit.*

52. Kant, I., *op. cit.*

53. Guidoboni, E., Poirier, J.-P., *Quand la terre tremblait*, Paris, Odile Jacob, 2004.

54. Grimm, F.-M. von, *Correspondance littéraire, philosophique et critique*, tome III, 1er février 1756.

55. *Nova e fiel relação de terremoto que experimentou Lisboa e todo Portugal no 1 de Novembro de 1755 com algumas Observa-*

çoens curiosas, e a explicação das suas causas, por M. T. P., Lisboa, na officina de Manuel Soares, 1756.

56. *Effeitos raros, e formidaveis dos quatros elementos, que escreve, e dedica ão Senhor infante D. Manoel, Pedro Norberto de Aucourt de Padilha*, Lisboa, 1756.

57. Kant, I., *op. cit.*

58. Michell, J., « Conjectures concerning the Cause, and Observations upon the Phœnomena of Earthquakes ; particularly of that great Earthquake of the First of November 1755, which proved so fatal to the City of Lisbon, and whose Effects were felt as far as Africa, and more or less throughout almost all Europe », in *Phil. Trans. Roy. Soc.*, vol. 51, 1760, part 1, p. 566-634.

59. Sénèque, *Naturales Qœstiones*, livre VI, 11.

60. Kant, I., *op. cit.*

61. *Correspondance avec la margrave de Baireuth*, in *Œuvres* de Frédéric le Grand, Berlin, Decker, 1853, tome XXVII, lettre 310.

62. *Lettre sur l'impossibilité Phisique d'un Tremblement de Terre à Paris, à une Dame retirée à la Campagne par crainte de cet événement*, c. 1755, Bibl. Arsenal, cote : 8° S. 13661 (7).

63. Grimm, F.-M., von, *Correspondance littéraire, philosophique et critique par Grimm, Diderot, Raynal, Meister, etc*., tome III (1755-1758), 1er mars 1756, Paris, Garnier, 1878.

64. Isacks, B., Oliver, J., Sykes, L. R., « Seismology and the new global tectonics », in *J. Geophysical Research*, vol. 73, 1968, p. 5855 *sq*.

65. Reid, H. F., « The Lisbon earthquake of November 1, 1755 », in *Bull. Seismological Soc. of America*, vol. 4, 1914, p. 53-80.

66. Woith, H., Wang, R., Milkereit, C., Zschau, J., Maiwald, U., Pekdeger, A., « Heterogeneous response of hydrogeological systems to the Izmit and Düzce (Turkey) earthquakes in 1999 », in *Hydrogeology Journal*, vol. 11, 2003, p. 113-121.

67. Zitellini, N. *et al.* « Source of 1755 Lisbon earthquake and tsunami investigated », in *EOS Transactions, American Geophysical Union*, vol. 82, 2001, p. 285-291.

68. Vilanova, S. P., Nunes, C. F., Fonseca, J. F. D. B., « Lisbon 1755 : A case of triggered onshore rupture ? », in *Bull. Seismological Soc. of America*, vol. 93, 2003, p. 2056-2068.

69. Justo, J. L., Salwa, C., « The 1531 Lisbon earthquake », in *Bull. Seismological Soc. of America*, vol. 88, 1998, p. 319-328.

第三章

災後情況

1. França, J. A., *Une ville des Lumières..., op. cit.*

2. Serrão, J. V., *História de Portugal*, Lisboa, Editorial Verbo, 1990.

3. *Voyage du ci-devant duc du Châtelet en Portugal, où se trouvent des détails intéressants sur les colonies, sur le tremblement de terre, sur M. de Pombal et la Cour*, Paris, 1798.

4. Amador Patricio de Lisboa, *Memorias das principaes providencias que se derão no terremoto que padeceu a Corte de Lisboa no anno de 1755, ordenadas e offerecidas A' Magestade Fidelissima de ElRey D. Joseph I nosso Senhor,* 1758.

5. Guidoboni, E., Poirier, J.-P., *Quand la terre tremblait*, Paris, Odile Jacob, 2003, p. 160.

6. Serão, J. V., *História de Portugal*, Lisboa, Editorial Verbo, 1990.

7. Archives du ministère des Affaires étrangères. Correspondance politique, Portugal, Reg. 87, fol. 242.

8. *Dictionnaire de biographie chrétienne*, publié par M. l'abbé Migne, Paris, 1851.

9. *Canto fúnebre ou lamentação harmonica*, por Fr Francisco Antonio de S. Jozé, Lisboa, 1756.

10. Baretti, J ., *Voyage de Londres à Gênes passant par l'Angleterre, le Portugal, l'Espagne et la France*, Amsterdam, 1777. Lettre XXXIII.

11. Bartolomeu d'Araujo, A. C., « Ruína e morte em Portugal no século XVIII », in *Revista de História das Ideias*, vol. 9, 1987, p. 327-365.

12. Vincent, B. *op. cit.*

13. Guidoboni, E., Poirier, J.-P., *op. cit.*

14. *Ibid.*

15. del Priore, M., *O mal sobre…*, *op. cit.*, p. 211.

16. Walpole, H., *Memoirs of King George II*, March 1754-1757, Yale U. Press, 1985, p. 81.

17. Kendrick, T. D., *The Earthquake of Lisbon*, *op. cit.*, p. 215.

18. Correspondance politique, Portugal, Reg. 88, fol. 12-18.

19. *Ibid.*, Reg. 88, fol. 123-130.

20. *Ibid.*, Reg. 88, fol. 132-134.

21. Brelin, J., *En äfventyrlig Resa*, 1758, traduit partiellement en portugais : *De passagem pelo Brasil e Portugal em 1756,* Lisboa, Casa Portuguesa, 1955.

22. Correspondance politique, Portugal, Reg. 88, fol. 12-18.

23. Mullin, J. R., « The reconstruction of Lisbon following the earthquake of 1755 : a study in despotic planning », in *Planning Perspectives*, vol. 7, p. 157-179, 1992.

24. França, J.-A., *op. cit*.

25. *Ibid*.

26. Mullin, J. R., *op. cit.*

27. Tinniswood, A., *By Permission of Heaven, The True Story of the Great Fire of London*, London, Jonathan Cape, 2003, p. 83.

28. França, J.-A., *op. cit.*

29. Mullin, J. R., *op. cit.*

30. Amador Patricio de Lisboa, *op. cit.*

31. Correspondance politique, Portugal, Reg. 87, fol. 283.

32. M. T. P., *op. cit*, p. 20.

33. Pereira de Sousa, F.-L., *op. cit.*

34. Ramos, L., Lourenço, P. B., « Análise das técnicas de construção Pombalina e apreciação do estado de conservação estrutural do quarteirão do Martinho do Arcada », in *Engenharia Civil*, vol. 7, 2000, p. 35-46.

35. Penn, R., Wild, S., Mascarenhas, J., « The Pombaline quarter of Lisbon : an eighteenth century example of prefabrication and dimensional coordination », in *Construction History*, vol. 11, p. 3-17, 1996.

36. Baretti, J., *Voyage de Londres à Gênes passant par l'Angleterre, le Portugal, l'Espagne et la France*, Amsterdam, 1777. Lettre XX.

37. Pingré, A. G., *Relation de mon voyage de Paris à l'île Rodrigue*, VIe partie, édité par E. Berrier.

38. Ramalho, M. M., *Lisboa Reedificada*, Lisboa, 1780.

39. Lan, J., *Parallèle entre le marquis de Pombal (1738-1777) et le baron Haussmann (1853-1869)*, Paris, Amyot, 1869.

40. Saramago, J., *Pérégrinations portugaises*, Paris, Le Seuil, 2003.

41. Maxwell, K., *Pombal, Paradox of the Enlightenment*, Cambridge U. Press, 1995.

42. *Ibid.*

43. Correspondance politique, Portugal, Reg. 87, fol. 236-240.

44. Sade, D. A. F., *Aline et Valcour, ou le roman philosophique*, tome I, Lettre XXXV, Histoire de Sainville et de Léonore, « Bibliothèque de la Pléiade », Gallimard.

45. *Voyage du ci-devant duc du Châtelet en Portugal*, Paris, Buisson, 1798.

46. Hauc, J.-C., *Ange Goudar, un aventurier des Lumières*, Paris, Honoré Champion, 2004., p. 10.

47. *Ibid.*

48. *Ibid.*

49. Goudar, A., *Relation historique du tremblement de terre survenu à Lisbonne le premier novembre 1755, précédé d'un discours politique sur les avantages que le Portugal pourrait retirer de son malheur, dans lequel l'Auteur développe les moyens que l'Angleterre avait mis jusque-là en usage pour ruiner cette Monarchie*, À La Haye, chez Philanthrope, à la Vérité, 1756.

50. *Mémoire pour l'Histoire des Sciences et des Beaux-Arts* (journal de Trévoux), avril 1757, p. 918-932.

51. Grimm, F.-M. von, *Correspondance littéraire*, tome III, 15 août 1756.

52. Hauc, J. C., *op. cit.*

53. Chantal, S., *La Vie quotidienne au Portugal après le tremblement de terre de Lisbonne de 1755*, Paris, Hachette, 1962.

54. *Ibid.*

55. Recueil général des anciennes lois françaises depuis l'an 420 jusqu'à la révolution de 1789, dit recueil Isambert, Paris, Plon, 1833.

56. Maxwell, K., *op. cit.*

57. *O Processo dos Tavoras*, Ineditos, Prefaciado e anotado por Pedro de Azevedo, Lisboa, Publicações de Biblioteca nacional, 1921.

58. Frèches, C.-H., « Voltaire, Malgrida et Pombal », in *Arquivos do Centro cultural Gulbenkian*, vol. 1, 1969,p. 320-334.

59. Malagrida, G., *Juizo da verdadeira causa do terremoto que padeceu a Corte de Lisboa no primeiro de novembro de 1755,* Lisboa, 1756. Reproduit intégralement dans la préface du livre de Castelo Branco, *História de Gabriel Malagrida*, Lisboa, sd.

60. Frèches, C.-H., *op. cit.*

61. Mury, P., *Histoire de Gabriel Malagrida, de la Compagnie de Jésus*, Paris, Ch. Douniol, 1865.

62. Pedro Norberto d'Aucourt de Padilha, *Carta em que se mostra falsa a Profecia do Terremoto do primeiro de Novembro de 1755*, Lisboa, 1756.

63. Francisco Antonio de S. Joseph, *Discurso moral sobre os temores que causou o terremoto na gente de Lisboa*, Coimbra, 1756.

64. *Histoire de la guerre de Sept Ans*, in *Œuvres* de Frédéric le Grand, Berlin, Decker, 1853, tome IV, p. 224.

65. *Relation de Phihihu, émissaire de l'empereur de Chine en Europe*, in *Œuvres* de Frédéric le Grand, Berlin, Decker, 1853, tome XV, p. 150.

66. Condorcet, *Almanach antisuperstitieux*, Paris, CNRS éditions, 1992, article à la date du 3 septembre.

67. *Arrêt des inquisiteurs ordinaires et députés de la Ste Inquisition contre le Père Malagrida, Jésuite, lu dans l'acte publique de Foi, célébré à Lisbonne le 20 septembre 1761*, traduit de l'imprimé portugais, Lisbonne, 1761.

68. Frèches, C.-H., *op. cit.*

69. Mury, P., *op. cit.*

70. Chevrier, F. A., *La Vie du fameux Père Norbert ex-capucin connu aujourd'hui sous le nom de l'Abbé Platel, par l'auteur du* Colporteur, Londres, Jean Nourse, 1762.

71. Casanova, G., *op. cit.*

72. *Arrêt des inquisiteurs ordinaires et députés de la Ste Inquisition contre le Père Malagrida, Jésuite, lu dans l'acte publique de Foi, célébré à Lisbonne le 20 septembre 1761*, traduit de l'imprimé portugais, Lisbonne, 1761 ; *Processo fatto dal S. Officio de Lisbona*

contra il gesuita Gabriele Malagrida, tradotto fedelmente dalla lingua portughese in italiano, Lisbona e Venezia, 1761.

73. Voltaire, *Correspondance*, tome VI, Lettre 6866, au comte et à la comtesse d'Argental, « Bibliothèque de la Pléiade », Gallimard, 1980.

74. Voltaire, *op. cit.*, Lettre 6940 au duc de Richelieu.

75. *Id.*, *Sermon du rabbin Akib, prononcé à Smyrne le 20 novembre 1761,* traduit de l'hébreu, Mélanges, « Bibliothèque de la Pléiade », Gallimard.

76. *Id.*, *Précis du siècle de Louis XV*, chap. 38, « Bibliothèque de la Pléiade », Gallimard, 1957.

77. Poggi, J. L., *Apothéose du Père Malagrida, jésuite,* à Genes, chez Jean Gravier, l'An des proscriptions.

78. Longchamps, P., *Malagrida*, Lisbonne, 1763.

79. *Le Jésuite conspirateur ou Malagrida*, tragédie en trois actes, envers, traduite du portugais, chez les M[ds] de Nouveautés, 1826.

80. Mury, P., *op. cit.*

81. Castelo Branco, C., *História de Gabriel Malagrida*, traduzida de Paulo Mury, Lisboa, sd.

82. Livet, Ch.-L., *Autodafé du R. P. Malagrida*, Paris, 1883.

83. Baretti, G., *op. cit.*

第四章

受大地震啟發之文學作品

1. *L'Année littéraire*, tome III, p. 161, 1756.

2. Rohrer, B., *Das Erdbeben von Lissabon in der französischen Literatur des achtzehnten Jahrhunderts*, Inaugural Dissertation zur Erlangung der Doktorwürde der hohen philosophischen Fakultät der Ruprecht-Karls Universität zu Heidelberg, 1933.

3. Mendo Osório, N., *Oitavas ao terremoto e mais calamidades que padeceu a cidade de Lisboa no primeiro de novembro de 1755*, Lisboa, 1756.

4. S. Jozé, F. A., *Canto fúnebre ou lamentação harmonica na infeliz destruição da famosa Cidade de Lisboa, Metropoli de Portugal, pelo espantoso, e nunca visto terremoto, que padeceu no primeiro de Novembro do anno de 1755, sempre memoravel por tão estranho, e ruidoso successo*, Lisboa, 1756.

5. del Priore, M., *O mal sobre…, op. cit.*, p. 289, *sqq*.

6. Reis Quita, D. *No lamentavel terremoto do primeiro de novembro de 1755 em Lisboa*, Silva, in *Obras*, Lisboa, 1831.

7. *Id., Carvalho,* Ecloga VI, *ibid*.

8. *Id., Á destruição dos templos de Lisboa pelo terremoto*, Soneto I, *ibid.*

9. *Id., A Santo Antonio pelo terremoto do primeiro de novembro de 1755*, Soneto III, *ibid.*

10. Cité par Mayaud, P. N. *Le Conflit entre l'astronomie nouvelle et l'Écriture sainte aux* XVIe *et* XVIIe *siècles. Un moment de l'histoire des idées*, Paris, Honoré Champion, 2005.

11. Almeida, T. de, *Lisboa destruida, poema*, Lisboa, 1803.

12. Dasilva, X. M., *Reverberações em Espanha do Terramoto de Lisboa*, in Carvalhão Buescu, H. et Cordeiro, G., *O grande terramoto de Lisboa : ficar diferente,* Gradiva, Lisboa, 2005, p. 454-464.

13. Battelli, G., *Il terremoto di Lisbona nella memoria degli scrittori italiani contemporanei*, Coimbra Editora, 1929.

14. Varano, A., *Visioni*, con la vita dell'autore novellamente descritta dal dottore Pier-Alessandro Paravia, Venezia, 1820.

15. Barreira de Campos, I. M., *O grande Terramoto*, *op. cit.*

16. Mme de Staël, *De l'Allemagne*, Paris, Charpentier, 1839, 2^{e} partie, ch. 4.

17. Uz, J.-P., *Das Erdbeben*, Lyrische Gedichte, fünftes Buch, in Sämtliche poetische Werke, Darmstadt, 1964.

18. Wieland, C. M., *Hymne auf die Gerechtigkeit Gottes*, in Wielands Werke, zweiter Bd, Poetische Jugend Werke, zweiter Teil, herausgegeben von Fritz Homeyer, Berlin, 1909, p. 309-336.

19. Bar, G. F. von, *Consolations dans l'infortune. Poëme en sept chants*, Amsterdam, 1758. Cité par Barreira de Campos, *op. cit.*, p. 492.

20. Gottsched, J. C., *Neuestes aus der anmuthigen Gelehrsamkeit*, Leipzig, 1756. Les vers anonymes sont cités par H. Günther,

« Le désastre de Lisbonne », in *Revista de História das Ideias*, vol. 12, 1990, p. 415-427.

21. Lenz, J. M. R., « Werke and Briefe in 3 Bänden, Bd 3 », *Gedichte*, Carl Hauser Verlag, München, 1987, p. 32.

22. Zimmermann, J. G., « Die Ruinen von Lissabon, gesungen von Dr Johann Georg Zimmermann, Stadt-Pysicus in Brugg », in *Vergessene Texte des 18 Jahrhunderts*, Hannover, Revonnal, 1997.

23. Zimmermann, J. G., « Ueber die Zerstörung von Lisabon », in *Vergessene Texte des 18 Jahrhunderts*, *op. cit.*

24. *L'Année littéraire*, vol. VIII, 1755, p. 215.

25. Voir Barreira de Campos, I. M., *op. cit.*, p. 234 *sqq.*

26. Zimmermann, J. G., « Gedanken bey dem in der Schweiz verspührten Erdbeben Christm. 1755 », in *Vergessene Texte des 18 Jahrhunderts, op. cit.*

27. D'haen, T., « Um atoleiro de infinita tristeza : O Terramoto de Lisboa na literatura neerlandesa », in Carvalhão Buescu, H. et Cordeiro, G., *O grande terramoto de Lisboa, op. cit.*, p. 553-573.

28. Larsen, S. E., « Ondas grandes, bolhas pequenas : O terramoto de Lisboa como sinal de esperança e liberdade na Europa », in Carvalhão Buescu, H. et Cordeiro, G., *op. cit.*, p. 587 *sqq.*

29. Broberg, G., « Den mediala Katastrofen : Lissabon 1755 », in *Mare nostrum-Mare Balticum*, Mélanges en l'honneur du professeur Matti Klinge, Helsinki, Raud, 2000, p. 629.

30. Il dit : « Fais-moi donc voir ta gloire. » Il dit : « Je ferai passer sur toi tous mes bienfaits et je proclamerai devant toi le nom de SEIGNEUR ; j'accorde ma bienveillance à qui je l'accorde, je fais miséricorde à qui je fais miséricorde », Exode XXXIII, 18-20, traduction œcuménique, Paris, Le Cerf, 1998.

31. Broberg, G. *et al*, *op. cit.* p. 633. Hedberg, N., donne une traduction portugaise de ce passage dans son introduction et commentaires au *De Passagem pelo Brasil e Portugal em 1756* de Johan Brelin, Lisboa, Casa Portuguesa, 1955.

32. Hedberg, N., « Introduction et commentaires » au *De Passagem pelo Brasil e Portugal em 1756* de Johan Brelin, Lisboa, Casa Portuguesa, 1955, p. 38.

33. Rohrer, B., *op. cit.*

34. Bruté de Loirelle, *Ode in Lisbonense excidium*, Paris, 1755.

35. Le Brun, P. D., *Ode sur les causes physiques des tremblemens de terre et sur la mort du jeune Racine,* in *Œuvres*, tome I, Paris, G. Warée, 1811.

36. *L'Année littéraire*, tome VIII, 1755, p. 210.

37. Voltaire, Lettre 6473 à Ponce-Denis Écouchard Le Brun (31 janvier 1761) in *Correspondance*, tome VI, « Bibliothèque de la Pléiade », Gallimard, 1980.

38. Le Brun, P. D., *Ode sur la ruine de Lisbonne,* in *Œuvres*, tome I, Paris, G. Warée, 1811.

39. *L'Année littéraire*, tome VIII, 1755, p. 210.

40. Rondet, L. E., *Réflexions sur le désastre de Lisbonne, et sur les autres Phénomènes qui ont accompagné ou suivi ce désastre*, En Europe, Aux dépens de la Compagnie, 1756.

41. Bultrini, R., *La Reppublica*, 27 décembre 2004.

42. Lettre sur la mort du jeune Racine, (15 novembre 1755), *L'Année littéraire*, tome VII, 1755, p. 213.

43. *Mercure de France*, mai 1756, p. 78-82.

44. « Ode par M. Lefranc, ancien premier président de la Cour des Aides de Montauban, à Mr Racine, sur la Mort de son Fils qui a été emporté par un Ouragan sur la Chaussée de Cadix », in *Journal encyclopédique,* tome II, 1re partie, 15 février 1756.

45. « Ode sur le tremblement de terre arrivé à Lisbonne le 1er Novembre 1755, & sur la mort du jeune Racine, par M. Guis », in *L'Année littéraire*, tome VII, 1755.

46. *Mémoire pour l'histoire des sciences et des beaux-arts*, juillet 1756, p. 1913.

47. *Journal des Sçavans*, juillet 1756.

48. *Journal encyclopédique*, 3e partie, 15 juin 1756.

49. *L'Année littéraire*, tome III, 1756, p. 165.

50. *Ibid.*, p. 161.

51. *Mercure de France,* juin 1756, p. 5-11.

52. Ramier, J. D., *L'Ulissipeade*, poëme, ou les Calamités de Lisbonne par le tremblement de terre, accompagné d'un Discours sur la cause naturelle de cet effrayant phénomène, par un spectateur de ce désastre..., aux dépens de l'auteur par qui chaque exemplaire sera signé, slsd.

53. *Mercure de France,* juillet 1756, p. 43-44.

54. Voltaire, Lettre 4265 à Jean-Robert Tronchin (24 novembre 1755), in *Correspondance*, tome IV, « Bibliothèque de la Pléiade », Gallimard.

55. Brasart, P., « Le désastre de Lisbonne », *L'Âne, le magazine freudien,* avril-juin 1987, p. 43.

56. Eifert, C., « Das Erdbeben von Lissabon 1755. Zur Historizität einer Naturkatastrophe », in *Historische Zeitschrift*, vol. 274, 2002, p. 633-664.

57. *Le Tremblement de terre de Lisbonne*, tragédie en cinq actes, par Maître André, perruquier, Paris, A. Leroux et C. Chantpie, 1826.

58. Article : « André », in *Dictionnaire des lettres françaises, le XVIIIe siècle*, sous la direction de G. Grente, Paris, Fayard, 1995.

59. *Bibliothèque des sciences et des beaux-arts*, tome VII, janv.-mars 1757, 254.

60. *L'Année littéraire*, tome VII, 1756, p. 192-216.

61. Grimm, F.-M. von, *Correspondance littéraire, op. cit.*, tome III, 15 août 1756.

62. Reboux, P., Muller, Ch., *À la manière de...*, II, Jean Racine : Cleopastre, Paris, B. Grasset, 1933.

63. *Voltairomania, l'avocat Jean-Henri Marchand face à Voltaire*, textes réunis et présentés par Anne-Sophie Barovecchio, Publications de l'université de Saint-Étienne, 2004.

64. *Ibid.*, p. 104.

65. *Le Désastre de Lisbonne*, « Drame héroïque, En trois actes, en prose, Mêlé de danse et pantomime ; Musique de Alex. Piccinni, Ballets et mise en scène de M. Aumer, artistes de l'Académie impériale de musique. Représenté pour la première fois, sur le théâtre de la Porte-St-Martin, le 3 frimaire an XIII, à Paris, chez Barba, an XIII (1804).

66. Lieberkühn, C. G., *Die Lissabonner, ein bürgerlisches Trauerspiel in einem Aufzuge,* Breslau, C. G. Mayer, 1758.

67. Bott, T. « *Der Umsturz aller Verhältnisse* » *Kleists Erdbeben in Chili als Beitrag zur Theodizeediskussion nach dem Erdbeben von Lissabon*, Freiburg, Zulassungsarbeit, 2001.

68. Bott, T., *op. cit.*

69. Kleist, H. von, « Das Erdbeben in Chili », in *Sämmtliche Erzählungen und Anekdoten*, München, DTV, 1969.

70. Bott, T., *op. cit.*

71. Kendrick, T. D., *op. cit.*, p. 106.

72. Von Horn, W. O. (W. Oertel), *Das Erdbeben von Lissabon, ein Geschichte der deutschen Jugend und dem deutschem Volke*, Wesel, 1898.

73. Pinheiro Chagas, M., *O Terremoto de Lisboa*, Lisboa, Maltos Moreira, 1874.

第五章

歐洲宗教界對大地震的反應

1. Barbier, E. J. F., *Journal historique et anecdotique du règne de Louis XV*, Paris, J. Renouard, 1856, tome IV, p. 107.

2. *Bibliothèque des sciences et des beaux-arts*, tome V, 262

3. Voir aussi Maria Luisa Braga, « A Polémica dos terramotos em Portugal », in *Cultura, História e Filosofia*, vol. V, p. 545-573, Lisboa, 1986.

4. Bartolomeu d'Araújo, A. C., « Ruina e morte em Portugal no século XVIII. A proposito do terramoto de 1755 », in *Revista de História das Ideias*, vol. 9, 1987, p. 327-365.

5. Eifert, C., « Das Erdbeben von Lissabon 1755. Zur Historizität einer Naturkatastrophe », in *Historische Zeitschrift*, vol. 274, 2002, p. 633-664.

6. Kendrick, T. D., *The Earthquake of Lisbon*, *op. cit*. p. 229.

7. Van de Wetering, M., « Moralizing in puritan natural science : Mysteriousness in earthquake sermons », in *J. of the History of Ideas*, July 1982, p. 417-438.

8. Kendrick, T. D., *op. cit.* p. 11-44.

9. *Ibid.*, p. 233 *sqq.*

10. Almeida Flor, J., « Sermões ingleses sobre o desastre de Lisboa », in Carvalhão Buescu, H. et Cordeiro, G., *O grande terramoto de Lisboa : ficar diferente,* Lisboa, Gradiva, 2005, p. 505-520.

11. Wesley, J., *Serious Thoughts Occasionned by the Earthquake at Lisbon, to which is subjoin'd an Account of all the Late Earthquakes there, and in Other Places*, 6th edition, London, 1756.

12. *Dictionnaire de biographie chrétienne et antichrétienne*, publié par M. l'abbé Migne, Paris, 1851.

13. Wesley, C ., *The Cause and Cure of Earthquakes*, Sermon 129, 1750.

14. Kendrick, T. D., *op. cit.* p. 241.

15. D'haen, T., « Um atoleiro de infinita tristeza : O Terramoto de Lisboa na literatura neerlandesa », in Carvalhão Buescu, H. et Cordeiro, G., *O grande terramoto de Lisboa, op. cit.*, p. 553-573.

16. Bott, T., *op. cit.*, p. 35 *sqq.*

17. Löffler, U., *Lissabons Fall-Europas Schrecken, op. cit.*

18. *Ibid.*

19. Preu, J. S., *Versuch einer Sismotheologie*, Nördlingen, 1772.

20. Bertrand, E., in *Mémoire pour servir à l'histoire des tremblemens de terre de la Suisse, principalement pour l'année 1755, avec quatre Sermons prononcés à cette occasion dans l'Église françoise de Berne...*, Vevey, 1758. Discussion in *Bibliothèque des sciences et des beaux-arts*, V, 339-353. Cité par Rohrer, B., *Das Erdeben von Lissabon..., op. cit.*, p. 50.

21. Kant, I., « Histoire et description des plus remarquables événements relatifs au tremblement de terre qui a secoué une grande partie de la terre à la fin de l'année », traduction et commentaires de J.-P. Poirier, in *Cahiers philosophiques*, vol. 78, 1999, p. 85-121.

22. Chevalier d'Oliveyra, *Discours pathétique au sujet des calamités présentes arrivées en Portugal*, Londres, W. Nicoll, 1762.

23. Rondet, L. E., *Réflexions sur le désastre de Lisbonne, et les autres Phénomènes qui ont accompagné ou suivi ce désastre*, En Europe, aux dépens de la Compagnie, 1756 .

24. Sainte-Beuve, C. A., *Port-Royal*, Paris, Hachette, tome VI.

25. Grimm, F.-M. von, *Correspondance littéraire*, tome III, 15 décembre 1756.

第六章

里斯本大災難以及樂觀主義論戰

1. Article « Optimisme » in *Encyclopédie méthodique, par une société de gens de lettres, de savants et d'artistes*, An II, Philosophie ancienne et moderne, par le cit. Naigeon, tome III.

2. Chester, D. K., « The theodicy of natural disasters », in *Scottish J. of Theology*, vol. 51, 1998, p. 485-505.

3. *Ibid.*, p. 488.

4. Leibniz, G. W., *Essais de théodicée sur la bonté de Dieu, la liberté de l'homme et l'origine du mal*, Garnier-Flammarion, 1969.

5. *Ibid.*, Préface, p. 39.

6. *Ibid.*, Première partie, 8, p. 108.

7. *Ibid.*, Première partie, 9, p. 109.

8. *Ibid.*, Deuxième partie, 225-227, p. 253 *sqq.*

9. *Ibid.*, Troisième partie, 262, p. 274.

10. Heschel, A. J., *Maimonides*, New York, Farrar, Strauss et Giroux, 1982, p. 132.

11. Kant, I., « Histoire et description des plus remarquables événements relatifs au tremblement de terre qui a secoué une grande partie de la terre à la fin de l'année », traduction et commentaires de J.-P. Poirier, in *Cahiers philosophiques*, vol. 78, 1999, p. 110.

12. *Traité des trois imposteurs, Moïse, Jésus, Mahomet*, Paris, Max Milo éd., 2002.

13. Kant, I., *Premières réflexions sur l'optimisme*, œuvres philosophiques, tome I, « Bibliothèque de la Pléiade », Gallimard, Réflexion 3704, Esquisse de l'optimisme.

14. *Ibid.*, « Réflexion 3705, Défauts de l'optimisme ».

15. Kant, I., *Essai de quelques considérations sur l'optimisme, de M. Emmanuel Kant, par lequel il annonce en même temps son cours pour le prochain semestre, le 7 octobre 1759*, œuvres philosophiques, tome I « Bibliothèque de la Pléiade », Gallimard.

16. Kant, I., *Sur l'insuccès de toutes les tentatives philosophiques en matière de théodicée*, œuvres philosophiques, tome II, « Bibliothèque de la Pléiade », Gallimard.

17. *Die Registres der Berliner Akademie der Wissenschaften, 1746-1766*, Berlin, Akademie Verlag, 1757.

18. Reinhard, A. F., *Dissertation qui a remporté le prix proposé par l'Académie royale des sciences et belles-lettres de Prusse, sur l'optimisme, avec les pièces qui ont concouru*, Berlin, Haude et Spener, 1755.

19. *Histoire de l'Académie royale*, 1754, Paris, Imprimerie royale, 1759, p. 155.

20. Condorcet, *Almanach antisuperstitieux*, Paris, CNRS éditions, 1992, article à la date du 24 janvier.

21. *Dictionnaire de biographie chrétienne*, publié par M. l'abbé Migne, Paris, 1851.

22. Russell, B., *Histoire de la philosophie occidentale*, Paris, Gallimard, 1952.

23. *Die Registres der Berliner Akademie der Wissenschaften*, 1746-1766, p. 58.

24. *Nouvelle Bibliothèque germanique ou Histoire littéraire de l'Allemagne, de la Suisse & des Pays du Nord*, par Mr Samuel Formey, Amsterdam, 1756, tome XVIII, 1re partie, p. 22-32.

25. Herrn Adolph Friedrich Reinhards... *Vergleichung des Lehrgebäudes des herrn Pope von der Vollkommenheit der Welt mit dem System des herrn Leibnitz... aus dem französisch übersetzt*, Leipzig, 1757.

26. Archives de la Berlin Brandenburgische Akademie der Wissenschaften, pièce I-M 506.

27. Archives de la Berlin Brandenburgische Akademie der Wissenschaften, pièce I-M 504.

28. Fejtö, F., *Dieu, l'homme et son diable*, Paris, Buchet-Chastel, 2005, p. 17.

29. Römer, Th., *Dieu obscur*, Genève, Labor et Fides, 1998.

30. *Ibid.*, p. 111-125.

31. D'Holbach, *Le Bon Sens ou idées naturelles opposées aux idées surnaturelles*, Londres, 1774, § 78, p. 72-73.

32. Voltaire, *Poème sur le désastre de Lisbonne en 1755*, in *Œuvres complètes*, Paris, Bry aîné, 1856.

33. Voir par exemple : Goldberg, R., « Voltaire, Rousseau and the Lisbon earthquake », in *Eighteenth Century Life*, May 1989, p. 1-20 ; Dynes, R., « The dialogue between Voltaire and

Rousseau on the Lisbon earthquake : The emergence of a social science view », in *International J. of Mass Emergencies and Disasters*, vol. 18, 2000, p. 97-115.

34. D'Holbach, *op. cit.*, § 87, p. 84.

35. Voltaire, Lettre 4370 à Élie Bertrand, pasteur de l'Église (18 février 1756) in *Correspondance*, tome IV, « Bibliothèque de la Pléiade », Gallimard.

36. Besterman, Th., « Introduction », in *Voltaire et la culture portugaise*, Fondation Calouste Gulbenkian, Centre culturel portugais, 1969.

37. Voltaire, *Le Monde comme il va, Vision de Babouc*, Romans de Voltaire, Paris, Lecointe, 1829.

38. Voltaire, *Correspondance*, tome IV, « Bibliothèque de la Pléiade », Gallimard, note 1, p. 711.

39. Grimm, F.-M. von, *Correspondance littéraire, op. cit.*, tome III, 1er janvier 1756.

40. *Journal encyclopédique*, tome II, 1re partie, p. 54-60, 15 février 1756.

41. *Ibid.*, tome III, 1re partie, p. 71, 1er avril 1756.

42. Grimm, F.-M. von, *Correspondance littéraire, op. cit.*, tome III, 1er avril 1756.

43. Grimm, F.-M. von, « Réflexions sur l'optimisme à propos du poème de Voltaire et du désastre de Lisbonne », in *Correspondance littéraire, op. cit.*, tome III, 1er juillet 1756.

44. Rousseau, J.-J., *Confessions*, in *Œuvres complètes*, Paris, Bry aîné, 1856, 2e partie, livre IX.

45. Brightman, E. S., « The Lisbon earthquake : a study in religious valuation », in *The American J. of Theology*, vol. 23, 1919, p. 500-518.

46. Rousseau, J.-J., « Lettre de J.-J. Rousseau à Monsieur de Voltaire », in *Œuvres complètes*, vol. 4, « Bibliothèque de la Pléiade », Gallimard, p. 1059-1075.

47. Brasart, P., « Le désastre de Lisbonne », in *L'Âne, le magazine freudien*, avril-juin 1987, p. 43-44.

48. Russell, B., *Histoire de la philosophie occidentale*, Paris, Gallimard, 1952, p. 701.

49. Beausobre, L. de, *Essais sur le bonheur, ou Réflexions philosophiques sur les biens et les maux de la vie*, Berlin, A. Haude et J. C. Spener, 1758.

50. Goethe, J. W., *Dichtung und Warheit*, (Poésie et Vérité) 1re partie, livre I, p. 20, in *Mémoires* de Goethe, trad. A. de Carlowitz, Paris, 1856.

51. Voltaire, *Correspondance*, tome V, lettre 5430, 1er mars 1759, « Bibliothèque de la Pléiade », Gallimard, 1978.

52. *Ibid.*, lettre 5426, 1er mars 1759.

53. *Ibid.*, lettre 5451, 15 mars 1759.

54. *Ibid.*, lettre 5452, 15 mars 1759.

55. *Ibid.*, lettre 5466, 24 mars 1759

56. *Ibid.*, lettre 5484. 1er avril 1759.

57. *Ibid.*, lettre 5492, 3 avril 1759.

58. Besterman, Th., « Introduction », in *Voltaire et la culture portugaise, op. cit.*

59. Morize, A., « Le *Candide* de Voltaire », in *Revue du dix-huitième siècle*, janvier-mars 1913, p. 1-27.

60. Formey, J. L. S., *La Belle Wolfienne*, Hildesheim, Georg Olms Verlag, 1983.

61. Palmer, E., « Pangloss identified », in *French Studies Bulletin*, vol. 84, 2002.

62. *Le Spectacle de la Nature, ou entretiens sur les particularités de l'histoire naturelle qui ont paru propres à rendre les Jeunes-Gens Curieux, et à leur former l'esprit*, À Paris, chez la Veuve Estienne, 1741, tome III, p. 190.

63. *Ibid.* p. 491.

64. Diderot, D., *Jacques le fataliste et son maître*, Gallimard, « Folio classique », 1995.

65. Besterman, Th., « Introduction », in *Voltaire et la culture portugaise, op. cit.*

66. *Correspondance avec Voltaire*, in *Œuvres* de Frédéric le Grand, Berlin, Decker, 1853, vol. XXIII, p. 40.

67. *Vers sur* Candide, in *Œuvres* de Frédéric le Grand, Berlin, Decker, 1853, vol. XIV, p. 172.

68. Brown, R. H., « The "Demonic" Earthquake : Goethe's myth of the Lisbon earthquake and fear of modern change », in *German Studies Review*, vol. 15, 1992, p. 475-491.

69. Mme de Staël, *De l'Allemagne*, Paris, Charpentier, 1839, 3e partie, ch. 3.

70. Weinrich, H., « Literaturgeschichte eines Weltereignisses : Das Erdbeben von Lissabon », in *Literatur für Leser*, München, DTV, 1986.

71. Günther, H., « Le désastre de Lisbonne », in *Revista de História das Ideias*, vol. 12, 1990, p. 420.

72. Mann, Th., *La Montagne magique*, Paris, Fayard, 1931.

第七章

里斯本大地震之遺緒

1. Boschi, E. *et al.*, *Catalogo dei forti terremoti in Italia dal 461 a.C. al 1980*, Istituto Nazionale di Geofisica, Storia Geofisica Ambiente, 1995, p. 334 *sqq.*

2. Placanica, A., *Il Filosofo e la Catastrofe,* p. 144.

3. *Ibid.*, p. 152.

4. *Ibid.*, p. 202-207, pour des citations de poètes italiens.

5. « Le Désastre de Messine ou les Volcans », in *L'Année littéraire*, 1783, tome 4, lettre XIV, p. 281.

6. Placanica, A., « Di alcuni scienzati e letterati intervenuti sul terremoto calabro-siculo del 1783: Andrea Gallo, Alberto Corrao e il principe di Biscari », in *Scienza e letteratura nella cultura italiana del Settecento*, Bologna, Il Mulino, 1984.

7. *Ibid.*

8. Dolomieu, D., *Mémoire sur les tremblemens de terre en la Calabre pendant l'année 1783*, Rome, Fulgoni, 1784, in *Œuvres diverses*, éd. de Drée, 1re partie, tome I.

9. Placanica A., *Il Filosofo e la Catastrofe.* p. 144. p. 28.

10. Goethe, J. W., *Voyage en Italie*, Paris, Bartillat, 2003, p. 343-344.

11. Marx, W., « Du tremblement de terre de Lisbonne à Auschwitz et Adorno : la crise de la poésie », in *Les Temps modernes*, mai-juin 2005, p. 4-26.

12. *Le Monde*, 29 février-1er mars 2004, p. 5.

13. *Ibid.*, 2-3 janvier 2005.

14. Chester, D. K., « The theodicy of natural disasters », in *Scottish J. of Theology*, vol. 51, 1998, p. 485-505.

15. Deleuze, G., Notes du cours sur Leibniz, professé le 7 avril 1987 à l'université Paris-VIII, (www.webdeleuze.com).

16. Russell, B., *Unpopular Essays*, Londres, Unwin, 1950, chap. X .

17. Onfray, M., *Traité d'athéologie*, Paris, Grasset, 2005, p. 69.

多聞
叢書
002

里斯本1755

改變人類歷史的大地震

Le Tremblement de Terre de Lisbonne

作者｜讓—保羅・波瓦希耶 Jean-Paul Poirier
譯者｜翁德明
主編｜石武耕

電腦排版｜辰皓國際出版製作有限公司
封面設計｜拓樸藝術設計工作室　高一民

出版｜無境文化事業股份有限公司
精神分析系列 總策劃｜楊明敏
人文批判系列 總策劃｜吳坤墉

地址｜802高雄市苓雅區中正一路120號7樓之1
Email address｜edition.utopie@gmail.com

總經銷｜大和圖書書報股份有限公司
地址｜248新北市新莊區五工五路2號
客服電話｜(02)8990-2588

初版｜2019年9月
定價｜380元
ISBN 978-986-96017-9-5

Original Title : Le Tremblement de Terre de Lisbonne by Jean-Paul Poirier

國家圖書館出版品預行編目 (CIP) 資料

里斯本 1755：改變人類歷史的大地震 /
讓 - 保羅．波瓦希耶 (Jean-Paul Poirier) 著；
翁德明譯．-- 初版．-- 高雄市：無境文化，2019.09
面； 公分．--（人文批判系列）(多聞叢書；2)
譯自：Le tremblement de terre de Lisbonne
ISBN 978-986-96017-9-5(平裝)

1. 地震 2. 歷史 3. 葡萄牙里斯本　　354.49462　　108014712